ライブラリ
寺子屋式物理学講義 ①

# 寺子屋式
# 力学講義

基本数式の読み方を伝授

北 孝文●著

数理工学社

サイエンス社・数理工学社のホームページのご案内
https://www.saiensu.co.jp
ご意見・ご要望は　suuri@saiensu.co.jp　まで.

# はじめに

　本書の目的は，大学 1～2 年次の初学者に，力学の基礎を余すところなく解説し，その習熟を助けることにある．物理学は，自然界の法則を「数式」という言葉で記述し，数式を駆使して自然界に働きかける学問である．その根幹の一つであり，物理学発展の源でもある力学は，わずか 1 本の「ニュートンの運動方程式」を基に構成されている．本書では，このニュートンの運動方程式をまず提示した後，それを漢文または漢詩に見立てて日本語に翻訳し，音読して具体的なイメージと共に記憶することから始める．そして，そこから広がっていく荘厳な体系と豊穣な果実を，簡潔かつ明快に記述することを目指した．対象とする読者層は，高校数学の知識を持つ大学生または一般の方々で，大学初年次の力学から始めて，自習できるように，また，大学院入試の対策書としても使って頂けるように，例題と演習問題を豊富に盛り込み，その解法も丁寧に記述することを心がけた．

　高校の物理学では，基本的な公式を相当数覚えて，それらを適切に目の前の現象・問題に使用して，理解したり解いたりするということが行われている．しかし，それらの公式の多くは，より基本的な方程式，力学で言えばニュートンの運動方程式から導けるものである．すなわち，ニュートンの運動方程式が書き下せれば，後は，そこからの数学的な操作で，様々な問題を解くことができるはずである．本書の目的は，そのような力を読者が獲得し，ニュートンの運動方程式を自在に用いて，様々な問題を解くことができるようにすることにある．そのための数学的基礎であるベクトルのスカラー積・ベクトル積と多変数関数の微積分を，第 2 章において簡潔かつ丁寧に解説した．それらに習熟すると，エネルギー保存則や回転運動の方程式が，ニュートンの運動方程式から導けるようになる．さらに，力学の洗練された記述法である解析力学も導出できる．そこからは，また，力学が現代物理学へと発展していく過程の一端として，相対論的力学がなぜ必要とされるに至ったか，そして，どのように作り上げられたのかも理解できるようになるであろう．

　大学 1～2 年次の学生は，第 1 章から第 7 章あたりまでをしっかりと理解でき

れば十分であると考える．一度読んだ後に時間をおいて読み返す，という作業を繰り返すと，理解がどんどん深まっていくはずである．第 2 章では，力学の理解に必要な数学的基礎を与えた．特に，線積分・面積分・体積積分など，初学者が 躓 (つまず) きがちな所を，数学的定義を明確にして解説し，例題と演習問題も豊富に与えた．また，より進んだ内容を扱った章・節・項には，上つき添字⊖をつけて明示し，基礎学習の過程において省略できるようにした．第 8 章以降は，大学 3～4 年次の読者層まで視野に入れ，回転座標系や解析力学も扱うやや高度な内容となっている．しかし，前半部をよく理解していれば，大学 1～2 年次の学生でも十分読み進めていけるであろう．

　本書は，北海道大学で行った 1 年生に対する力学の講義と演習の資料を発展させて作成した．講義時には，受講者である学生諸氏から様々な質問を受け，それらが講義ノートと例題・演習問題の改善に大変役立った．また，数理工学社の田島伸彦氏，鈴木綾子氏，仁平貴大氏には，執筆に関する有益なご助言を頂いた．ここに衷心より厚く感謝する．本書が読者のお役に立てれば，筆者のこの上ない喜びである．

　　2024 年 12 月

　　　　　　　　　　　　　　　　　　　　　　　　　　　筆者　北　孝文

# 目次

## 第1章　力学の主要概念　　1
- 1.1　時間・長さ・質量　　1
- 1.2　位置・速度・加速度　　4
- 1.3　力と運動方程式　　12
- 1.4　質量中心　　15
- 1.5　ガリレイの相対性原理　　19
- 演習問題　　22

## 第2章　力学を学ぶための数学　　23
- 2.1　スカラー積とベクトル積　　23
- 2.2　多変数関数の微分　　26
- 2.3　多次元空間での積分　　30
- 演習問題　　36

## 第3章　重力と摩擦力による運動　　38
- 3.1　重力による運動　　38
- 3.2　垂直抗力と摩擦力　　44
- 3.3　摩擦力を伴う運動　　48
- 演習問題　　52

## 第4章　弾性力による運動　　54
- 4.1　単振動　　54
- 4.2　減衰振動　　64
- 4.3　強制振動　　71
- 演習問題　　75

iv　　　　　　　　　　　目　　次

## 第5章　エネルギー保存則　　76

- 5.1　エネルギー保存則の例 ……………………… 76
- 5.2　エネルギー保存則の一般論 …………………… 80
- 5.3　ポテンシャルエネルギーの例 ………………… 85
- 5.4　渦なしの場とポテンシャル◯ ………………… 91
- 　　演 習 問 題 ………………………………………… 98

## 第6章　衝突と運動量保存則　　100

- 6.1　運動量とその保存則 …………………………… 100
- 6.2　2粒子系の衝突 ………………………………… 103
- 6.3　2粒子系の座標変換と衝突◯ ………………… 107
- 　　演 習 問 題 ………………………………………… 112

## 第7章　回転と角運動量　　113

- 7.1　回転の運動方程式 ……………………………… 113
- 7.2　角運動量保存則 ………………………………… 117
- 7.3　質点系と剛体の回転運動◯ …………………… 121
- 7.4　軌道角運動量とスピン角運動量◯ …………… 124
- 　　演 習 問 題 ………………………………………… 127

## 第8章　慣　性　力　　128

- 8.1　慣　性　力 ……………………………………… 128
- 8.2　回転座標系での速度と加速度 ………………… 130
- 8.3　地球の自転に伴う慣性力 ……………………… 134
- 　　演 習 問 題 ………………………………………… 137

## 第9章　惑星の運動◯　　139

- 9.1　惑星の軌跡 ……………………………………… 139
- 9.2　ケプラーの法則 ………………………………… 147
- 9.3　ラザフォード散乱 ……………………………… 148
- 　　演 習 問 題 ………………………………………… 152

## 第 10 章　剛体の釣り合いと運動　153

10.1　剛体の運動方程式 ............................................. 153
10.2　剛体の釣り合い ............................................... 154
10.3　慣性モーメント ............................................... 156
10.4　斜面を転がる剛体球 ........................................... 162
10.5　剛体の単振動 ................................................. 165
10.6　コマの歳差運動 ⊖ ............................................. 167
　　　演 習 問 題 ................................................... 169

## 第 11 章　解析力学 1 ⊖　171

11.1　汎関数と変分法 ............................................... 171
11.2　作用とラグランジアン ......................................... 175
11.3　ラグランジュ方程式の具体例 ................................... 179
　　　演 習 問 題 ................................................... 188

## 第 12 章　解析力学 2 ⊖　189

12.1　作用とハミルトニアン ......................................... 189
12.2　対称性と保存則 ............................................... 193
12.3　相対論的力学 ................................................. 196
　　　演 習 問 題 ................................................... 201

## 演習問題解答　202

## 参 考 文 献　227

## 索　　　引　228

# 第1章 力学の主要概念

まず，力学の主要概念を，経験事実に基づいて概説する．

## 1.1 時間・長さ・質量

### ❶時間

時間の概念は，地球の公転・自転運動に由来する自然現象を経験し観測する中で，徐々に形成され厳密化されてきた．同じ季節が巡ってくる期間を1年とすると，その間に月の満ち欠けがおおよそ12回繰り返される．これより，1年を12に分割してその各々の単位を月と呼ぶようになった．また，同じ地点で観測した日の出から次の日の出までの期間を1日，それを24等分して1時間とした．さらに，1時間を60等分して1分，1分を60等分して1秒が定義された．ちなみに，24と60は共に12の倍数であり，1年で月の満ち欠けが12回繰り返される事実からの影響が見られる．

現在の1秒は，**原子時計**の一つであるセシウム133原子（$^{133}_{55}$Cs）の電磁気的な遷移の観測を用いて定義されている．秒は**国際単位系**（Système International d'unités, 略してSI）の基本単位の一つであり，単位時間1秒は，英単語secondの頭文字sを用いて，1sと表される．また，時間を表す変数としては，timeの頭文字 $t$ が用いられる．このように，物理変数は，イタリック体で表すのが標準的である．変数 $t$ の単位が秒であることを明示する場合には，$t\,[\mathrm{s}]$ のように，単位sを括弧で囲って示すことにする．

地球上における自然現象の観測に基づいて形成されてきた時間の概念は，17世紀になると宇宙全体に拡張して適用されるようになり，その進みは宇宙の至る所で同じであると，長い間，暗黙裡かつ自然に考えられてきた．しかし，19世紀後半から20世紀にかけて，**電磁気学**と**相対性理論**が成立し確立されると，時間の概念は大きく変貌した．すなわち，時間は観測する場所（=**座標系**）ごとに定義する必要があり，例えば地球と月から同じ現象を観測する場合には，別の時間を導入する必要があるのである．しかし，地球上で観測する物理現象の

大部分に関しては，その違いは無視できる．本書の大半はそのような物理現象を扱っていく．

## ❷ 長さ

長さの概念は，人間の身体あるいは身体運動に関連して発展してきた．例えば，日本古来の長さの単位である尺は，「手を広げたときの親指から人差し指までの長さの2倍」がその定義で，親指と人差し指を尺取り虫のように動かして長さを測っていたことが推察される．また，英米系の国々における長さの単位フィート (feet) は，「成人男性のつま先から踵（かかと）までの長さ」がその元々の定義である．

現在の物理学における長さの単位は，同じく SI 基本単位の一つである**メートル**である．その単位長さは，仏単語 mètre の頭文字をとって，1 m と表される．元来は，フランスで，革命後の 1791 年に，長さの単位を普遍的に定義する目的で，「地球の北極から赤道までの子午線の距離の1千万分の1」として導入された．しかし，現在では，光が1秒間に進む長さである

---
**光速** 　　　　　　　　　　　　　　　　　　　　　　　**指　南**

$$c = 2.99792458 \times 10^8 \, \text{m/s} \tag{1.1}$$

---

を用いて定義されている．相対性理論[1]によると，その値は観測する場所（= 座標系）によらず，同じ値を持つ（**光速度不変の原理**）．すなわち，時間 $t$ に代わって，光速 $c$ が座標系によらない物理量として確立されたのである．(1.1) 式の数値は国際単位系による定義値で，実用上は $3.00 \times 10^8$ m/s で十分なことも多い．1 秒が 1.1 節❶で定義されているので，(1.1) 式は 1 m の定義と等価である．

相対性理論によると，観測物体の長さも，観測する場所（= 座標系）ごとに定義する必要がある．しかし，地球上で観測する物理現象の大部分に関しては，その違いは無視できる．

### ❸ 質量

**質量**あるいは**重さ**の概念も，人間の身体運動と共に発展してきたと考えられる．例えば石を持ち上げるとき，大きな石は容易に持ち上がらない．また，見た目が同じ大きさの物体でも，石と木材のように材質が違うと，持ち上げるための労力が違ってくる．この労力の違いから，重さの概念が生まれてきたと考えられる．この重さには，地上に働く重力が関わっている．しかし，重力の値が地球上の測定場所によって微妙に異なることから，重さの定義には曖昧さがある．

そこで，物理学では，重さの代わりに，エネルギーと関連するより厳密な概念である質量を用いるようになった．質量の単位は，同じく SI 基本単位の一つである kg で，**キログラム**と読む．より具体的に，国際単位系では，kg の関与する基本定数として

---
**プランク定数**　　　　　　　　　　　　　　　　　　　　　　　　【指　南】

$$h \equiv 6.62607015 \times 10^{-34}\,\text{kg}\cdot\text{m}^2/\text{s} \tag{1.2}$$

---

を定義する．この $h$ は，後に考察する**角運動量**の単位として用いることができ，その角運動量から，kg を単位とする質量が計算で求められるのである．しかし，実用上の観点からは，日常生活の計量器で用いられている kg を質量の単位と考えても，十分良い近似となっている．

## 1.2 位置・速度・加速度

### ❶位置

　まっすぐな道路を走る車のように，直線上を**運動**する物体を考えよう．物体の**位置**は，その適当なある一点，例えば車のハンドルの位置などを選ぶことで指定できる．運動方向に $x$ 軸をとり，原点を適当に選ぶと，時刻 $t$ における物体の位置は，その座標 $x(t)$ で表すことができる．そして，物体の運動の特徴は，関数 $x(t)$ で完全に指定される．直線上の運動を **1 次元運動**という．

　1 次元運動の記述を 3 次元運動に拡張することは，ベクトルを用いて容易に実行できる．まず，空間内にある物体の位置は，3 次元直交座標系を適切に選び，その原点 O からの位置ベクトル

$$\boldsymbol{r} \equiv (x, y, z) \tag{1.3}$$

を用いて表せる．高校数学ではこのベクトルを $\vec{r}$ のように表現するが，大学の物理や数学では，ボールドのイタリック体で上記のように表現されることが多く，本書でもその記法を採用する．「位置ベクトル $\boldsymbol{r}$」は，単に「位置 $\boldsymbol{r}$」とも言い表す．

　運動する物体では，その位置 $\boldsymbol{r}$ が時々刻々と変化する．すなわち，位置 $\boldsymbol{r}$ は時刻 $t$ の関数である．このことを強調する場合には，物体の位置ベクトルを

$$\boldsymbol{r}(t) \equiv (x(t), y(t), z(t)) \tag{1.4}$$

と書いて独立変数 $t$ を明示する．時間が経過していくときの位置ベクトル $\boldsymbol{r}(t)$ は，物体の運動の軌跡を構成する（図 1.1 参照）．例えば，太陽を中心とする地球の公転運動の軌跡は，ほぼ円に近い楕円を構成することが知られている．このように，ベクトルや軌跡は，物理現象を記述・理解するための必須の数学的道具となっている．

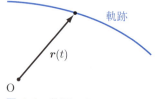

図 1.1　位置ベクトル $\boldsymbol{r}(t)$ とその軌跡

❷ **速度**

関数 $x(t)$ の微分（**1 階微分**）を

$$x'(t) \equiv \frac{dx(t)}{dt} \equiv \lim_{\Delta t \to 0} \frac{x(t + \Delta t) - x(t)}{\Delta t} \tag{1.5}$$

で定義する．ここで，記号「≡」は「定義式」を表す．$x(t)$ が物体の 1 次元運動の位置を表す場合の (1.5) 式は，時刻 $t$ における物体の**速度**という意味を持ち，速度を表す英単語 velocity の頭文字 $v$ を用いて，

$$v(t) \equiv x'(t) \equiv \dot{x}(t) \tag{1.6}$$

と表される．表記 $\dot{x}(t)$ は，時間微分をドットで表しており，力学でよく用いられる．(1.5) 式より，速度の単位が，長さの単位 m を時間の単位 s で割った m/s であることがわかる．

(1.5) 式の物理的意味を，図 1.2 も用いてより詳しく見ていこう．(1.5) 式の分子

$$x(t + \Delta t) - x(t)$$

は，時刻が $t$ から $t + \Delta t$ まで経過する間に物体が移動した距離である．それを経過時間 $\Delta t$ で割った量

$$\frac{x(t + \Delta t) - x(t)}{\Delta t}$$

は，$t$ と $t + \Delta t$ の間における物体の平均速度を意味し，図 1.2 の一点鎖線の傾

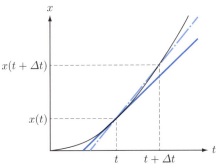

図 1.2　関数 $x(t)$ とその微分 $\dot{x}(t)$

きを表す．従って，経過時間 $\Delta t$ をゼロに近づけた (1.5) 式は，時刻 $t$ における（瞬間の）速度 $v(t)$ に他ならず，図 1.2 において座標点 $t$ で $x(t)$ に引いた接線（青実線）の傾きとなる．

一般に，ある時刻 $t$ からの平均速度を求めるとき，その時間幅 $\Delta t$ を小さくしていくと，時刻 $t$ における（瞬間の）速度に近づいていく．このことを以下の例で確認しよう．

---

**例題 1.1**

1 次元運動する物体がある．その位置 $x(t)$ は，時刻 $t$ の関数として，$x(t) = -t^2 + 2t$ と表される．この運動について，以下の物理量を求めよ．
(1) $t = 0$ から $\Delta t = 0.5$ 秒後までの平均速度．
(2) $t = 0$ から $\Delta t = 0.1$ 秒後までの平均速度．
(3) $t = 0$ での速度．

---

【解答】 (1) $\dfrac{x(0+0.5) - x(0)}{0.5} = \dfrac{(-0.25 + 1.0) - 0}{0.5} = 1.5.$

(2) $\dfrac{x(0+0.1) - x(0)}{0.1} = \dfrac{(-0.01 + 0.2) - 0}{0.1} = 1.9.$

(3) $\dot{x}(0) = (-2t + 2)\big|_{t=0} = 2.0.$ ■

(1.6) 式を $t = t_0$ から $t_1$ まで積分すると，その右辺は容易に

$$\int_{t_0}^{t_1} v(t)\, dt = \int_{t_0}^{t_1} \dot{x}(t)\, dt$$
$$= \Big[x(t)\Big]_{t=t_0}^{t_1} = x(t_1) - x(t_0)$$

と計算できる．つまり，

$$x(t_1) = x(t_0) + \int_{t_0}^{t_1} v(t)\, dt \tag{1.7}$$

が得られる．右辺第二項の積分は，図 1.3 の曲線 $v(t)$ と $t$ 軸で囲まれた $t \in [t_0, t_1]$ の領域の面積を表す．ここで $t \in [t_0, t_1]$ は，変数 $t$ が $t_0 \leq t \leq t_1$ の範囲を動くことを表す記号で，記号 $\leqq$ は $\leq$ と等価である．(1.6) 式と (1.7) 式のように，$x(t)$ と $v(t)$ は，微分・積分の関係で結ばれている．

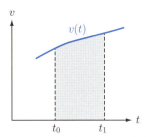

図 1.3 時刻 $t$ の関数としての速度 $v(t)$

---

**例題 1.2**

1 次元運動する物体がある．その速度 $v(t)$ は，時刻 $t$ の関数として，$v(t) = -2t + 2$ と表される．$t = 0$ における物体の位置を原点に選んだとき，次の時刻における物体の位置を求めよ．
(1) $t = 1$ と $t = 2$．
(2) 一般の時刻 $t$．

---

【解答】 (1.7) 式で $t_0 = 0$ および $x(t_0) = 0$ とした式から，以下のように計算できる．

(1) 
$$x(1) = 0 + \int_0^1 (-2t + 2)\, dt$$
$$= \left[ -t^2 + 2t \right]_{t=0}^{1} = -1 + 2 = 1,$$
$$x(2) = 0 + \int_0^2 (-2t + 2)\, dt$$
$$= \left[ -t^2 + 2t \right]_{t=0}^{2} = -4 + 4 = 0.$$

(2) 積分変数を $t_1$ に変更し，積分の上限を $t$ として，次のように積分を実行する．

$$x(t) = 0 + \int_0^t v(t_1)\, dt_1 = \int_0^t (-2t_1 + 2)\, dt_1$$
$$= \left[ -t_1^2 + 2t_1 \right]_{t_1=0}^{t} = -t^2 + 2t. \quad \blacksquare$$

1 次元運動における位置と速度の関係式 (1.5) と (1.6) を，3 次元運動に拡張しよう．まず，物体の位置ベクトル (1.4) の時間微分を，

$$\frac{d\boldsymbol{r}(t)}{dt} \equiv \left( \frac{dx(t)}{dt}, \frac{dy(t)}{dt}, \frac{dz(t)}{dt} \right) \equiv \dot{\boldsymbol{r}}(t) \tag{1.8}$$

で定義する．3次元運動の位置ベクトル (1.4) に対応する速度ベクトル $\boldsymbol{v}(t)$ は，まさに (1.8) 式に他ならず，

$$\boldsymbol{v}(t) \equiv \dot{\boldsymbol{r}}(t) \equiv (v_x(t), v_y(t), v_z(t)) \tag{1.9}$$

と表すことができる．最後の表式は $\boldsymbol{v}(t)$ の成分表示で，その $x$ 成分が $v_x(t)$ である．つまり，速度の $x$ 成分は，$v_x(t) \equiv \dot{x}(t)$ で定義されている．

(1.9) 式の定義式を，$t \in [t_0, t_1]$ について積分する．その結果は，(1.7) 式を3成分のベクトルに拡張した式

$$\boldsymbol{r}(t_1) = \boldsymbol{r}(t_0) + \int_{t_0}^{t_1} \boldsymbol{v}(t)\, dt \tag{1.10}$$

となる．ただしその積分は，$\boldsymbol{v}(t)$ の各成分を積分したベクトル

$$\int_{t_0}^{t_1} \boldsymbol{v}(t)\, dt \equiv \left( \int_{t_0}^{t_1} v_x(t)\, dt, \int_{t_0}^{t_1} v_y(t)\, dt, \int_{t_0}^{t_1} v_z(t)\, dt \right)$$

を意味する．

### ❸ 速さ

1次元運動における速度 (1.6) の絶対値 $|v(t)|$ は，**速さ**と呼ばれている．例えば，速度の一般式が $v(t) = -2t + 2$ で与えられる場合，$t = 2$ における速度は $v(2) = -4 + 2 = -2$，その速さは $|v(2)| = 2$ である．

同様に，3次元運動の速度 (1.9) に対応する速さも，

$$v \equiv |\boldsymbol{v}| \equiv \sqrt{v_x^2 + v_y^2 + v_z^2} \tag{1.11}$$

で定義されている．ここで，表記を単純化するため，(1.9) 式の独立変数 $t$ を省略した．このように，3次元運動の速度 $\boldsymbol{v}$ に対応する速さは，$v$ のようにイタリック体で表現するのが標準となっている．この速さの表記 $v$ は，1次元運動の場合の速度 (1.6) と同じであり，混乱を招く恐れもあるが，文脈から区別が可能であろう．例えば速度 $\boldsymbol{v} = (1, -2, 2)$ に対する速さ $v$ は，

$$v = \sqrt{1^2 + (-2)^2 + 2^2} = 3$$

と計算できる．

## ❹ 加速度

1次元運動における速度 (1.6) の時間微分は，**加速度**と呼ばれ，加速度を表す英単語 acceleration の頭文字をとって，変数 $a$ で表されることが標準的となっている．その定義式は，

$$a(t) \equiv \dot{v}(t) = \ddot{x}(t) \tag{1.12}$$

である．最後の表式は，(1.6) 式を代入して得られる式で，$\ddot{x}(t)$ は $x(t)$ の **2 階微分**

$$\ddot{x}(t) \equiv \frac{d^2 x(t)}{dt^2}$$

を表す．例えば，速度が $v(t) = -2t + 2$ と表される場合の加速度は，$a(t) = \frac{d}{dt}(-2t+2) = -2$ と求まる．

同様に，3 次元運動の場合の加速度は，(1.9) 式の時間微分

$$\bm{a}(t) \equiv \dot{\bm{v}}(t) = \ddot{\bm{r}}(t) \equiv (a_x(t), a_y(t), a_z(t)) \tag{1.13}$$

で定義されている．第三の表式は，第二式に (1.9) 式を代入して得られる式で，$\ddot{\bm{r}}(t)$ は $\bm{r}(t)$ の 2 階微分

$$\ddot{\bm{r}}(t) \equiv \frac{d^2 \bm{r}(t)}{dt^2}$$

を表す．一方，最後の表式は $\bm{a}(t)$ の成分表示で，$a_x(t)$ は $\bm{a}(t)$ の $x$ 成分を表す．より具体的に，$a_x(t) \equiv \dot{v}_x(t) = \ddot{x}(t)$ である．

加速度 $\bm{a}$ は，速度 $\bm{v}$ を時間 $t$ で微分して定義されている．従って，その単位は，速度の単位 m/s を時間の単位 s で割った m/s$^2$ である．

---

**例題 1.3**

時刻 $t$ における位置が $\bm{r}(t) = (-4t+3, 2t+5, -5t^2+3t+2)$ と表される物体がある．その速度 $\bm{v}(t)$ と加速度 $\bm{a}(t)$ を求めよ．

---

【解答】位置ベクトル $\bm{r}(t)$ の各成分を $t$ で微分することにより，速度が

$$\bm{v}(t) = \dot{\bm{r}}(t) = (-4, 2, -10t+3)$$

と得られる．さらにこの式を $t$ で微分することで，加速度が以下のように求まる．

$$\bm{a}(t) = \dot{\bm{v}}(t) = (0, 0, -10). \quad \blacksquare$$

1次元運動に関する (1.12) 式で，その定義式を $t \in [t_0, t_1]$ について積分すると，(1.7) 式で $(x, v) \to (v, a)$ とした式

$$v(t_1) = v(t_0) + \int_{t_0}^{t_1} a(t)\, dt \tag{1.14}$$

が得られる．同様に，3次元運動に関する (1.13) 式で，その定義式を $t \in [t_0, t_1]$ について積分すると，(1.10) 式で $(\bm{r}, \bm{v}) \to (\bm{v}, \bm{a})$ とした式

$$\bm{v}(t_1) = \bm{v}(t_0) + \int_{t_0}^{t_1} \bm{a}(t)\, dt \tag{1.15}$$

となる．このように，速度と加速度は，微分・積分の関係で結ばれている．

---

**例題 1.4**

時刻 $t$ における加速度が $\bm{a}(t) = (0, 0, -10)$ と表される物体がある．この物体の時刻 $t$ における速度 $\bm{v}(t)$ と位置 $\bm{r}(t)$ を求めよ．ただし，物体は時刻 $t = 0$ において，初速度 $\bm{v}_0 = (-4, 2, 3)$ を持ち，位置 $\bm{r}_0 = (3, 5, 2)$ にあったものとする．

---

【解答】(1.15) 式に倣って，加速度 $\bm{a}(t_1) = (0, 0, -10)$ を，「$t = 0$ での初速度が $\bm{v}_0 = (-4, 2, 3)$」の条件の下で，$t_1 \in [0, t]$ について積分すると，時刻 $t$ における速度 $\bm{v}(t)$ が，

$$\begin{aligned}
\bm{v}(t) &= \bm{v}_0 + \int_0^t \bm{a}(t_1)\, dt_1 = (-4, 2, 3) + \int_0^t (0, 0, -10)\, dt_1 \\
&= (-4, 2, 3) + (0, 0, -10t) \\
&= (-4, 2, -10t + 3)
\end{aligned}$$

と得られる．また，この式で $t \to t_1$ と置き換え，「$t = 0$ での位置が $\bm{r}_0 = (3, 5, 2)$」の条件の下で，$t_1 \in [0, t]$ について積分すると，時刻 $t$ における位置 $\bm{r}(t)$ が，以下のように求まる．

$$\begin{aligned}
\bm{r}(t) &= \bm{r}_0 + \int_0^t \bm{v}(t_1)\, dt_1 = (3, 5, 2) + \int_0^t (-4, 2, -10t_1 + 3)\, dt_1 \\
&= (3, 5, 2) + (-4t, 2t, -5t^2 + 3t) \\
&= (-4t + 3, 2t + 5, -5t^2 + 3t + 2). \blacksquare
\end{aligned}$$

例題 1.3 では，時刻 $t$ の関数としての位置 $\boldsymbol{r}(t)$ を微分することにより，速度 $\boldsymbol{v}(t) \equiv \dot{\boldsymbol{r}}(t)$ と加速度 $\boldsymbol{a}(t) \equiv \ddot{\boldsymbol{r}}(t)$ を求めた．逆に，上の例題 1.4 では，例題 1.3 で得た $\boldsymbol{a}(t) \equiv \ddot{\boldsymbol{r}}(t)$ を，「$t=0$ での速度 $\boldsymbol{v}(0)$ と位置 $\boldsymbol{r}(0)$ が例題 1.3 と同じ」という条件で積分して $\boldsymbol{v}(t)$ と $\boldsymbol{r}(t)$ を求め，その結果は例題 1.3 と一致している．このように，位置・速度・加速度は，微分・積分の関係で結ばれている．また，(1.15) 式と (1.10) 式より，加速度 $\boldsymbol{a}(t)$ を積分して速度 $\boldsymbol{v}(t)$ と位置 $\boldsymbol{r}(t)$ を求めるためには，ある一つの時刻 $t=t_0$ での速度 $\boldsymbol{v}(t_0)$ と位置 $\boldsymbol{r}(t_0)$ の情報が必要不可欠であることがわかる．この $\boldsymbol{v}(t_0)$ と $\boldsymbol{r}(t_0)$ を，**初期条件**という．

## ❺ 等速円運動

加速度を伴う運動の一つに**等速円運動**がある．その基本的性質を理解しよう．

### 例題 1.5

$xy$ 平面内の原点 O を中心とする半径 $r$ [m] の円上を，一定の**角振動数** $\omega$ [rad/s] で運動する物体がある．時刻 $t$ におけるその位置ベクトルは，

$$\boldsymbol{r}(t) = (r\cos(\omega t + \theta_0), r\sin(\omega t + \theta_0), 0)$$

と表せる．ここで，$\theta_0$ [rad] は**初期位相**と呼ばれる定数である．

(1) 時刻 $t$ における速度 $\boldsymbol{v}(t) \equiv \dot{\boldsymbol{r}}(t)$ を求め，位置ベクトルと直交していることを確かめよ．

(2) 時刻 $t$ における加速度 $\boldsymbol{a}(t) \equiv \dot{\boldsymbol{v}}(t)$ を求め，位置ベクトルと平行であることを確かめよ．

(3) 速さ $v = |\boldsymbol{v}|$ と加速度の大きさ $a = |\boldsymbol{a}|$ を，$r$ と $\omega$ を用いて表せ．

(4) 加速度の大きさ $a$ を，速さ $v$ と回転半径 $r$ を用いて表せ．

【解答】 $\boldsymbol{r}(t) \to \boldsymbol{r}$ などと略記すると，次のように計算できる．

(1) $\boldsymbol{r} = (r\cos(\omega t + \theta_0), r\sin(\omega t + \theta_0), 0)$,
$\boldsymbol{v} = \dot{\boldsymbol{r}} = (-r\omega\sin(\omega t + \theta_0), r\omega\cos(\omega t + \theta_0), 0)$,
$\boldsymbol{r} \cdot \boldsymbol{v} = r^2\omega(-\cos x \sin x + \sin x \cos x)\big|_{x=\omega t + \theta_0} = 0$.

(2) $\boldsymbol{a} = \dot{\boldsymbol{v}} = (-r\omega^2\cos(\omega t + \theta_0), -r\omega^2\sin(\omega t + \theta_0), 0) = -\omega^2 \boldsymbol{r}$.

(3) $v = r\omega$, $a = r\omega^2$. $t$ で微分するごとに，$\omega$ がかかる．

(4) $\omega = \dfrac{v}{r}$ より，$a = \dfrac{v^2}{r}$. ∎

## 1.3 力と運動方程式

### ❶力

力の概念も，人間の身体運動あるいは労働の経験に基づいて，徐々に形成されてきたと考えられる．図 1.4(a) のように，物体を動かそうとするとき，「押す」あるいは「引く」などの働きかけをする必要がある．また，「押す・引く」の行為には大きさと方向があるので，ベクトルで表すことができるであろう．この働きかけあるいは作用のことを，**力**と呼び，対応する英単語 force の頭文字をとって，ベクトル記号 $\boldsymbol{F}$ で表すことにする．さらに，**合力**という言葉が示すように，一人で押すよりも，図 1.4(b) のように，もう一人が前で引いた方が，より物体を動かしやすくなる．このような経験事実から，図 1.4(c) に示す

**力の合成則**　　　　　　　　　　　　　　　　　　　　　　**指　南**

$$\boldsymbol{F} = \boldsymbol{F}_1 + \boldsymbol{F}_2 \tag{1.16}$$

が成り立つ，ということが受け入れられるようになったと考えられる．

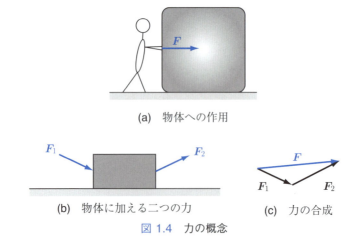

(a) 物体への作用

(b) 物体に加える二つの力　　　(c) 力の合成

図 1.4　力の概念

## ❷ ニュートンの運動方程式

古典力学における力の定義式は，最終的に，

> **奥義：ニュートンの運動方程式**
> 
> $$\underset{\text{質量かける加速度}}{m\boldsymbol{a}} = \underset{\text{力}}{\boldsymbol{F}} \qquad (1.17)$$

によって与えられた．この方程式は，「質量かける加速度は力」と読むことができる．つまり，物体の運動に有限の**加速度**をもたらす作用が**力**で，その比例係数が**質量**である．力の単位は，質量の単位 kg に加速度の単位 m/s$^2$ をかけた kg·m/s$^2$ で，別に新たな記号として N が与えられ，**ニュートン**と読む．すなわち，$1\,\text{N} = 1\,\text{kg}\cdot\text{m/s}^2$ である．

(1.17) 式は，アイザック ニュートン（1642～1727）が，彼の著作「自然哲学の数学的諸原理（プリンキピア）」(1687) の中で，**運動の第二法則**として書き下したものである．(1.17) 式は，力学の中枢をなす方程式である．実際，力学の問題は，(1.17) 式を，様々な力 $\boldsymbol{F}$ について解く（＝積分する）ことに等価である．ちなみに，**実験**という物理学の方法論を確立し，自然現象を数式で記述すべきことを明確に認識したのが，ガリレオ ガリレイ（1564～1642）であり，1623 年の著作『贋金鑑識官』で，「自然界（宇宙）は数学という言葉で書かれている」と書き記している．

数学という言葉で書かれた (1.17) 式は，力学の根幹をなす方程式である．そして，異言語である漢文を日本語にして読む場合と同様に，「$m$」を「質量」，「$\boldsymbol{a}$」を「加速度」，「$\boldsymbol{F}$」を「力」と日本語に翻訳して，上述のように「質量かける加速度は力」と読むことができる．古典力学に従う物理現象は，全て，(1.17) 式に基づいて理解できる．そこで，(1.17) 式を音読して具体的なイメージと共に暗記し，自在に書き下せるようにしよう．漢詩を覚えるのと同じ手続きを踏むのである．たった一行であるから，覚えるのは容易であろう．その記憶に図 1.4(a) のような具体的なイメージが伴うようになれば，力学の理解は格段に進むであろう．

## ❸ 本書の構成

本書では，まず第 2 章で数学的準備を行った後に，ニュートンの運動方程式 (1.17) が記述する現象を，第 3 章以降で図 1.5 のように扱っていく．

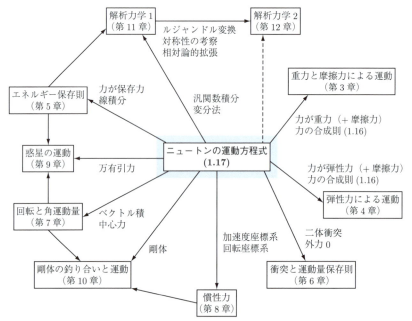

図 1.5　ニュートンの運動方程式 (1.17) と本書の構成

## 1.4 質量中心

(1.17) 式の加速度 $\boldsymbol{a}$ は，位置ベクトル $\boldsymbol{r}$ の時間に関する 2 階微分 $\boldsymbol{a} \equiv \ddot{\boldsymbol{r}}$ で定義されている．物体が有限の大きさを持つ場合，その位置ベクトル $\boldsymbol{r}$ はどのように定義すれば良いのであろうか．

### ❶ 質点系

この問題は，**質点**という概念を導入して解くことができる．質点とは，「有限の質量を持ち，大きさの無視できる物体」として定義されている．従って，その位置ベクトルは明確に定義できる．

質点が $n$ 個ある系を考察しよう．質量 $m_j$ の質点 $j$ $(j=1,2,\cdots,n)$ に力 $\boldsymbol{F}_j$ が働くとき，その運動方程式は，(1.17) 式に $\boldsymbol{a}=\ddot{\boldsymbol{r}}$ の関係を用いて，

$$m_j \ddot{\boldsymbol{r}}_j = \boldsymbol{F}_j \tag{1.18}$$

と表せる．ここで，質点系の全質量 $M$，質量中心 $\boldsymbol{R}$，および，全外力 $\boldsymbol{F}$ を，それぞれ次のように定義する．

$$M \equiv \sum_{j=1}^{n} m_j = m_1 + m_2 + \cdots + m_n, \tag{1.19a}$$

$$\boldsymbol{R} \equiv \frac{1}{M}\sum_{j=1}^{n} m_j \boldsymbol{r}_j = \frac{m_1 \boldsymbol{r}_1 + m_2 \boldsymbol{r}_2 + \cdots + m_n \boldsymbol{r}_n}{M}, \tag{1.19b}$$

$$\boldsymbol{F} \equiv \sum_{j=1}^{n} \boldsymbol{F}_j = \boldsymbol{F}_1 + \boldsymbol{F}_2 + \cdots + \boldsymbol{F}_n. \tag{1.19c}$$

すると，(1.18) 式から，それらが方程式

$$M\ddot{\boldsymbol{R}} = \boldsymbol{F} \tag{1.20}$$

を満たすことを示せる（例題 1.6）．つまり，質点系は，全体として，力 $\boldsymbol{F}$ を受け，位置ベクトル $\boldsymbol{R}$ を持つ質量 $M$ の質点と見なせるのである．この $\boldsymbol{R}$ を**質量中心**（center of mass）という．質量中心は，重力に関連して定義された**重心**（center of gravity）と，重力が一定の場合において一致する．この点に関しては，7.3 節❸で詳しく議論する．重心は日常語としてよく知られ，直観的イメージも湧きやすい．そこで本書では，重心を質量中心の意味で用いることにする．

## 例題 1.6

(1.18) 式から (1.20) 式を導出せよ．

【解答】 (1.18) 式を $j$ について総和すると，

$$\sum_{j=1}^{n} m_j \ddot{\boldsymbol{r}}_j = \sum_{j=1}^{n} \boldsymbol{F}_j \tag{1.21}$$

が得られる．その左辺は，$m_j$ と $M$ が定数であることに注意し，(1.19a) 式と (1.19b) 式を用いて，次のように書き換えられる．

$$\sum_{j=1}^{n} m_j \ddot{\boldsymbol{r}}_j = \sum_{j=1}^{n} m_j \frac{d^2 \boldsymbol{r}_j}{dt^2} = \frac{d^2}{dt^2}\left(\sum_{j=1}^{n} m_j \boldsymbol{r}_j\right) = M \frac{d^2}{dt^2}\left(\frac{1}{M}\sum_{j=1}^{n} m_j \boldsymbol{r}_j\right)$$
$$= M \frac{d^2 \boldsymbol{R}}{dt^2} = M \ddot{\boldsymbol{R}}. \tag{1.22}$$

(1.19c) 式と (1.22) 式を (1.21) 式に代入すると，(1.20) 式が得られる．∎

### ❷ 剛体

**剛体**とは，形が変わらない有限の大きさの物体で，質点間の距離が変化しない質点系と見なすことができる．以下の考察により，質点系の重心の運動方程式 (1.20) が，剛体の重心に対しても成立することがわかる．

剛体内部の位置 $\boldsymbol{r}$ における密度を $\rho(\boldsymbol{r})$ で表す．次に，剛体を微小な直方体の集まりとして表す．図 1.6 のように，その一つの直方体 $j$ に注目すると，$j$ の位置は，その領域が小さいことから，近似的に一つの位置ベクトル $\boldsymbol{r}_j$ で指定できる．また，直方体 $j$ の 3 辺の長さを $(\Delta x_j, \Delta y_j, \Delta z_j)$ とすると，直方体 $j$ の質量 $m_j$ は，位置 $\boldsymbol{r}_j$ における密度 $\rho(\boldsymbol{r}_j)$ に，直方体の体積 $\Delta^3 r_j \equiv \Delta x_j \Delta y_j \Delta z_j$ をかけ，

$$m_j = \rho(\boldsymbol{r}_j)\, \Delta^3 r_j$$

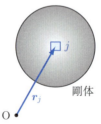

図 1.6　剛体とその微小領域 $j$ の位置ベクトル

## 1.4 質量中心

と表せる．従って，剛体の質量 $M$ と重心 $\boldsymbol{R}$ は，質点系の (1.19a) 式と (1.19b) 式に倣って，それぞれ

$$M \approx \sum_j m_j = \sum_j \rho(\boldsymbol{r}_j)\,\Delta^3 r_j, \tag{1.23a}$$

$$\boldsymbol{R} \approx \frac{1}{M}\sum_j \boldsymbol{r}_j m_j = \frac{1}{M}\sum_j \boldsymbol{r}_j\,\rho(\boldsymbol{r}_j)\,\Delta^3 r_j \tag{1.23b}$$

により近似的に計算できる．$j$ の和は，剛体を構成する微小な直方体についての和である．同様に，位置 $\boldsymbol{r}_j$ のまわりの微小領域に働く力 $\boldsymbol{F}_j$ は，力の密度 $\boldsymbol{f}(\boldsymbol{r}_j)$ に微小領域の体積 $\Delta^3 r_j \equiv \Delta x_j \Delta y_j \Delta z_j$ をかけ，

$$\boldsymbol{F}_j = \boldsymbol{f}(\boldsymbol{r}_j)\,\Delta^3 r_j$$

と表せる．従って，物体に働く全外力 $\boldsymbol{F}$ は，質点系の (1.19c) 式に倣って，

$$\boldsymbol{F} \approx \sum_j \boldsymbol{F}_j = \sum_j \boldsymbol{f}(\boldsymbol{r}_j)\,\Delta^3 r_j \tag{1.23c}$$

と近似できる．

ここで，微小領域の体積を無限小にすると共に分割数を無限大にする極限をとると，(1.23) 式における $j$ についての和は積分に移行し，剛体の全質量，重心，および，剛体に働く力に関する厳密な定義式

$$M \equiv \int_V \rho(\boldsymbol{r})\,d^3 r, \tag{1.24a}$$

$$\boldsymbol{R} \equiv \frac{1}{M}\int_V \boldsymbol{r}\,\rho(\boldsymbol{r})\,d^3 r, \tag{1.24b}$$

$$\boldsymbol{F} \equiv \int_V \boldsymbol{f}(\boldsymbol{r})\,d^3 r \tag{1.24c}$$

が得られる．ただし $\int_V$ は，剛体の領域全体にわたる**体積積分**を表し，また $d^3 r \equiv dxdydz$ は 3 辺の長さが $(dx, dy, dz)$ である無限小直方体の体積である．より具体的に，(1.24a) 式は，(1.23a) 式における直方体への分割数を $N$ として，

$$\int_V \rho(\boldsymbol{r})\,d^3 r \equiv \lim_{N \to \infty} \sum_{j=1}^{N} \rho(\boldsymbol{r}_j)\,\Delta^3 r_j$$

で定義されている．すなわち，分割数 $N$ が無限大（= 各微小直方体の体積が無限小）となる極限で，和 $\sum$ が積分 $\int_V$ に，有限体積 $\Delta^3 r_j$ が無限小体積 $d^3 r$ に移行するのである．体積積分については，以下の 2.3 節，特に❸で詳しく議論する．

(1.24) 式を用いると，(1.20) 式は剛体についてもそのまま成立する．特に，その重心の表式は，(1.24b) 式で与えられる．

## ❸ 剛体系の重心

質量 $M_j$ を持つ剛体 $j = 1, 2, \cdots, n$ が，重心座標 $\bm{R}_j$ で指定される場所にあるとき，これら $n$ 個の剛体系の重心 $\bm{R}$ は，全質量

$$M \equiv \sum_{j=1}^{n} M_j \tag{1.25}$$

を用いて，

$$\bm{R} = \frac{1}{M} \sum_{j=1}^{n} M_j \bm{R}_j \tag{1.26}$$

と表せる．すなわち，剛体系の重心は，各々を，質量 $M_j$ を持ち位置 $\bm{R}_j$ にある質点と見なして，それらの重心を求めることで得られる．

---
**例題 1.7**

(1.26) 式を証明せよ．

---

【解答】 (1.26) 式の $\bm{R}_j$ に剛体の重心の定義式 (1.24b) を代入すると，右辺が

$$\begin{aligned}
\frac{1}{M} \sum_{j=1}^{n} M_j \bm{R}_j &= \frac{1}{M} \sum_{j=1}^{n} M_j \frac{1}{M_j} \int_{V_j} \bm{r}\, \rho(\bm{r})\, d^3 r \\
&= \frac{1}{M} \sum_{j=1}^{n} \int_{V_j} \bm{r}\, \rho(\bm{r})\, d^3 r \\
&= \frac{1}{M} \int_{V} \bm{r}\, \rho(\bm{r})\, d^3 r \\
&= \bm{R}
\end{aligned}$$

と書き換えられる．ただし，$V \equiv V_1 + V_2 + \cdots + V_n$ である．∎

## 1.5 ガリレイの相対性原理

### ❶ ガリレイの相対性原理

　一定速度で走っているバスの中で，ボールを静かに床に置くと，ボールはバスの床で静止したままである．また，バスの中でボールを一定の高さから静かに落とすと，鉛直下向きに落下するように見える．このように，一定速度で走っているバスの中で観測する物理現象は，静止している地上で観測するのと同じように見える．ガリレイによって明確に認識されたこの事実は，ニュートンの運動方程式 (1.17) を用いて説明できる．

　具体的に，図 1.7 のように，一定速度 $\bm{v}_0$ で走るバスの中でのボールの運動を考える．このボールを二つの座標系で表す．まず，時刻 $t$ において，バスの外で静止している観測者から見たボールの位置ベクトルを $\bm{r}(t)$ とし，その座標系を**静止座標系**と呼ぶことにする．ただし，その原点 O は，時刻 $t=0$ でのバスの運転席の位置に選ぶ．次に，同じボールを，バス (bus) の運転席を原点 $\mathrm{O_b}$ とする位置ベクトル $\bm{r}_\mathrm{b}(t)$ で表す．さて，時刻 $t>0$ における運転席の位置は，静止座標系で

$$\bm{v}_0 t \equiv (v_{0x}t, v_{0y}t, v_{0z}t)$$

と表せるであろう．ここで，$v_{0j}$ は速度 $\bm{v}_0$ の $j$ 成分 ($j=x,y,z$) で，定数である．従って，静止座標系でのボールの位置ベクトル $\bm{r}(t)$ は，図 1.7(b) のように，ベクトルの合成則

$$\bm{r}(t) = \bm{r}_\mathrm{b}(t) + \bm{v}_0 t \tag{1.27}$$

を満たす．(1.27) 式を**ガリレイ変換**という．その両辺を時間 $t$ で微分すると，二つの座標系での速度に関する変換則（和則）

$$\frac{d\bm{r}(t)}{dt} = \frac{d\bm{r}_\mathrm{b}(t)}{dt} + \bm{v}_0 \quad \longleftrightarrow \quad \bm{v}(t) = \bm{v}_\mathrm{b}(t) + \bm{v}_0 \tag{1.28}$$

(a)　一定速度 $\bm{v}_0$ で走るバス

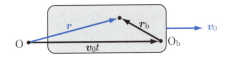
(b)　二つの座標系

図 1.7　ガリレイ変換

が得られる．さらに，この式をもう一度 $t$ で微分すると，$\bm{v}_0$ が定ベクトルであることより，

$$\frac{d\bm{v}(t)}{dt} = \frac{d\bm{v}_{\mathrm{b}}(t)}{dt} \quad \longleftrightarrow \quad \bm{a}(t) = \bm{a}_{\mathrm{b}}(t) \tag{1.29}$$

となる．すなわち，どちらの座標系でも加速度の大きさは同じである．この結果を (1.17) 式に代入すると，

$$m\bm{a}_{\mathrm{b}} = \bm{F} \tag{1.30}$$

が得られる．すなわち，バスと共に動く座標系で見たニュートンの運動方程式 (1.30) は，静止座標系で見たニュートンの運動方程式 (1.17) と同じ形である．

このように，ガリレイ変換 (1.27) の下で，ニュートンの運動方程式は形を変えない．この数学的事実を，「ニュートンの運動方程式はガリレイ不変性を持つ」と言い表す．物理的観点からは，互いに一定の相対速度で動く二つの座標系において，物理現象の見え方に違いがないことを表す．この物理的事実は，**ガリレイの相対性原理**と呼ばれている．ちなみに，ガリレイ変換 (1.27) では，右辺と左辺に同じ $t$ が現れていること，すなわち，二つの座標系で時間の進み方が同じであると暗に仮定されていることに注意されたい．また，(1.30) 式は，二つの座標系で力 $\bm{F}$ が同じであるとして導かれている．

しかし，速度 $\bm{v}_0$ の大きさが光速 (1.1) に近づくと，物理法則に対してガリレイ変換 (1.27) は成り立たなくなり，その代わりに，二つの座標系での時間の進み方が異なる変換である**ローレンツ変換**を用いるべきことがわかっている．このローレンツ変換は，19 世紀後半に電磁気学が成立した後，その基礎方程式である**マクスウェル方程式**の持つ性質として発見された [2]．すなわち，マクスウェル方程式が，ガリレイ不変性を持たず，**ローレンツ不変性**を持つことが明らかになったのである．そして，このローレンツ不変性を物理学全体へと一般化し，「物理法則はローレンツ変換に対して不変である」ことを原理として採用したのが，**アインシュタインの相対性原理**であり，その正しさは実験的にも確立されている．従って，ニュートンの運動方程式 (1.17) も，ローレンツ変換に対して不変であるように修正する必要がある (12.3 節参照)．しかし，我々が日常的に体験する物理現象に関しては，(1.17) 式で十分である．

## ❷ 慣性の法則

(1.17) 式によると，力が働かないときの加速度 $a$ は $0$ である．これを (1.15) 式に代入すると，異なる時刻 $t = t_0, t_1$ における速度 $v$ が同じであることが結論づけられる．つまり，「力が働かないときの物体は，$v$ の変化しない運動，すなわち，**等速直線運動を続ける**」ことが結論づけられる．この主張は，ニュートンにより**運動の第一法則**と名づけられ，独立な一法則として位置づけられた．「物体は同じ運動状態を続けようとする性質を持つ」とも見なせるので，**慣性の法則**とも呼ばれる．

慣性の法則は，「運動する物体はやがて静止する」という日常経験と合致しない．その理由は，(1.17) 式が間違っているからではなく，**摩擦力**と呼ばれる速度と逆向きの力が働いているからである．つまり，(1.17) 式によると，運動に変化すなわち加速度が観測されるときには，常に力が働いている．

第一法則（慣性の法則）は，6.1 節で詳しく考察する**運動量保存則**に他ならず，(1.17) 式からの自然な帰結として導かれる．従って，一旦座標系を導入して (1.17) 式を書き下した後は不要であり，実用上も (1.17) 式だけで十分である．ニュートンが特に第一法則を与えた理由は，当時の時代背景が関係していると思われる．すなわち，「運動する物体はやがて静止する」ということが日常における現実として当たり前のように考えられていた当時，「物体は同じ運動状態を続けようとする性質を持つ」との考えは，あまりにも突飛で，一般の人には思いもつかなかったに違いない．一方で，この法則は，すでに，ガリレイ（『新科学対話』，1638 年）やデカルト（『哲学原理』，1644 年）によって，それにかなり近い形で書き下されていた．ニュートンは，力と運動の変化を第二法則で提示する前に，力の働かない状態での運動を明示する必要があると考えたのではないかと推察される．

この慣性の法則を，「(1.17) 式が成り立つような座標系（基準系）があることを主張する法則」とする見解もあるが，筆者はこれに同意できない．座標系を設定するのは，自然現象を観測して記録し法則を見出す際の前提条件であり，法則を見出した後にその座標系の存在自体に疑問を投げかけるということは，「自然現象を観測・実験して法則を見出す」という物理学の方法論としてあり得ないと考える．この点に関して，電磁気学については，「**マクスウェル方程式**が成り立つような座標系（基準系）がある」との問いかけは，なされていないことを指摘しておく．

座標系をまず設定して，そこでの観測事実を用いてニュートンの運動方程式が書き下され，その後，それを不変に保つ変換としてガリレイ変換が，対応する一群の座標系として慣性系が導かれる．（ただし，力学の場合には，ガリレイの相対性原理が先に発見されていた．）同様に，座標系をまず設定して，そこでの観測事実を用いてマクスウェル方程式が書き下され，それを不変に保つ変換としてローレンツ変換が，対

応する座標系の一群としてローレンツ群が導かれる[2]．二つの変換は異なっており，ガリレイ変換は，ローレンツ変換で光速を無限大とする極限と見なせる．ここから生じる疑問は，力学と電磁気学で異なる変換則に従う物理法則が成立しているのか，あるいは，力学でもローレンツ不変性が成り立つはずであり，そのようにニュートン力学も変更されるべきなのか，ということである．この問題意識を明確に持ち，後者の立場を採ったのがアインシュタインで，そのようにして作り上げられた相対性理論[1]（12.3 節参照）は，実験的にもその正しさが証明され，ローレンツ不変性は物理学の基本原理として確立されている．

ちなみに，**運動の第三法則**として提示された**作用反作用の法則**も，3.2 節などで見るように，力の合成則 (1.16) を用いて導ける，もしくは，5.3 節❸の万有引力などのように，個別の力の性質として導出できるのである．力学の基礎は，あくまで，ニュートンの運動方程式 (1.17) にある．

## 演習問題

**1.1** ニュートンの運動方程式を書き下せ．記号の意味も説明すること．

**1.2** 二つの力 $\boldsymbol{F}_1 = (2, -1, 3)$ と $\boldsymbol{F}_2 = (-1, 4, 2)$ の合力 $\boldsymbol{F} = \boldsymbol{F}_1 + \boldsymbol{F}_2$ を求めよ．

**1.3** ある物体の時刻 $t$ における加速度は，$\boldsymbol{a}(t) = (0, 0, -10)$ と表せる．この物体の時刻 $t$ における速度 $\boldsymbol{v}(t)$ と位置 $\boldsymbol{r}(t)$ を，$t$ の関数として求めよ．ただし，物体は時刻 $t = 0$ において，初速度 $\boldsymbol{v}_0 = (5, 0, 0)$ を持ち，初期位置 $\boldsymbol{r}_0 = (0, 0, 100)$ にあるものとする．

**1.4** 一様で薄い次の物体の重心を作図により求めよ．

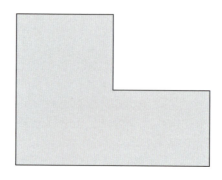

# 第2章 力学を学ぶための数学

　力学を学ぶには，ベクトルの積であるスカラー積とベクトル積や，多変数関数の微積分などの数学の知識が必要である．この章ではそれらの基礎について解説する．先に第3章以下に進んで，必要になったときにこの章に立ち戻って学ぶことも可能である．

## 2.1 スカラー積とベクトル積

### ❶ スカラー積

　二つのベクトル $\boldsymbol{a} = (a_x, a_y, a_z)$ と $\boldsymbol{b} = (b_x, b_y, b_z)$ を用いて，新たな数である

**スカラー積**　　　　　　　　　　　　　　　　　　　　　　【指　南】
$$\boldsymbol{a} \cdot \boldsymbol{b} \equiv a_x b_x + a_y b_y + a_z b_z \tag{2.1a}$$

を定義する．スカラー積は，**内積**とも呼ばれ，力学で必須の数学的操作である．例えば，$\boldsymbol{a}$ を物体に及ぼす力 $\boldsymbol{F}$ に，$\boldsymbol{b}$ をその力による物体の移動ベクトル $\Delta \boldsymbol{r}$ に選んだとき，それらのスカラー積

$$\Delta W \equiv \boldsymbol{F} \cdot \Delta \boldsymbol{r}$$

は，力 $\boldsymbol{F}$ が物体にした**仕事**という意味を持つ（5.2節❶参照）．(2.1a)式は，二つのベクトルの長さ $a \equiv |\boldsymbol{a}|$ と $b \equiv |\boldsymbol{b}|$，および，それらのなす角 $\theta$ $(0 \leq \theta < 2\pi)$ を用いて，

$$\boldsymbol{a} \cdot \boldsymbol{b} = ab \cos \theta \tag{2.1b}$$

とも表せる（例題 2.1）．

## 例題 2.1

(2.1a) 式に基づいて (2.1b) 式を導出せよ．

**【解答】** 座標系を，$a$ が $x$ 軸方向にあり，$b$ が $xy$ 平面内にあるように選ぶ．一般に，二つのベクトルは一つの平面を構成するので，この座標軸の選び方は常に可能である．すると，二つのベクトルは，それらの長さ $a$ と $b$，および，それらのなす角 $\theta$ を用いて，

$$a = (a, 0, 0), \qquad b = (b\cos\theta, b\sin\theta, 0) \tag{2.2}$$

と表せる．これらの成分表示を (2.1a) 式に代入すると，(2.1b) 式が得られる．■

### ❷ ベクトル積

二つのベクトル $a = (a_x, a_y, a_z)$ と $b = (b_x, b_y, b_z)$ を用いて，新たなベクトルである

---
**ベクトル積**　　　　　　　　　　　　　　　　　　　　　　　　　　【指南】

$$a \times b \equiv (a_y b_z - a_z b_y, a_z b_x - a_x b_z, a_x b_y - a_y b_x) \tag{2.3a}$$

---

を定義する．ベクトル積は，**外積**とも呼ばれ，力学で必須の数学的操作である．例えば，$a$ を物体の位置ベクトル $r$ に，$b$ をその物体にかかる力 $F$ に選んだとき，それらのベクトル積 $N \equiv r \times F$ は，物体に働く**力のモーメント**と呼ばれ，原点 O のまわりの回転運動を引き起こす物理量を表す（7.1 節❶参照）．

ベクトル積の持つ幾何学的意味を知るには，$a$ の方向が $x$ 軸に一致し，$b$ が $xy$ 平面内にあるように座標系を選ぶと良い．実際，この特別な座標系では，$a$ と $b$ が (2.2) 式のように表示でき，対応する $a \times b$ が，(2.3a) 式を用いて

$$a \times b = (0, 0, ab\sin\theta) \tag{2.3b}$$

と得られる．これより，$a \times b$ について

(i) $a$ と $b$ に垂直で，
(ii) その大きさは $a$ と $b$ が作る平行四辺形の面積 $ab|\sin\theta|$ に等しい，

ということがわかる（図 2.1 参照）．特に，$a$ と $b$ が平行となる $\theta = 0, \pi$ の場合には，$a \times b = 0$ となることに注意されたい．

## 2.1 スカラー積とベクトル積

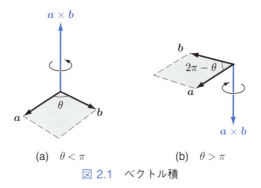

(a) $\theta < \pi$  (b) $\theta > \pi$

図 2.1 ベクトル積

---

**例題 2.2**

ベクトル積について，次の等式が成り立つことを示せ．(1) と (3) は $x$ 成分について確かめよ．

(1) $\boldsymbol{a} \times \boldsymbol{b} = -\boldsymbol{b} \times \boldsymbol{a}$. (2.4a)
(2) $\boldsymbol{a} \cdot (\boldsymbol{b} \times \boldsymbol{c}) = \boldsymbol{c} \cdot (\boldsymbol{a} \times \boldsymbol{b})$. (2.4b)
(3) $\boldsymbol{a} \times (\boldsymbol{b} \times \boldsymbol{c}) = \boldsymbol{b}\,(\boldsymbol{a} \cdot \boldsymbol{c}) - (\boldsymbol{a} \cdot \boldsymbol{b})\,\boldsymbol{c}$. (2.4c)

---

【解答】
(1) $(\boldsymbol{a} \times \boldsymbol{b})_x = a_y b_z - a_z b_y = -(b_y a_z - b_z a_y) = -(\boldsymbol{b} \times \boldsymbol{a})_x$.

(2) $\boldsymbol{a} \cdot (\boldsymbol{b} \times \boldsymbol{c}) = a_x(b_y c_z - b_z c_y) + a_y(b_z c_x - b_x c_z) + a_z(b_x c_y - b_y c_x)$
$= c_x(a_y b_z - a_z b_y) + c_y(a_z b_x - a_x b_z) + c_z(a_x b_y - a_y b_x)$
$= \boldsymbol{c} \cdot (\boldsymbol{a} \times \boldsymbol{b})$.

(3) $\{\boldsymbol{a} \times (\boldsymbol{b} \times \boldsymbol{c})\}_x = a_y(\boldsymbol{b} \times \boldsymbol{c})_z - a_z(\boldsymbol{b} \times \boldsymbol{c})_y$
$= a_y(b_x c_y - b_y c_x) - a_z(b_z c_x - b_x c_z)$
$= b_x(a_y c_y + a_z c_z) - (a_y b_y + a_z b_z)c_x$
$= b_x(a_x c_x + a_y c_y + a_z c_z) - (a_x b_x + a_y b_y + a_z b_z)c_x$
$= \{\boldsymbol{b}\,(\boldsymbol{a} \cdot \boldsymbol{c}) - (\boldsymbol{a} \cdot \boldsymbol{b})\,\boldsymbol{c}\}_x$. ■

(2.4) 式はベクトル積に関する三つの基本的な等式である．頭に叩き込んで自由に使いこなせるようにしよう．(2.4b) 式は，「$(\boldsymbol{a}, \boldsymbol{b}, \boldsymbol{c})$ の巡回的な入れ換え $(\boldsymbol{a}, \boldsymbol{b}, \boldsymbol{c}) \to (\boldsymbol{b}, \boldsymbol{c}, \boldsymbol{a}) \to (\boldsymbol{c}, \boldsymbol{a}, \boldsymbol{b})$ に対して不変である」，と覚えておけば良い．

## 2.2 多変数関数の微分

### ❶ 多変数関数と場

力学を含む物理学では，独立変数が複数個ある**多変数関数**を一般的に扱うため，それらの微積分を理解することが必要不可欠となっている．ここでは，多変数関数の微分について学ぶ．まず，独立変数が二つの場合を考察し，その後，三つ以上の場合へと拡張する．

### ❷ 偏微分

二つの独立変数 $x$ と $y$ を持つ関数 $f(x,y)$ を考察しよう．$f$ の典型例としては，位置 $(x,y)$ における高度が挙げられる（図 2.2 参照）．$f$ の $x$ 方向の微分として

---
**偏微分** 　　　　　　　　　　　　　　　　　　　　　　　　　　　　指南

$$\frac{\partial f(x,y)}{\partial x} \equiv \lim_{\Delta x \to 0} \frac{f(x+\Delta x, y) - f(x,y)}{\Delta x} \tag{2.5}$$

---

を定義する．すなわち，$x$ についての偏微分とは，$y$ を定数と見なして通常の $x$ 微分を行う操作である．図 2.2 の地図の例における (2.5) 式は，位置 $(x,y)$ での $+x$ 方向の**勾配**（gradient）を表す．高階の偏微分も同様に定義でき，例えば次のように表される．

$$\frac{\partial}{\partial x}\frac{\partial f(x,y)}{\partial x} \equiv \frac{\partial^2 f(x,y)}{\partial x^2}, \qquad \frac{\partial}{\partial y}\frac{\partial f(x,y)}{\partial x} \equiv \frac{\partial^2 f(x,y)}{\partial y \partial x}. \tag{2.6}$$

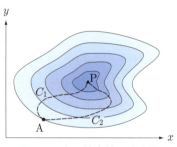

図 2.2 山の等高線と登山道

## 例題 2.3

関数 $f(x,y) = x^2 y$ について次の偏微分を計算せよ．

(1) $\dfrac{\partial f(x,y)}{\partial x}, \dfrac{\partial f(x,y)}{\partial y}$.

(2) $\dfrac{\partial^2 f(x,y)}{\partial x^2}, \dfrac{\partial^2 f(x,y)}{\partial y^2}, \dfrac{\partial^2 f(x,y)}{\partial y \partial x}, \dfrac{\partial^2 f(x,y)}{\partial x \partial y}$.

【解答】

(1) $\dfrac{\partial f(x,y)}{\partial x} = \dfrac{\partial (x^2 y)}{\partial x} = 2xy,$

$\dfrac{\partial f(x,y)}{\partial y} = \dfrac{\partial (x^2 y)}{\partial y} = x^2.$

(2) $\dfrac{\partial^2 f(x,y)}{\partial x^2} = \dfrac{\partial}{\partial x}\dfrac{\partial f(x,y)}{\partial x} = \dfrac{\partial (2xy)}{\partial x} = 2y,$

$\dfrac{\partial^2 f(x,y)}{\partial y^2} = \dfrac{\partial}{\partial y}\dfrac{\partial f(x,y)}{\partial y} = \dfrac{\partial (x^2)}{\partial y} = 0,$

$\dfrac{\partial^2 f(x,y)}{\partial y \partial x} = \dfrac{\partial}{\partial y}\dfrac{\partial f(x,y)}{\partial x} = \dfrac{\partial (2xy)}{\partial y} = 2x,$

$\dfrac{\partial^2 f(x,y)}{\partial x \partial y} = \dfrac{\partial}{\partial x}\dfrac{\partial f(x,y)}{\partial y} = \dfrac{\partial (x^2)}{\partial x} = 2x.$ ∎

このように，一般に

$$\dfrac{\partial^2 f(x,y)}{\partial y \partial x} = \dfrac{\partial^2 f(x,y)}{\partial x \partial y}$$

が成立する．すなわち，$x$ と $y$ についての 2 階微分は，その順序によらない．この主張は，$f(x,y)$ が発散する点，あるいは，そのまわりで多価となる点など，いわゆる**特異点**を除いて，一般的に成り立つ．

## ❸ 全微分

$x$ 方向の勾配と $y$ 方向の勾配をまとめて，ベクトルで

$$\boldsymbol{\nabla} f(x,y) \equiv \left(\frac{\partial f(x,y)}{\partial x}, \frac{\partial f(x,y)}{\partial y}\right) \tag{2.7}$$

と表すと便利である．ただし，$\boldsymbol{\nabla}$ は

$$\boldsymbol{\nabla} \equiv \left(\frac{\partial}{\partial x}, \frac{\partial}{\partial y}\right) \tag{2.8}$$

で定義されたベクトル演算子**ナブラ**である．(2.7) 式は，簡略化して

$$\boldsymbol{\nabla} f$$

とも書かれ，幾何学的には，高度 $f(x,y)$ を持つ山の，位置 $(x,y)$ における**勾配**を表す．この観点から，$\boldsymbol{\nabla} f$ は，「勾配」を意味する英単語「gradient」の最初の四文字を用いて，

$$\mathrm{grad}\, f$$

のようにも表現される．

勾配 $\boldsymbol{\nabla} f$ を用いると，$\boldsymbol{r} \equiv (x,y)$ から $\boldsymbol{r} + d\boldsymbol{r} \equiv (x+dx, y+dy)$ へと無限小移動した際の高さ $f$ の変化 $df$ が，無限小移動のベクトル

$$d\boldsymbol{r} \equiv (dx, dy) \tag{2.9}$$

も用いて，

---
**全微分**　　　　　　　　　　　　　　　　　　　　　　　　　　**指　南**

$$df = \boldsymbol{\nabla} f \cdot d\boldsymbol{r} = \frac{\partial f}{\partial x} dx + \frac{\partial f}{\partial y} dy \tag{2.10}$$

---

で表せる．すなわち，無限小移動に際しての高さの変化 $df$ は，勾配 $\boldsymbol{\nabla} f$ と移動ベクトル $d\boldsymbol{r}$ とのスカラー積に等しい．ただし，表現を簡潔にするため，関数 $f$ の引数 $(x,y)$ を省略した．

特に，等高線に沿った微小移動 $d\boldsymbol{r}_{/\!/}$ では，高度が変化しない（$df=0$）ので，

$$\boldsymbol{\nabla} f \cdot d\boldsymbol{r}_{/\!/} = 0 \tag{2.11}$$

が成立する．これより，「勾配ベクトルは等高線に垂直」であることがわかる．この主張は，勾配ベクトルが **0** となる例外的な点，すなわち山頂や谷底を除き，一般的に成り立つ．

ちなみに，記号 $dx$ は，「$+x$ 方向への無限小の変位」を表す．すなわち，(2.5) 式のように，$x$ から $x + \Delta x$ への有限の移動を考え，その変位 $\Delta x$ が限りなく 0 に近づいた極限が $dx$ である．従って，$dx$ を数と見なして，自由に四則演算を実行できる．例えば，1 変数関数 $y = g(x)$ の微分は，次のように書き換えられる．

$$g'(x) = \frac{dg(x)}{dx} \quad \longleftrightarrow \quad dg = g'(x)\, dx. \tag{2.12}$$

ただし，二番目の式では，$dg$ の引数 $x$ を省略した．この第二の等式は，「$x$ が $x + dx$ へと変化したときの関数 $g$ の増分 $dg$ は，傾き $g'(x)$ に変位 $dx$ をかけたものに等しい」と，直観的・幾何学的に理解できる．なお，$dg = g'(x)\,dx$ は，あくまで $dx$ が無限小の場合にのみ成立することに注意されたい．(2.10) 式も，$(dx, dy)$ が有限の変位 $(\Delta x, \Delta y)$ に置き換わった場合には成り立たないが，その $(\Delta x, \Delta y)$ を無限小とすることで等号が成立するようになるのである．

### ❹ 高次元への拡張

以上の考察は，独立変数が三つの場合やそれより多い場合へと，容易に拡張することができる．例えば，独立変数が三つの関数 $f(x, y, z)$ の場合には，全微分の式 (2.10) の $\boldsymbol{\nabla}$ 演算子と $d\boldsymbol{r}$ が，それぞれ

$$\boldsymbol{\nabla} \equiv \left( \frac{\partial}{\partial x}, \frac{\partial}{\partial y}, \frac{\partial}{\partial z} \right), \tag{2.13a}$$

$$d\boldsymbol{r} \equiv (dx, dy, dz) \tag{2.13b}$$

へと変更されるのみである．

時間 $t$ に関する微分も，数学的には高次元の $\boldsymbol{\nabla}$ 演算子に含めることができる．しかし，物理学での時間 $t$ は，空間座標 $\boldsymbol{r}$ とは明確に異なる役割を担う．従って，物理学における $\boldsymbol{\nabla}$ 演算子には空間成分のみを含むこととし，時間の偏微分演算子には $\frac{\partial}{\partial t}$ を用いて区別するのが慣例となっている．

## 2.3 多次元空間での積分

次に，独立変数が複数個ある場合の積分について学ぶ．

### ❶ 線積分

図2.2において，登山道 $C_1$ に沿って山麓 A から山頂 P まで登ることを考える．その際，登山道に沿った距離を足し上げると歩いた距離が，高さを足し上げると登った高さが求められる．このように，ある曲線に沿ってある量を足し上げていく操作を**線積分**という．

曲線は，数学的には 1 次元の物体で，一つのパラメータで表現できる．力学におけるその典型例は，時刻 $t$ をパラメータとする物体の軌跡 (1.4) である．また，$xy$ 平面上の原点を中心とする単位円は，

$$\boldsymbol{r}(\varphi) = (\cos\varphi, \sin\varphi, 0) \qquad (0 \leq \varphi < 2\pi)$$

とパラメータ表示できる．従って，線積分も一つの変数で表現可能で，高校数学の知識で積分を実行できる．

例として，曲線 $C$ の長さに対する線積分の表式を書き下そう．$C$ 上の点 $\boldsymbol{r} = (x, y, z)$ から $\boldsymbol{r} + d\boldsymbol{r} = (x+dx, y+dy, z+dz)$ へと無限小移動した際の移動距離は，変位 $d\boldsymbol{r}$ の絶対値，すなわち，

---
**線素** 　　　　　　　　　　　　　　　　　　　　　　　　指　南

$$ds \equiv \sqrt{(dx)^2 + (dy)^2 + (dz)^2} \tag{2.14}$$
---

で与えられる．曲線 $C$ の長さは，この線素を $C$ に沿って次のように線積分することで求まる．

$$\int_C ds = \int_{t_0}^{t_1} \sqrt{\left(\frac{dx}{dt}\right)^2 + \left(\frac{dy}{dt}\right)^2 + \left(\frac{dz}{dt}\right)^2} \, dt. \tag{2.15}$$

第一の積分式は，線積分の簡潔な表式で，$C$ に沿って線素 $ds$ を足し上げることを表している．第二のパラメータ $t$ を用いた積分式は，実際の計算に便利な表式である．

### 例題 2.4

半径 $r$ の円について,その円周の長さを求めよ.

【解答】 円を $xy$ 平面上に置き,その中心を原点に選ぶと,円周上の位置ベクトルは,

$$\boldsymbol{r} = (r\cos\varphi, r\sin\varphi, 0)$$

とパラメータ表示できる ($0 \leq \varphi < 2\pi$).その線素は

$$\begin{aligned} ds &= \sqrt{\left(\frac{dx}{d\varphi}\right)^2 + \left(\frac{dy}{d\varphi}\right)^2}\, d\varphi \\ &= \sqrt{(-r\sin\varphi)^2 + (r\cos\varphi)^2}\, d\varphi \\ &= r\, d\varphi \end{aligned}$$

のように $d\varphi$ を用いて表せる.これを $\varphi$ について積分することで,円周 $C$ の長さが,

$$\begin{aligned} \int_C ds &= \int_0^{2\pi} r\, d\varphi \\ &= 2\pi r \end{aligned}$$

と求まる.■

より一般的な線積分には,(2.15) 式の被積分関数を $1$ からスカラー関数 $f(\boldsymbol{r})$ へと変更したものや,$ds$ をベクトル関数 $\boldsymbol{F}(\boldsymbol{r})$ と無限小変位 $d\boldsymbol{r}$ とのスカラー積で置き換えたもの,すなわち,

### 線積分　　指　南

$$\int_C f\, ds, \quad \int_C \boldsymbol{F} \cdot d\boldsymbol{r} \tag{2.16}$$

などがある.例えば,第二式で $\boldsymbol{F}$ を高度 $f(x,y)$ の勾配 $\nabla f(x,y)$ で置き換えると,曲線 $C$ に沿って登った高さが得られ,$\boldsymbol{F}$ が力学での力を表す場合には,曲線 $C$ に沿ってした仕事が求まる (5.2 節❶参照).

## ❷ 面積分

3次元空間における平面や曲面は，三つの変数 $(x, y, z)$ の間に一つの関係式

$$f(x, y, z) = 0 \tag{2.17}$$

を持ち込むことで数学的に記述できる．例えば，$xy$ 平面は $z = 0$ で，原点を中心とする半径 $r$ の球面は方程式 $x^2 + y^2 + z^2 - r^2 = 0$ で表せる．平面や曲面の上で定義された量についての足し算を**面積分**という．

面積分の表式を書き下そう．曲面は，数学的には2次元の物体で，二つのパラメータで記述できる．例えば，$z = 0$ 平面上の任意の点は $(x, y)$ で指定できる．また，原点を中心とする半径 $r$ の球面 $x^2 + y^2 + z^2 - r^2 = 0$ 上の点は，図 2.3 の二つの角 $(\theta, \varphi)$ を用いた**球座標**

$$\boldsymbol{r} = (r\sin\theta\cos\varphi, r\sin\theta\sin\varphi, r\cos\theta) \quad \begin{cases} 0 \leq \theta \leq \pi, \\ 0 \leq \varphi < 2\pi \end{cases} \tag{2.18}$$

で表せる．実際に，この表示で $x^2 + y^2 + z^2$ を計算すると，

$$\begin{aligned} x^2 + y^2 + z^2 &= (r\sin\theta\cos\varphi)^2 + (r\sin\theta\sin\varphi)^2 + (r\cos\theta)^2 \\ &= r^2 \{\sin^2\theta(\cos^2\varphi + \sin^2\varphi) + \cos^2\theta\} \\ &= r^2 \end{aligned}$$

となり，確かに $x^2 + y^2 + z^2 - r^2 = 0$ が成り立っている．

以上の二例，すなわち，$z = 0$ 平面上の点を指定する $(x, y)$ や，球面上の点

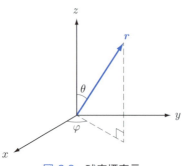

図 2.3 球座標表示

## 2.3 多次元空間での積分

を表すための $(\theta, \varphi)$ のように，任意の曲面上の点の位置ベクトルは，適切に選んだある二つのパラメータ $(u, v)$ を用いて，一般的に $\bm{r}(u, v)$ と表せる．そのパラメータを

$$(u, v) \quad \rightarrow \quad (u + du, v + dv)$$

のように無限小変化させると，曲面上での無限小変位が生じる．対応する位置ベクトルの変化 $d\bm{r}$ は，スカラー関数の全微分の式 (2.10) をベクトル関数に一般化した式

$$d\bm{r} = \frac{\partial \bm{r}(u,v)}{\partial u} du + \frac{\partial \bm{r}(u,v)}{\partial v} dv \tag{2.19}$$

で表せる．そして，$d\bm{r}$ が曲面上にあることから，右辺の二つのベクトル

$$\frac{\partial \bm{r}(u,v)}{\partial u} du, \quad \frac{\partial \bm{r}(u,v)}{\partial v} dv$$

は，曲面上の点 $\bm{r}(u, v)$ における接線方向のベクトル，すなわち，**接ベクトル**となっていることがわかる．従って，それらのベクトル積である

---
**ベクトル面積素**　　　　　　　　　　　　　　　　　　　　　　　指　南

$$d\bm{S} \equiv \frac{\partial \bm{r}(u,v)}{\partial u} \times \frac{\partial \bm{r}(u,v)}{\partial v} du dv \tag{2.20}$$

---

は，方向が曲面に垂直で，大きさは二つのベクトルの作る平行四辺形の面積に等しい．この点に関しては，ベクトル積に関する (2.3b) 式下のコメントを参照されたい．曲面上での関数 $f(\bm{r})$ の積分は，(2.20) 式の絶対値，すなわち，**面積素**

$$dS = \left| \frac{\partial \bm{r}(u,v)}{\partial u} \times \frac{\partial \bm{r}(u,v)}{\partial v} \right| du dv \tag{2.21}$$

を用いた

---
**面積分**　　　　　　　　　　　　　　　　　　　　　　　　　　　指　南

$$\int_S f(\bm{r}) \, dS \tag{2.22}$$

---

で表せる．積分記号の添字 $S$ は，表面（surface）に関する積分であることを明示している．

## 例題 2.5

原点を中心とする半径 $r$ の球面について,以下の問いに答えよ.
(1) 球座標 (2.18) を用いて面積素を求めよ.
(2) 球面の表面積を求めよ.
(3) 半径 $a$ の球の体積を求めよ.

**【解答】** (1) 位置ベクトル $\boldsymbol{r}(\theta, \varphi)$ の $(\theta, \varphi)$ に関する偏微分は,

$$\frac{\partial \boldsymbol{r}}{\partial \theta} = (r\cos\theta\cos\varphi, r\cos\theta\sin\varphi, -r\sin\theta),$$

$$\frac{\partial \boldsymbol{r}}{\partial \varphi} = (-r\sin\theta\sin\varphi, r\sin\theta\cos\varphi, 0)$$

と計算できる.それらのベクトル積は,

$$\frac{\partial \boldsymbol{r}}{\partial \theta} \times \frac{\partial \boldsymbol{r}}{\partial \varphi} = (r^2\sin^2\theta\cos\varphi, r^2\sin^2\theta\sin\varphi, r^2\sin\theta\cos\theta) = (r\sin\theta)\boldsymbol{r}$$

と得られる.これより,ベクトル面積素 (2.20) が $d\boldsymbol{S} = \boldsymbol{r}\, r\sin\theta\, d\theta\, d\varphi$ と求まり,$\boldsymbol{r}$ に平行であること,すなわち球面に垂直であることがわかる.面積素 (2.21) は,その絶対値をとって,次のように得られる.

$$dS = r^2\sin\theta\, d\theta\, d\varphi. \tag{2.23a}$$

(2) 表面積は,(2.22) 式で $f(\boldsymbol{r}) = 1$ と置いて,次のように計算できる.

$$\int_S dS = \int_0^\pi d\theta \int_0^{2\pi} d\varphi\, r^2\sin\theta = r^2 \int_0^\pi d\theta\sin\theta \int_0^{2\pi} d\varphi$$

$$= r^2 \Big[-\cos\theta\Big]_{\theta=0}^{\pi} \Big[\varphi\Big]_{\varphi=0}^{2\pi} = 4\pi r^2. \tag{2.23b}$$

(3) $\boldsymbol{r}$ が球表面に垂直外向きのベクトルであることを考慮すると,半径が $r$ と $r+dr$ との間にある無限小領域の体積が,表面積 $4\pi r^2$ に,表面に垂直方向の変位 $dr$ をかけた式

$$4\pi r^2\, dr$$

で表せることがわかる.これを $0 \leq r \leq a$ について積分することで,体積が,次のように求まる.

$$\int_0^a 4\pi r^2\, dr = \left[\frac{4\pi}{3}r^3\right]_{r=0}^{a} = \frac{4\pi}{3}a^3. \quad \blacksquare \tag{2.23c}$$

例題 2.5 (2) での積分のように,多次元積分における $d\theta$ や $d\varphi$ などは,各々の積分区間を明確にするために対応する積分記号の直後に置くのが慣例である.

## ❸ 体積積分

空間の各点 $\boldsymbol{r}=(x,y,z)$ で定義された関数 $f(\boldsymbol{r})$ に，無限小直方体の

> **体積素**　　　　　　　　　　　　　　　　　　　　　　　　指　南
> $$d^3r = dxdydz \tag{2.24}$$

をかけ，ある領域 $V$ について積分したものが，

> **体積積分**　　　　　　　　　　　　　　　　　　　　　　　　指　南
> $$\int_V f(\boldsymbol{r})\,d^3r \tag{2.25}$$

である．例えば，領域 $V$ をある剛体の内部とし，$f(\boldsymbol{r})$ としてその剛体の密度を選ぶと，剛体の質量を与える (1.24a) 式となる．また，$f(\boldsymbol{r})=1$ と選んだ場合の積分は，領域 $V$ の体積を与える．

体積素 $d^3r$ は，直交座標系を用いた表現 (2.24) の他に，領域 $V$ の形に応じた別の表現も用いることができる．例えば，領域 $V$ が球の場合には，例題 2.5 で考察した球座標による表現

$$d^3r = dS\,dr = r^2\sin\theta\,dr\,d\theta\,d\varphi \tag{2.26}$$

を用いるのが便利である．

---

**例題 2.6**

次の体積積分を計算せよ．

(1) $x\in\left[-\frac{a}{2},\frac{a}{2}\right],\ y\in\left[-\frac{b}{2},\frac{b}{2}\right],\ z\in\left[-\frac{c}{2},\frac{c}{2}\right]$ の直方体領域 $V$ の体積：

$$I_0 \equiv \int_V d^3r.$$

(2) 前問の領域 $V$ に関する体積積分：

$$I_2 \equiv \int_V (x^2+y^2)\,d^3r.$$

【解答】 (1) 次のように計算できる．

$$I_0 = \int_{-\frac{a}{2}}^{\frac{a}{2}} dx \int_{-\frac{b}{2}}^{\frac{b}{2}} dy \int_{-\frac{c}{2}}^{\frac{c}{2}} dz$$
$$= abc.$$

(2) 次のように計算できる．

$$\begin{aligned} I_2 &= \int_V (x^2+y^2)\, d^3r \\ &= \int_{-\frac{a}{2}}^{\frac{a}{2}} dx\, x^2 \int_{-\frac{b}{2}}^{\frac{b}{2}} dy \int_{-\frac{c}{2}}^{\frac{c}{2}} dz + \int_{-\frac{a}{2}}^{\frac{a}{2}} dx \int_{-\frac{b}{2}}^{\frac{b}{2}} dy\, y^2 \int_{-\frac{c}{2}}^{\frac{c}{2}} dz \\ &= \frac{2}{3}\left(\frac{a}{2}\right)^3 bc + a\frac{2}{3}\left(\frac{b}{2}\right)^3 c \\ &= \frac{abc}{12}(a^2+b^2). \blacksquare \end{aligned}$$

質量 $M$ の均質な剛体が，例題 2.6 (1) の領域 $V$ を占めるとき，$\frac{MI_2}{I_0}$ で定義される量

$$I_G \equiv \frac{M}{abc} \int_V (x^2+y^2)\, d^3r = \frac{M}{12}(a^2+b^2) \tag{2.27}$$

は，この直方体の重心を通り，$ab$ 面に垂直な軸まわりの慣性モーメントを表す（10.3 節参照）．

## 演習問題

**2.1** 二つのベクトル $\boldsymbol{a}$ と $\boldsymbol{b}$ が次のように与えられたとき，それらのベクトル積 $\boldsymbol{a}\times\boldsymbol{b}$ を求めよ．
  (1) $\boldsymbol{a}=(2,1,0),\ \boldsymbol{b}=(1,2,0)$.
  (2) $\boldsymbol{a}=(3,1,2),\ \boldsymbol{b}=(6,-5,4)$.

**2.2** 2 次元のスカラー場 $f(x,y)=x^2-y^2$ について以下の問いに答えよ．
  (1) $f(x,y)=0,\pm 1,\pm 2,\pm 3,\cdots$ の等高線を $xy$ 平面に描け．
  (2) $\nabla f(x,y)$ を求めよ．
  (3) $(x,y)=(2,1)$ の点における勾配ベクトル $\nabla f(x,y)$ を求め，(1) の図上にそのベクトルを描け．

**2.3** サイクロイド曲線とは，変数 $t$ と定数 $a > 0$ を用いて

$$\boldsymbol{r}(t) = (a(t - \sin t), a(1 - \cos t), 0) \tag{2.28}$$

と表される位置ベクトル $\boldsymbol{r}(t)$ の軌跡である．変数 $t$ が $0 \leq t \leq 2\pi$ の範囲を動くときにできる曲線の長さを，(2.15) 式を用いて求めよ．

**2.4** 2 次元平面内の領域

$$\mathrm{R} : x \geq 0,\ y \geq 0,\ x + y \leq 1$$

に関する以下の問いに答えよ．
(1) R を $xy$ 平面上に図示せよ．
(2) 領域 R の面積 $S$ を初等的に求めよ．
(3) 領域 R の面積 $S$ は，次の積分で表すことができる．

$$S \equiv \int_\mathrm{R} dxdy = \int_0^1 dy \int_0^{1-y} dx.$$

ただし，最初の式は定義式で，二番目が領域 R を具体的に積分領域として表現した式である．第二の表式を用いて積分を実行し，$S$ を求めよ．
(4) $f(x, y) \equiv x + y$ の領域 R に関する以下の積分を計算せよ．

$$I \equiv \int_\mathrm{R} dxdy\, f(x, y).$$

**2.5** 頂点が $(0, 0, z_0)$ $(z_0 > 0)$ にあり，$xy$ 平面上にある，原点を中心とする半径 $a > 0$ の円を底面に持つ円錐の側面は，方程式

$$x^2 + y^2 = \{R(z)\}^2, \qquad R(z) \equiv a\left(1 - \frac{z}{z_0}\right)$$

で表せる．ただし，$0 \leq z \leq z_0$ である．
(1) 円錐の側面の位置ベクトル $\boldsymbol{r}$ を，適切な二つのパラメータを用いて表せ．
(2) 側面の面積素 $dS$ を求めよ．
(3) 側面の面積を求めよ．

**2.6** 前問の円錐について，その体積を求めよ．

# 第3章 重力と摩擦力による運動

　本章では，ニュートンの運動方程式 (1.17) に基づき，重力と摩擦力が関与する運動について考察する．

## 3.1 重力による運動

**❶ 重力**

　実験によると，地表付近にある質量 $m$ の物体には，図 3.1(a) のように，地表方向に向けて，大きさ

$$F = mg, \qquad g = 9.8\,\text{m/s}^2 \tag{3.1}$$

の力が働く．この力 $F$ を**重力** (gravity)，比例定数 $g$ を**重力加速度**と呼ぶ．

　重力による運動は，一定の力，すなわち，大きさと方向が不変の力による運動の典型例である．その運動を解析するために，図 3.1(b) のように，地表から鉛直上方に $z$ 軸をとり，重力を，その方向も含めて，

$$\boldsymbol{F} = (0, 0, -mg) = -mg\,\boldsymbol{e}_z, \qquad \boldsymbol{e}_z \equiv (0, 0, 1) \tag{3.2}$$

とベクトルで表す．ここで $\boldsymbol{e}_z$ は $z$ 軸方向の単位ベクトルである．

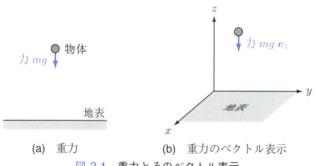

図 3.1　重力とそのベクトル表示

## ❷ 運動方程式とその解

(3.2) 式をニュートンの運動方程式 (1.17) の右辺に代入し，両辺を $m$ で割って (1.13) 式の関係 $\boldsymbol{a} = \ddot{\boldsymbol{r}}$ を用いると，方程式

$$\ddot{\boldsymbol{r}} = -g\,\boldsymbol{e}_z \tag{3.3}$$

を得る．未知関数 $\boldsymbol{r} = \boldsymbol{r}(t)$ の導関数

$$\ddot{\boldsymbol{r}}(t) \equiv \frac{d^2\boldsymbol{r}(t)}{dt^2}$$

を用いて表されたこの方程式は，数学において，**微分方程式**と呼ばれる．その導関数の最も高い階数が 2 であることを明示したいときは，**2 階微分方程式**と言い表す．(3.3) 式を解いて軌跡 $\boldsymbol{r}(t)$ を求めることは，(3.3) 式を積分することに等価である．

---

**例題 3.1**

(3.3) 式を積分し，時刻 $t$ における物体の速度 $\boldsymbol{v}(t)$ と位置 $\boldsymbol{r}(t)$ を求めよ．ただし，物体は，初期時刻 $t_0$ ($< t$) において，速度 $\boldsymbol{v}_0 \equiv \boldsymbol{v}(t_0)$ を持ち，位置 $\boldsymbol{r}_0 \equiv \boldsymbol{r}(t_0)$ にあったものとする．

---

【解答】 まず，時刻 $t$ における (3.3) 式を，速度と位置の関係 $\boldsymbol{v}(t) = \dot{\boldsymbol{r}}(t)$ を用いて，

$$\dot{\boldsymbol{v}}(t) = -g\,\boldsymbol{e}_z, \tag{3.4a}$$

$$\dot{\boldsymbol{r}}(t) = \boldsymbol{v}(t) \tag{3.4b}$$

と書き換える．ここで，独立変数 $t$ を明示した．(3.4b) 式を (3.4a) 式に代入すると，(3.3) 式が再現できる．

(3.4a) 式を $t \in [t_0, t_1]$ について積分すると，

$$\int_{t_0}^{t_1} \dot{\boldsymbol{v}}(t)\,dt = \int_{t_0}^{t_1} (-g\,\boldsymbol{e}_z)\,dt \tag{3.5}$$

となる．その左辺の $\dot{\boldsymbol{v}}(t) \equiv \frac{d\boldsymbol{v}(t)}{dt}$ に関する積分は，容易に

$$\int_{t_0}^{t_1} \dot{\boldsymbol{v}}(t)\,dt = \Bigl[\boldsymbol{v}(t)\Bigr]_{t=t_0}^{t_1} = \boldsymbol{v}(t_1) - \boldsymbol{v}(t_0) \tag{3.6a}$$

と実行できる．一方，右辺の被積分関数は，定ベクトル $-g\,\boldsymbol{e}_z = (0, 0, -g)$ なので，

積分記号の前に出すことができ，積分が

$$\int_{t_0}^{t_1} (-g\,\boldsymbol{e}_z)\,dt = -g\,\boldsymbol{e}_z \int_{t_0}^{t_1} dt$$
$$= -g\,\boldsymbol{e}_z \Big[\,t\,\Big]_{t=t_0}^{t_1} = -g\boldsymbol{e}_z(t_1 - t_0) \qquad (3.6b)$$

と行える．(3.6a) 式と (3.6b) 式を (3.5) 式に代入し，$t_1 \to t$ の置き換えをして $\boldsymbol{v}(t_0) \equiv \boldsymbol{v}_0$ を用いると，

$$\boldsymbol{v}(t) = \boldsymbol{v}_0 - g\boldsymbol{e}_z(t - t_0) \qquad (3.7)$$

を得る．ただし，右辺第二項は，$-g\boldsymbol{e}_z(t-t_0) = (0, 0, -g(t-t_0))$ を意味する．

次に，(3.4b) 式右辺の $\boldsymbol{v}(t)$ に (3.7) 式を代入し，$t \in [t_0, t_1]$ について積分すると，

$$\int_{t_0}^{t_1} \dot{\boldsymbol{r}}(t)\,dt = \int_{t_0}^{t_1} \big\{\boldsymbol{v}_0 - g(t-t_0)\boldsymbol{e}_z\big\}\,dt \qquad (3.8)$$

となる．その左辺は，(3.6a) 式と同様に，

$$\int_{t_0}^{t_1} \dot{\boldsymbol{r}}(t)\,dt = \Big[\boldsymbol{r}(t)\Big]_{t=t_0}^{t_1} = \boldsymbol{r}(t_1) - \boldsymbol{r}(t_0) \qquad (3.9a)$$

と積分できる．一方，右辺の積分も，定ベクトル $\boldsymbol{v}_0$ と $-g\boldsymbol{e}_z$ を積分記号の前に出して，次のように実行できる．

$$\int_{t_0}^{t_1} \big\{\boldsymbol{v}_0 - g\boldsymbol{e}_z(t-t_0)\big\}\,dt = \boldsymbol{v}_0 \int_{t_0}^{t_1} dt - g\boldsymbol{e}_z \int_{t_0}^{t_1} (t-t_0)\,dt$$
$$= \boldsymbol{v}_0 \Big[(t-t_0)\Big]_{t=t_0}^{t_1} - g\boldsymbol{e}_z \Big[\frac{1}{2}(t-t_0)^2\Big]_{t=t_0}^{t_1}$$
$$= \boldsymbol{v}_0(t_1 - t_0) - \frac{1}{2}g\boldsymbol{e}_z(t_1 - t_0)^2. \qquad (3.9b)$$

ここで，被積分関数 $t-t_0$ の原始関数として，$\frac{1}{2}t^2 - t_0 t$ の代わりに $\frac{1}{2}(t-t_0)^2$ を選んだ．両者を微分すると共に $t-t_0$ に戻るが，第二の表式 $\frac{1}{2}(t-t_0)^2$ の方が，積分領域の下端 $t = t_0$ からの寄与がゼロになるので，積分の計算が楽になる．(3.9a) 式と (3.9b) 式を (3.8) 式に代入し，$t_1 \to t$ の置き換えをして $\boldsymbol{r}(t_0) \equiv \boldsymbol{r}_0$ を用いると，時刻 $t$ の位置 $\boldsymbol{r}(t)$ として

$$\boldsymbol{r}(t) = \boldsymbol{r}_0 + \boldsymbol{v}_0(t-t_0) - \frac{1}{2}g\boldsymbol{e}_z(t-t_0)^2 \qquad (3.10)$$

を得る．■

例題 3.1 の結果をまとめると，次のようになる．(3.3) 式の右辺は定ベクトルである．この 2 階微分方程式を，時刻 $t = t_0$ における物体の速度と位置が，

$$\bm{v}(t_0) = \bm{v}_0, \qquad \bm{r}(t_0) = \bm{r}_0 \tag{3.11}$$

であるとして積分する．すると，時刻 $t$ における速度と位置が，それぞれ (3.7) 式と (3.10) 式，すなわち，次のように求まる．

$$\bm{v}(t) = \bm{v}_0 - g\,\bm{e}_z(t - t_0), \tag{3.12a}$$

$$\bm{r}(t) = \bm{r}_0 + \bm{v}_0(t - t_0) - \frac{1}{2}g\,\bm{e}_z(t - t_0)^2. \tag{3.12b}$$

(3.11) 式を，微分方程式 (3.3) の**初期条件**という．(3.3) 式は 2 階の微分方程式なので，不定積分すると積分定数（= 定ベクトル）が二つ現れるが，それを定めるのが初期条件 (3.11) である．

### ❸ 斜方投射

例として，時刻 $t_0 = 0$ に，原点から $x$ 方向に向かって，地表と角度 $\theta\,[\mathrm{rad}]$ の方向に，速さ $v_0$ で野球のボールを遠投する場合を考察する（図 3.2 参照）．時刻 $t > 0$ においてボールが空中にあるものとすると，その速度 $\bm{v}(t)$ と位置 $\bm{r}(t)$ は，初期条件

$$t_0 = 0, \qquad \bm{v}_0 = (v_0\cos\theta, 0, v_0\sin\theta), \qquad \bm{r}_0 = (0, 0, 0)$$

と $\bm{e}_z = (0, 0, 1)$ を (3.12a) 式と (3.12b) 式に代入することにより，次のように得られる．

$$\bm{v}(t) = (v_0\cos\theta,\, 0,\, v_0\sin\theta - gt), \tag{3.13a}$$

$$\bm{r}(t) = \left(v_0 t\cos\theta,\, 0,\, v_0 t\sin\theta - \frac{1}{2}gt^2\right). \tag{3.13b}$$

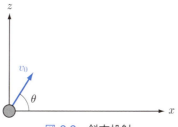

図 3.2　斜方投射

## 例題 3.2

ボールの軌跡 (3.13) について，以下の問いに答えよ．

(1) ボールが最高点に達するまでの時間 $t_1$，そのときの $x$ 座標 $x(t_1)$，および，最高点の高さ $z(t_1)$ を求めよ．

(2) ボールが地上に落ちるまでの時間 $t_2$ の表式と，ボールの到達距離 $x(t_2)$ を求めよ．

(3) $xz$ 平面におけるボールの軌跡を求めよ．

(4) ボールを最も遠くまで投げるには，投げ上げる角度 $\theta$ をどのように選べば良いか．

【解答】 (1) ボールが最高点に達する時刻 $t_1$ では，$z$ 軸方向の速さが 0 となる．すなわち，
$$0 = v_z(t_1) = v_0 \sin\theta - g t_1$$
が成立する．このことから，時刻 $t_1$ とそのときの $x$ 座標が，

$$t_1 = \frac{v_0 \sin\theta}{g}, \tag{3.14a}$$

$$\begin{aligned} x(t_1) &= v_0 t_1 \cos\theta \\ &= \frac{v_0^2 \sin\theta \cos\theta}{g} = \frac{v_0^2 \sin 2\theta}{2g} \end{aligned} \tag{3.14b}$$

と求まる．対応する最高点の高さは，次のように得られる．

$$\begin{aligned} z(t_1) &= v_0 t_1 \sin\theta - \frac{1}{2} g t_1^2 \\ &= (v_0 \sin\theta - g t_1) t_1 + \frac{1}{2} g t_1^2 \\ &= \frac{1}{2} g t_1^2 = \frac{v_0^2 \sin^2\theta}{2g}. \end{aligned} \tag{3.14c}$$

(2) ボールが地表に落ちる時刻 $t_2$ では，ボールの高さがゼロとなり
$$0 = z(t_2) = v_0 t_2 \sin\theta - \frac{1}{2} g t_2^2 = \frac{t_2}{2}(2 v_0 \sin\theta - g t_2)$$
が成立する．これより，時刻 $t_2 > 0$ とそのときの $x$ 座標が，次のように得られる．

$$t_2 = \frac{2 v_0 \sin\theta}{g} = 2 t_1, \tag{3.15a}$$

$$\begin{aligned} x(t_2) &= v_0 t_2 \cos\theta \\ &= \frac{v_0^2 \sin 2\theta}{g} = 2 x(t_1). \end{aligned} \tag{3.15b}$$

(3) $x(t) = v_0 t \cos\theta$ より $t = \frac{x}{v_0 \cos\theta}$ と表し，

$$z(t) = v_0 t \sin\theta - \frac{1}{2}g t^2$$

に代入すると，軌跡が次のように得られる．

$$\begin{aligned}
z &= v_0 \frac{x}{v_0 \cos\theta} \sin\theta - \frac{1}{2}g\left(\frac{x}{v_0 \cos\theta}\right)^2 \\
&= -\frac{g}{2v_0^2 \cos^2\theta} x^2 + x\frac{\sin\theta}{\cos\theta} \\
&= -\frac{g}{2v_0^2 \cos^2\theta}\left(x - \frac{v_0^2 \sin\theta \cos\theta}{g}\right)^2 + \frac{v_0^2 \sin^2\theta}{2g} \\
&= -\frac{g}{2v_0^2 \cos^2\theta}\left(x - \frac{v_0^2 \sin 2\theta}{2g}\right)^2 + \frac{v_0^2 \sin^2\theta}{2g}.
\end{aligned} \tag{3.16}$$

すなわち，ボールは放物線を描くことがわかった（図 3.3 参照）．

(4) (3.15b) 式より，同じ初速度 $v_0$ で投げ上げた場合にボールが最も遠くまで届くのは，$\sin 2\theta$ が最大値をとる場合，すなわち，$\theta = \frac{\pi}{4}$ の角度で投げ上げた場合であることがわかる．

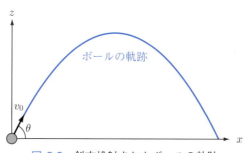

図 3.3　斜方投射されたボールの軌跡　　■

## 3.2 垂直抗力と摩擦力

### ❶ 垂直抗力

水平な地表に静止している物体を考察する．静止状態での加速度はゼロ（$\boldsymbol{a}=\boldsymbol{0}$）であるから，ニュートンの運動方程式 (1.17) より，この静止物体に働く合力はゼロ（$\boldsymbol{F}=\boldsymbol{0}$）であると結論づけられる．一方で，重力は，静止している物体にも働くはずである．これよ

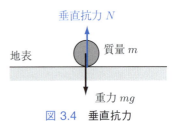

図 3.4　垂直抗力

り，物体には，図 3.4 のように，重力を相殺する力が地表から働いているものと推論される．この力，すなわち物体が，置かれた表面から垂直方向に受ける力

$$N = mg \tag{3.17}$$

を，**垂直抗力**（normal force）と呼ぶ．

垂直抗力は傾いた斜面でも働く．図 3.5(a) のように，水平な地表と角度 $\theta$ をなす滑らかな斜面上に，質量 $m$ の物体がある場合を考える．斜面に沿って上方に $X$ 軸を，斜面に垂直上方に $Z$ 軸をとると，物体は $Z$ 方向で静止している．これより，斜面から物体に $Z$ 方向上向きの垂直抗力が働き，重力の斜面に垂直な成分を相殺していると結論づけられる．すなわち，この場合の垂直抗力の大きさは，図 3.5(b) より，以下であることがわかる．

$$N = mg\cos\theta. \tag{3.18}$$

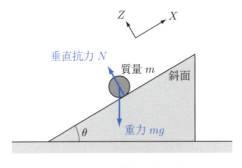

(a) 斜面上の物体に働く力　　　　　　(b) 力の分解

図 3.5　斜面上での垂直抗力

## ❷ 摩擦力

石などの重い物体に力を加えて動かそうとする.しかし,力を増していってもなかなか動かない.いささかやけ気味に,さらに踏ん張ってみる.すると,突然動き出して,加える力も軽くなるように感じる.このような経験はないだろうか.この現象には,**摩擦力**(friction もしくは frictional force)が関わっている.

上記の摩擦力は,地面あるいは床面と物体との間で働く力である.図 3.6(a) のように,水平面上の物体に力 $F$ を加えていくと,最初はなかなか動かない.実際,この静止状態では,人が加える力の床面に平行な成分 $F$ と摩擦力 $F_f$ が釣り合っている($F = F_f$).このときの力 $F_f$ を**静止摩擦力**(static friction)という.静止摩擦力は,動き出す直前に最大値 $F_{f,\max}$ をとる(図 3.6(b) 参照).その値は,多くの場合,垂直抗力 $N$ に比例した形

$$F_{f,\max} = \mu N \tag{3.19a}$$

に表せることが知られている.ここで $\mu$ は**静止摩擦係数**(coefficient of static friction)と呼ばれる比例係数である.また,動き出した後の摩擦力は,図 3.6(b) のように,近似的に一定値 $F_{f,\mathrm{kin}}$ をとる.そしてその値も,多くの場合,垂直抗力 $N$ を用いて,

$$F_{f,\mathrm{kin}} = \mu' N \tag{3.19b}$$

と表せる.この力を**動摩擦力**(kinetic friction),比例係数 $\mu'$ を**動摩擦係数**(co-

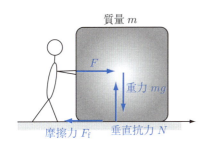
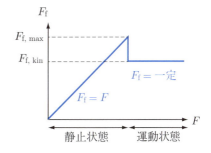

(a) 物体に加わる力 　　　(b) 加える力と摩擦力の関係

図 3.6 静止摩擦力と動摩擦力

efficient of kinetic friction) という．一般に，$\mu > \mu'$ が成立し，動き出すと加える力が小さくて済むようになる．

摩擦力は，接触面が乾いているか濡れているか，粗いか滑らかか，等によってその大きさがかなり異なる．表 3.1 には，いくつかの物質の組について，滑らかな乾いた状態で用意して測定した $\mu$ と $\mu'$ の実測値を示す．しかし，(3.19) 式はあくまで現象論的な近似式であり，接触面の状態によっては成り立たない場合もあることを心得ておくべきである．

表 3.1 静止摩擦係数 $\mu$ と動摩擦係数 $\mu'$ [3]

| 物質 1 | ガラス | 銅 | アルミニウム |
|---|---|---|---|
| 物質 2 | ガラス | 鋼鉄 | 鋼鉄 |
| $\mu$ | 0.9–1.0 | 0.53 | 0.61 |
| $\mu'$ | 0.4 | 0.36 | 0.47 |

### ❸ 粘性抵抗と慣性抵抗

新幹線の車体の前方は流線型に設計されているが，これは，高速走行の際に受ける空気抵抗を小さくするための工夫である．一般に，物体が空気中や水中を運動するときには，空気や水から抵抗力を受ける．この抵抗力も摩擦力の一種であり，微視的には，気体や液体を構成する分子が物体に衝突することに起因する．その大きさは物体の速さ $v$ に依存し，方向は運動方向と逆向きに働く（図 3.7 参照）．

この抵抗力は，物体が運動するときにのみ働く．言い換えると，$v = 0$ のときの抵抗力はゼロである．このことから，速さ $v$ が小さい場合の抵抗力は，$b > 0$ を定数として，一般的に

$$\boldsymbol{F}_\mathrm{v} = -b\,\boldsymbol{v} \tag{3.20}$$

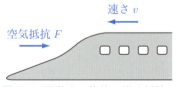

図 3.7 運動する物体に働く抵抗 $F$

表 3.2　いくつかの物質の粘度 $\eta$ [4]

| 物質 | 空気（20°C） | 水（25°C） | 潤滑油（20°C） |
|---|---|---|---|
| $\eta\,[\mathrm{N\cdot s/m^2}]$ | $1.8\times 10^{-5}$ | $8.9\times 10^{-4}$ | $5.8\times 10^{-2}$ |

の形に書けることが結論づけられる．この形の抵抗力を**粘性抵抗**（viscous resistance）という．マイナス符号は，力 $\boldsymbol{F}_\mathrm{v}$ が物体の速度 $\boldsymbol{v}$ と逆向きに働くことを明示している．定数 $b$ に関して，半径 $R$ の球に対する微視的計算がストークスにより行われ，

$$b = 6\pi R\eta \tag{3.21}$$

と表せることが示された．これを**ストークスの法則**という．ここで，$\eta > 0$ は気体や液体のネバネバ度を特徴づける**粘度**（viscosity）である．表 3.2 には，室温における空気・水・潤滑油の粘度の大きさをまとめた．(3.21) 式より，粘性抵抗は，運動物体の半径 $R$ に比例して大きくなり，また，気体・液体の粘度にも比例することがわかる．

さらに，運動物体の速さが増して後方に渦ができるようになると，抵抗力の大きさは速さ $v$ の 2 乗に比例するようになり，$c > 0$ を定数として

$$F_\mathrm{i} = -cv^2 \tag{3.22}$$

と表せることが知られている．これを**慣性抵抗**（inertial resistance）という．

## 3.3 摩擦力を伴う運動

### ❶ 摩擦のある斜面上での運動

摩擦力が関わる運動の例として，摩擦のある斜面上での物体の運動を考察する．

---
**例題 3.3**

傾斜角 $\theta$ [rad] の斜面上に質量 $m$ [kg] の物体が置かれている．重力加速度を $g$ [m/s$^2$]，斜面と物体との静止摩擦係数と動摩擦係数をそれぞれ $\mu$ および $\mu'$ として，以下の問いに答えよ．

(1) 物体が静止している状態での垂直抗力 $N$ と摩擦力 $F_\mathrm{f}$ の表式を求めよ．

(2) 斜面の傾斜角 $\theta$ を変化させることができるものとする．その傾斜角を次第に大きくしていくと，ある臨界角（critical angle）$\theta_\mathrm{c}$ で物体が滑り出した．$\mu$ と $\theta_\mathrm{c}$ の関係式を求めよ．

(3) $\theta > \theta_\mathrm{c}$ の場合における物体の運動を解析するため，斜面に沿って下向きに $x$ 軸をとり，最初に静止していた点を原点に，また，その時刻を $t=0$ と選ぶ．今，ある時刻 $t>0$ において物体が斜面上にあることが観測された．このときの物体の速度 $v(t)$ と位置 $x(t)$ を求めよ．

---

【解答】(1) 問題設定と物体に働く力は，図 3.8 のように表せる．静止している物体に働く合力はゼロである．その力の釣り合いは，斜面に垂直方向に

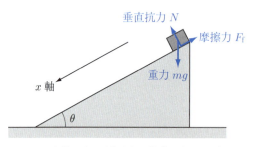 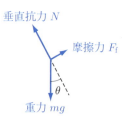

(a) 摩擦のある斜面上の物体に加わる力　　(b) 物体に加わる力の拡大図

図 3.8　例題 3.3 の物体に働く力

## 3.3 摩擦力を伴う運動

$$N = mg\cos\theta, \tag{3.23a}$$

また,斜面に平行方向に

$$F_\text{f} = mg\sin\theta \tag{3.23b}$$

と表せる.このように,物体が静止している状況では,摩擦力 $F_\text{f}$ が重力の斜面方向成分 $mg\sin\theta$ を打ち消して,物体の動きを抑えている.

(2) (3.19a) 式によると,$\theta = \theta_\text{c}$ での摩擦力 $F_\text{f,max}$ は,静止摩擦係数 $\mu$ を用いて,

$$F_\text{f,max} = \mu N$$

と表せる.この式の左辺と右辺に,それぞれ (3.23b) 式と (3.23a) 式で $\theta \to \theta_\text{c}$ としたものを代入すると,

$$mg\sin\theta_\text{c} = \mu mg\cos\theta_\text{c}$$

が得られる.従って,静止摩擦係数は,臨界角 $\theta_\text{c}$ を用いて,

$$\mu = \tan\theta_\text{c} \tag{3.24}$$

と表せることがわかる.このように,$\theta_\text{c}$ の実験から $\mu$ の値が求められる.

(3) 斜面に平行方向の運動方程式は,動摩擦力の式 $F_\text{f} = \mu' mg\cos\theta$ を用いて,

$$\begin{aligned} ma &= mg\sin\theta - F_\text{f} \\ &= mg\sin\theta - \mu' mg\cos\theta \\ &= mg\sin\theta(1 - \mu'\cot\theta) \end{aligned} \tag{3.25}$$

と書き下せる.(3.25) 式に $a = \frac{dv}{dt}$ を代入して $m$ で割ると,

$$\frac{dv}{dt} = g_\text{eff}\sin\theta, \qquad g_\text{eff} \equiv g(1 - \mu'\cot\theta) \tag{3.26}$$

となる.この式を,$v(0) = 0$ の初期条件の下に積分すると,時刻 $t$ での速さが

$$v(t) = g_\text{eff}\, t\sin\theta \tag{3.27a}$$

と得られる.さらに,(3.27a) 式に $v = \frac{dx}{dt}$ を代入し,$x(0) = 0$ の初期条件の下に積分すると,時刻 $t$ での位置が

$$x(t) = \frac{g_\text{eff}\sin\theta}{2} t^2 \tag{3.27b}$$

と表せる.このように,動摩擦力は,重力加速度を

$$g \quad \to \quad g_\text{eff} \equiv g(1 - \mu'\cot\theta)$$

のように小さくする効果がある.■

## ❷ 粘性抵抗を伴う落下運動

もう一つの例として,鉛直方向に落下する質量 $m$ の物体の運動を,摩擦力も取り込んで考察する.物体には,重力 $mg$ と共に,速さ $v$ に比例する粘性抵抗 (3.20) が働くものとする(図 3.9 参照).この運動を考察するために,便宜上,物体の運動方向である鉛直下向きに $x$ 軸をとることにする.この座標系での物体に働く力は,

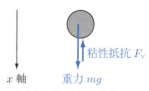

図 3.9 落下する物体に働く力

$$F = mg - bv \tag{3.28}$$

と表せる.時刻 $t=0$ に物体を空中で静かに放す状況

$$v(t=0) = 0 \tag{3.29}$$

を考え,対応する運動方程式

$$ma = F$$

を解くと,時刻 $t>0$ における速度 $v(t)$ が,

$$v(t) = v_\infty (1 - e^{-\frac{t}{\tau}}) \tag{3.30}$$

と得られる(例題 3.4).ただし,$v_\infty$ と $\tau$ は,それぞれ

$$v_\infty \equiv \frac{mg}{b}, \tag{3.31a}$$

$$\tau \equiv \frac{m}{b} \tag{3.31b}$$

で定義され,それぞれ,**終端速度**および**緩和時間**と呼ばれている.関数 (3.30) のグラフを描いたのが図 3.10 である.落下直後は $v(t) \propto gt$ に従って加速され

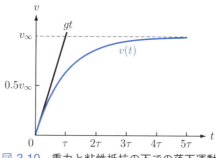

図 3.10 重力と粘性抵抗の下での落下運動

ていくが，速さが増大すると共に加速は鈍り，一定値 $v_\infty$ に近づいていくのが見てとれる．(3.31b) 式で定義された $\tau$ は，速さの増大が鈍るのが見え始める特徴的な時間である．

### 例題 3.4

力 (3.28) の下での物体の落下運動を考察する．
(1) ニュートンの運動方程式を書き下せ．
(2) $t = \infty$ での速度が (3.31a) 式のように表せることを示せ．
(3) (1) で得た方程式を初期条件 (3.29) の下で解いて，$t > 0$ での速度が (3.30) 式のように表せることを示せ．

【解答】(1) 運動方程式 $ma = F$ に (3.28) 式と $a = \frac{dv}{dt}$ を代入すると，

$$m\frac{dv}{dt} = mg - bv \tag{3.32}$$

が得られる．ここで，加速度 $a$ を，速度 $v$ を用いて表したのは，力 (3.28) が $v$ の関数として表されているからである．

(2) $t = \infty$ で実現されるであろう速さ $v_\infty$ は，(3.32) 式の力がゼロとなる条件

$$mg - bv_\infty = 0$$

より，(3.31a) 式のように得られる．

(3) (3.32) 式を $m$ で割った後，(3.31) 式の定数を用いて表すと，

$$\frac{dv}{dt} = \frac{v_\infty - v}{\tau}$$

となる．この 1 階微分方程式は，右辺が $v$ のみの関数となっており，解析的に解くことができる．具体的に，まず，無限小量 $dt$ を有限微小量 $\Delta t$ の極限と考えて数として扱い，上式の両辺に $\frac{dt}{v_\infty - v}$ をかけると，

$$\frac{1}{v_\infty - v} dv = \frac{1}{\tau} dt$$

となる．この式の両辺を，初期条件 (3.29) を考慮して $t \in [0, t_1]$ の区間で積分すると，

$$\int_0^{v(t_1)} \frac{1}{v_\infty - v} dv = \frac{1}{\tau} \int_0^{t_1} dt$$

が得られる．この積分は，$v_\infty - v > 0$ に注意して，

$$\left[-\ln(v_\infty - v)\right]_{v=0}^{v(t_1)} = \frac{1}{\tau}\left[t\right]_{t=0}^{t_1}$$

と実行できる．ただし，$\ln x \equiv \log_e x$ は自然対数である．これより，

$$-\ln\{v_\infty - v(t_1)\} + \ln v_\infty = \frac{t_1}{\tau} \quad \longleftrightarrow \quad \ln\frac{v_\infty}{v_\infty - v(t_1)} = \frac{t_1}{\tau}$$

が得られる．さらに，この両辺を $e = 2.718\cdots$ の指数の肩に乗せ，$t_1 \to t$ と置き換えると，

$$\frac{v_\infty}{v_\infty - v(t)} = e^{\frac{t}{\tau}}$$

となる．これを $v(t)$ について解くと，

$$v_\infty = \{v_\infty - v(t)\}e^{\frac{t}{\tau}},$$

すなわち，(3.30) 式が得られる．■

## 演習問題

**3.1** 高さ 100 m の崖からボールを静かに放して自由落下させる．(i) ボールが地上に落下するまでの時間と (ii) 地上に着く直前のボールの速さを，重力加速度を $10\,\mathrm{m/s^2}$ として有効数字 2 桁で概算せよ．

**3.2** ある野球選手が 150 km/h の初速度で野球のボールを遠投した．ここで km/h は時速である．このとき，ボールの飛距離の最大値は何 m か．重力加速度を $10\,\mathrm{m/s^2}$ と近似して有効数字 2 桁で概算せよ．

**3.3** 下図のように，動摩擦係数が $\mu'$ の水平な床面上で，質量 $m$ の物体を，初速度 $v_0$ で床に沿って打ち出した．重力加速度を $g$ として，以下の問いに答えよ．
  (1) 運動方程式を書き下せ．
  (2) 物体が動き出してから静止するまでの時間を求めよ．

**3.4** 下図のように，滑らかな床面に質量 $m_1$ の板 1 を置き，その上に質量 $m_2$ の板 2 を載せ，板 1 を力 $F$ で引っ張る．重力加速度を $g$，板 1 と板 2 の間の静止摩擦係数を $\mu$，動摩擦係数を $\mu'$ として，以下の問いに答えよ．
 (1) 板 2 が板 1 の上を滑ることなく引っ張ることができるためには，$F$ にどのような条件が必要か．
 (2) (1) の条件が破れて板 2 が板 1 の上を滑り始めた．その直後の板 1 と板 2 の加速度 $a_1$ と $a_2$ を求めよ．
 (3) (2) で求めた $a_1$ と $a_2$ はどちらが大きいか．

**3.5** 下図のように，角度 $\alpha$ [rad] の斜面上方に向かって，斜面から角度 $\theta$ [rad] の方向に速さ $v_0$ [m/s] でボールを投げ上げた．このとき，斜面上でのボールの飛距離の表式を，重力加速度 $g$ [m/s$^2$] を用いて表せ．さらに，飛距離が最大になる $\theta$ を，$\alpha$ を用いて表せ．ただし，斜面の角度 $\alpha$ と投射角 $\theta$ は，$0 \leq \alpha \leq \frac{\pi}{4}$，および $0 < \theta < \frac{\pi}{2} - \alpha$ を満たすものとする．

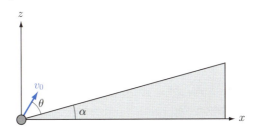

**3.6** 質量 $m$ の物体を時刻 $t=0$ において静かに手から放し，自由落下させた．物体には，重力 $mg$ に加えて，慣性抵抗

$$F_\mathrm{i} = -cv^2$$

も働くものとする．ただし，$c$ は正の定数である．以下の問いに答えよ．
 (1) 落下方向に $x$ 軸を選び，運動方程式を書き下せ．
 (2) 終端速度 $v_\infty$ の表式を求めよ．
 (3) 運動方程式を積分し，時刻 $t>0$ における速度 $v(t)$ の表式を求めよ．

# 第4章 弾性力による運動

本章では，ニュートンの運動方程式 (1.17) に基づき，弾性力による運動について考察する．

## 4.1 単振動

### ❶ バネにつけた質点の単振動

図 4.1(a) のように，バネの一端に質量 $m$ の質点をつけて摩擦のない滑らかな床面に置き，他端をバネが床面に平行になるように壁に固定する．次に，この質点を引っ張ったり押し込んだりして，バネの長さを図 4.1(b) や (c) のように自然長から変化させる．すると，質点には，バネの自然長からの変位 $x$ の大きさに比例した力が働く．そしてその方向は，バネを自然長に戻す向きであることが知られている．これを**フックの法則**という．

例えば，図 4.1(b) のようにバネを $x_1$ だけ自然長から伸ばすと，質点に働く力の大きさは $kx_1$ で，その方向は $-x$ 方向である．また，図 4.1(c) のようにバネを $x_2$ だけ自然長から縮めると，質点に働く力の大きさは $kx_2$ で，その方向は $+x$ 方向である．比例定数 $k\,(>0)$ [N/m] は**バネ定数**と呼ばれる．

フックの法則を数式で表すには，

(i) バネに平行に $x$ 軸をとり，
(ii) バネが伸びる方向を $x$ 軸の正の方向として，
(iii) 原点を自然長の位置に選ぶ

と便利である．すなわち，$x > 0$ の領域をバネの伸びた状態に，また，$x < 0$

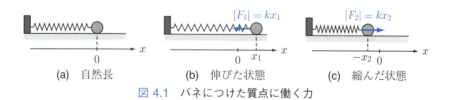

図 4.1 バネにつけた質点に働く力

## 4.1 単振動

の領域をバネの縮んだ状態に対応させるのである．すると，フックの法則に従う力は，その方向も含めて，

$$F = -kx \tag{4.1}$$

と表すことができる．実際，伸び $x$ が正のときは $F$ は負となり，力が $x$ 軸の負の方向に向いていることを表現できている．また，伸び $x$ が負のときには $F$ は正となり，力が $x$ 軸の正の方向に向いている．(4.1) 式のように，変形させると元に戻す向きに働く力のことを**弾性力**という．

この力 $F$ による質点の運動は，ニュートンの運動方程式 (1.17) の 1 次元版

$$ma = F \tag{4.2}$$

を用いて解析できる．まず加速度は，

$$a = \frac{dv}{dt} = \frac{d^2 x}{dt^2} \tag{4.3}$$

のように二通りに表せる．ここで $v$ は速度，$t$ は時間である．一方，力 (4.1) は $x$ のみの関数である．そこで，加速度 $a$ も $x$ を用いて表すことにし，(4.1) 式と一緒に (4.2) 式に代入すると，伸び $x$ に関する 2 階微分方程式

$$m \frac{d^2 x}{dt^2} = -kx \tag{4.4}$$

を得る．さらに，この両辺を質量 $m$ で割り，新たな定数

$$\omega \equiv \sqrt{\frac{k}{m}} \tag{4.5}$$

を導入すると，(4.4) 式が簡潔に

$$\frac{d^2 x}{dt^2} = -\omega^2 x \tag{4.6}$$

と表現できる．定数 $\omega$ は**角振動数**と呼ばれている．その次元は，

(i) 左辺の次元が [長さ(Length)]/[時間(Time)]$^2$ すなわち $\mathrm{LT}^{-2}$ であり，
(ii) 右辺の $x$ の次元が L である

ことから，時間の逆数すなわち $\mathrm{T}^{-1}$ であることがわかる．

## 例題 4.1

(4.6) 式の解 $x(t)$ が，任意の定数 $C$ と $\theta_0$ を用いて，

$$x(t) = C\cos(\omega t + \theta_0) \tag{4.7}$$

と表すことができることを示せ．

**【解答】** (4.7) 式を $t$ で微分すると，速度が

$$v(t) \equiv \dot{x}(t) = -\omega C \sin(\omega t + \theta_0) \tag{4.8}$$

と得られる．さらに，(4.8) 式を $t$ で微分すると，加速度が

$$a(t) \equiv \dot{v}(t) = -\omega^2 C \cos(\omega t + \theta_0)$$

と求まる．この $a(t)$ を (4.7) 式と見比べると，

$$a(t) = -\omega^2 x(t)$$

が成り立っていることがわかる．これは，微分方程式 (4.6) に他ならない．つまり，(4.7) 式が (4.6) 式を満たすことが示された．■

数学的には，(4.6) 式を 2 回不定積分することで (4.7) 式が得られる．対応する二つの積分定数 $(C, \theta_0)$ は，初期時刻 $t=0$ での位置 $x(0)$ と速度 $v(0)$ を指定することで，完全に決定できる．ここでは，この初期条件として，$t=0$ で質点を自然長から $A > 0$ だけ伸ばして静かに放す状況

$$x(0) = A > 0, \qquad v(0) = 0 \tag{4.9}$$

を考える．(4.7) 式と (4.8) 式をこれらの条件に代入すると，積分定数 $(C, \theta_0)$ が，

$$\begin{cases} x(0) = C\cos\theta_0 = A, \\ v(0) = -C\omega\sin\theta_0 = 0 \end{cases} \quad \longleftrightarrow \quad (C, \theta_0) = (A, 0)$$

と求まる．従って，時刻 $t$ における質点の位置と速度が次のように表せる．

$$x(t) = A\cos\omega t, \qquad v(t) = -\omega A \sin\omega t. \tag{4.10}$$

これらのグラフを描くと図 4.2 のようになる．この運動は，振幅が $A$ で周期が

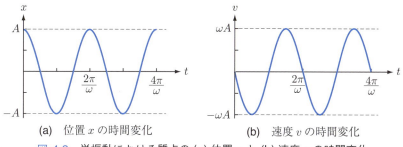

(a) 位置 $x$ の時間変化  (b) 速度 $v$ の時間変化

図 4.2　単振動における質点の (a) 位置 $x$ と (b) 速度 $v$ の時間変化

$$T = \frac{2\pi}{\omega} = 2\pi\sqrt{\frac{m}{k}} \quad (4.11)$$

の**単振動**である．この「単」は，振動する物体が一つであることを強調する接頭語である．

## ❷ 単振り子

図 4.3(a) のように，天井の梁などに糸の一端を固定し，他端に質量 $m$ の重りをつけて吊り下げ，鉛直面内で微小振動させる．ガリレイは，この**単振り子**が，一定の周期で同じ運動を繰り返す**等時性**を持つことを発見した (1583 年頃)．さらに，この原理を用いた「時計」がホイヘンスによって発明され (1657 年頃)，20 世紀まで，時間の流れを測る主な道具の一つとして用いられてきた．公園などにあるブランコも単振り子の一種である．振幅が小さいときに単振り子に働

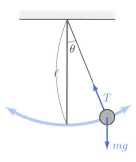

(a) 単振り子に働く力

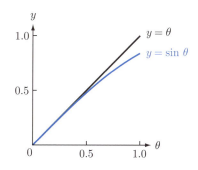

(b) $y = \sin\theta$ のグラフ

図 4.3　単振り子

く重力の効果は，以下で見るように，4.1 節❶で考察した弾性力と同じである．

　糸と鉛直方向のなす角を，反時計回りを正として $\theta\,[\mathrm{rad}]$ で表すと，単振り子の質点に働く力は，次のようにまとめられる．まず，質点には，重力 $mg$ が働く．しかし，糸の長さは不変と見なせることから，「重力の糸方向の成分 $mg\cos\theta$ は，糸に働く張力（tension）$T$ で打ち消されている」と結論づけられる．つまり，糸の延伸方向に関して，力の釣り合い

$$T = mg\cos\theta$$

が成立し，この向きの運動はない．従って，質点は，糸に垂直方向の円弧上を運動する．

---

**例題 4.2**

微小振動する単振り子の振動角 $\theta\,[\mathrm{rad}]$ が，方程式

$$\frac{d^2\theta}{dt^2} = -\omega^2 \theta \tag{4.12}$$

を満たすことを示せ．ただし，$|\theta| \ll 1$ のとき，図 4.3(b) のように $\sin\theta \approx \theta$ が成立する．また $\omega$ は，重力加速度 $g\,[\mathrm{m/s^2}]$ と糸の長さ $\ell\,[\mathrm{m}]$ を用いて，

$$\omega \equiv \sqrt{\frac{g}{\ell}} \tag{4.13}$$

で定義され，**角振動数**と呼ばれている．

---

【解答】振動の軌道に沿った質点の位置 $x$ は，最下点をその原点として，振動角 $\theta\,[\mathrm{rad}]$ と糸の長さ $\ell$ を用いて，$x = \ell\theta$ と表せる．一方，糸に働く円弧方向の力は，

$$F = -mg\sin\theta \approx -mg\theta$$

と近似できる．ここでのマイナス符号は，力 $F$ が $\theta$ を小さくする方向に働くことを表す．上の2式をニュートンの運動方程式 (4.2) に代入すると，次が得られる．

$$m\ell\frac{d^2\theta}{dt^2} = -mg\theta.$$

この式を $m\ell$ で割り，新たな定数 (4.13) を用いて表すと，(4.12) 式となる．■

微分方程式 (4.12) は (4.6) 式と本質的に同じである．従って，(4.6) 式の解 (4.7) に初期条件 (4.9) を適用して (4.10) 式を得たのと同じ手続きにより，初期条件

$$\theta(0) = \theta_0, \qquad \dot{\theta}(0) = 0 \tag{4.14}$$

を満たす (4.12) 式の解 $\theta = \theta(t)$ が，

$$\theta(t) = \theta_0 \cos \omega t \tag{4.15}$$

と得られる．この運動は，振幅が $\theta_0$ で周期が

$$T = \frac{2\pi}{\omega} = 2\pi \sqrt{\frac{\ell}{g}} \tag{4.16}$$

の**単振動**である．このようにして，単振り子が，周期 $T$ を単位として時を刻んでいくことが明らかになった．振動の周期 $T$ が振幅によらないことに注意されたい．

### ❸ 微分方程式を解く

(4.6) 式の解は (4.7) 式である．それを導いた例題 4.1 の考察では，解の形を (4.7) 式のように "天下り的" に与え，(4.6) 式を満たすことを確かめた．ここでは，(4.6) 式，すなわち

$$\frac{d^2 x}{dt^2} + \omega^2 x = 0 \tag{4.17}$$

の数学的解法を説明する．その要点は，この 2 階微分方程式を 2 次方程式に変形して解くというものである．

微分方程式 (4.17) の独立変数は $t$ のみであり，また，$\frac{d^2 x}{dt^2}$ と $x$ の係数はそれぞれ 1 と $\omega^2$ で，共に定数である．この条件を満たす微分方程式は，**定数係数線形常微分方程式**と呼ばれる．より具体的に，独立変数が一つであることを「常」の文字で，方程式に関数 $x$ とその導関数に関する 1 次式のみが現れることを「線形」の語句で表している．(4.17) 式を

$$\widehat{L}x = 0, \qquad \widehat{L} \equiv \frac{d^2}{dt^2} + \omega^2 \tag{4.18}$$

と表すと，以下の議論に便利である．演算子 $\widehat{L}$ は，微分演算子と定数のみから構成され，**線形演算子**（linear operator）と呼ばれる．

方程式 (4.18) は，一般に次のようにして解くことができる．まず，解の形を

$$x(t) = A\,e^{\lambda t} \tag{4.19}$$

の形に仮定する．ここで $A \neq 0$ と $\lambda$ は定数である．条件 $A \neq 0$ を課したのは，有限の解を得るためである．

---
**例題 4.3**

(4.19) 式を微分方程式 (4.18) に代入することにより，その解が，

$$A_{\pm}\,e^{\pm i\omega t} \qquad \text{（複号同順）} \tag{4.20}$$

の二つあることを示せ．ただし，$A_{\pm}$ は二つの任意定数，$i$ は虚数単位である．

---

【解答】 (4.19) 式を (4.18) 式に代入し，左辺と右辺を入れ換えると，右辺は次のように変形できる．

$$\begin{aligned}
0 &= \widehat{L}x \\
&= \left(\frac{d^2}{dt^2} + \omega^2\right) A\,e^{\lambda t} \\
&= (\lambda^2 + \omega^2) A\,e^{\lambda t}.
\end{aligned}$$

このようにして，微分方程式 (4.18) が，$\lambda$ に関する 2 次方程式

$$\lambda^2 + \omega^2 = 0 \tag{4.21}$$

に還元できた．この 2 次方程式の解は，

$$\lambda = \pm i\omega \tag{4.22}$$

の二つである．この表式を (4.19) 式に代入すると，微分方程式 (4.17) の二つの解 (4.20) が得られる．ただし，二つの解の定数 $A$ は，異なるものを選べるので，それらを下つき添字 $\pm$ で区別した．■

方程式 (4.17) の一般的な解は，二つの解 (4.20) を足し合わせた式

$$x(t) = A_+ e^{i\omega t} + A_- e^{-i\omega t} \tag{4.23}$$

で表せる（以下の例題 4.4 参照）．その基本的な構成要素

$$x_\pm(t) \equiv e^{\pm i\omega t} \tag{4.24}$$

を，微分方程式 (4.17) の**基本解**，また，それら基本解の定数倍を足し合わせた (4.23) 式を，**一般解**，あるいは，基本解の**線形結合**と呼ぶ．一般解の導出は，2 階微分方程式 (4.17) を 2 回不定積分することに対応する．従って，二つの積分定数 $A_\pm$ が現れたのである．

**例題 4.4**
(4.23) 式が微分方程式 (4.17) を満たすことを示せ．

【解答】 基本解 (4.24) が (4.18) 式を満たすことは，容易に

$$\begin{aligned}
\widehat{L} x_\pm &= \left(\frac{d^2}{dt^2} + \omega^2\right) x_\pm \\
&= \{(\pm i\omega)^2 + \omega^2\} x_\pm \\
&= 0
\end{aligned} \tag{4.25a}$$

と確認できる．ここで，$\ddot{x}_\pm = (\pm i\omega)^2 x_\pm$ を用いた．この結果を用いると，(4.23) 式が (4.18) 式の解であることも，

$$\begin{aligned}
\widehat{L} x &= \left(\frac{d^2}{dt^2} + \omega^2\right)(A_+ x_+ + A_- x_-) \\
&= A_+ \left(\frac{d^2}{dt^2} + \omega^2\right) x_+ + A_- \left(\frac{d^2}{dt^2} + \omega^2\right) x_- \\
&= A_+ \widehat{L} x_+ + A_- \widehat{L} x_- \\
&= 0
\end{aligned} \tag{4.25b}$$

のように示せる．■

基本解 (4.24) は，純虚数を引数とする指数関数である．その一般形 $e^{i\theta}$ は，三角関数 $\cos\theta$ と $\sin\theta$ を用いた

---
**オイラーの公式** 　　　　　　　　　　　　　　　　　　　　　　　　指　南

$$e^{i\theta} = \cos\theta + i\sin\theta \tag{4.26}$$

---

で表せる．

**例題 4.5**

オイラーの公式 (4.26) を証明せよ．

【解答】 (4.26) 式の左辺 $f_\mathrm{L}(\theta) \equiv e^{i\theta}$ と右辺 $f_\mathrm{R}(\theta) \equiv \cos\theta + i\sin\theta$ は，同じ微分方程式

$$\frac{df_j(\theta)}{d\theta} = if_j(\theta), \qquad j = \mathrm{L}, \mathrm{R}$$

と初期条件

$$f_j(0) = 1$$

を満たす．そのことは，

$$\frac{df_\mathrm{L}(\theta)}{d\theta} = \frac{de^{i\theta}}{d\theta} = ie^{i\theta} = if_\mathrm{L}(\theta),$$
$$\frac{df_\mathrm{R}(\theta)}{d\theta} = \frac{d(\cos\theta + i\sin\theta)}{d\theta} = -\sin\theta + i\cos\theta = i(\cos\theta + i\sin\theta) = if_\mathrm{R}(\theta)$$

および，

$$f_\mathrm{L}(0) = e^{i0} = 1,$$
$$f_\mathrm{R}(0) = \cos 0 = 1$$

のように確認できる．従って，1 階微分方程式の解の一価性から，$f_\mathrm{L}(\theta) = f_\mathrm{R}(\theta)$ が成立する．

なお，「1 階微分方程式の解の一価性」を言い換えると，次のようになる．1 階の微分方程式を積分すると，積分定数が一つ現れる．そして，その積分定数は，初期条件を与えることで完全に決定できる．従って，初期条件を与えて得られる 1 階微分方程式の解も，ただ一つに決まるのである．■

## 4.1 単振動

(4.26) 式を (4.23) 式に代入した式は，次のように変形できる．

$$\begin{aligned}
x(t) &= A_+(\cos\omega t + i\sin\omega t) + A_-(\cos\omega t - i\sin\omega t) \\
&= (A_+ + A_-)\cos\omega t + i(A_+ - A_-)\sin\omega t \\
&= A\cos\omega t + B\sin\omega t, \quad \begin{cases} A \equiv (A_+ + A_-), \\ B \equiv i(A_+ - A_-) \end{cases} \\
&= C\cos(\omega t + \theta_0), \quad \begin{cases} C \equiv \sqrt{A^2 + B^2}, \\ \theta_0 \equiv \arctan\dfrac{-B}{A} \end{cases} .
\end{aligned} \quad (4.27)$$

このようにして，解が (4.7) 式のように求まった．ちなみに，定数 $A_\pm$ を $A$ と $B$ が実数になるように選ぶことは，常に可能である．

(4.27) 式では，一般解 $x(t)$ が，$(\cos\omega t, \sin\omega t)$ の線形結合で表されている．すなわち，微分方程式 (4.17) の基本解としては，(4.23) 式における $(e^{i\omega t}, e^{-i\omega t})$ の他に，三角関数 $(\cos\omega t, \sin\omega t)$ を選ぶこともできる．後者は，実数解を表すのに便利である．

**コラム** 虚数と物理学

オイラーの公式 (4.26) で $\theta = \pi$ と置くと，$e^{i\pi} = -1$ が得られる．この「オイラーの等式」は，数学における基本的な数である $-1$（負数単位），$\pi$（円周率），$e$（ネイピア数あるいはオイラー数），$i$（虚数単位）で構成され，「数学における最も美しい定理」とも呼ばれている．しかし，オイラーの公式 (4.26) が発表された 1748 年当時，虚数 $i$ の存在は広く受け入れられていたわけではなかった．実際，「虚数 (imaginary number)」の語源も，フランス人数学者・哲学者のデカルトによる命名「nombre imaginaire（想像上の数）」(1637 年) に由来する．オイラーの公式は，虚数の実在性・有用性の確立に大きく貢献した．そして 20 世紀になると，物理学においても，電子などの基本粒子が，古典力学（ニュートン力学）では記述できない「波動性」を持つことが確認され，それを記述する方程式として，虚数を含むシュレーディンガー方程式が発見された．すなわち，虚数は決して想像上の数ではなく，自然界（宇宙）を記述するのにも不可欠なのである．

## 4.2 減衰振動

現実の単振動では必ず摩擦力が働き，振動の減衰が起こることを我々は経験から知っている．そこで，振動に対する摩擦力の効果を考察する．

### ❶運動方程式

図 4.4 のように，質量 $m$ の質点がバネ定数 $k$ のバネにつながれ，水中に置かれている系を考察する．質点が空気中にある場合でも減衰は生じるが，粘性抵抗がはるかに大きい水中に置く方が，その効果をより短い時間で観測できる．

鉛直下向きに $x$ 軸をとり，バネの自然長の位置をその原点に選ぶ．質点には，重力 (3.1) と弾性力 (4.1) の他に，粘性抵抗 (3.20) も働くものとする．その場合のニュートンの運動方程式は，

$$ma = mg - kx - bv \tag{4.28}$$

と表せる．減衰の効果は，上の運動方程式を数学的に解くことで明らかにできる．

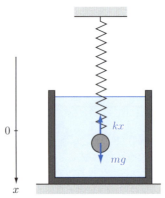

図 4.4 水の中でバネにより吊り下げられた質点

## 4.2 減衰振動

**例題 4.6**

方程式 (4.28) について，以下の問いに答えよ．
(1) 質点が静止する位置 $x_0$ を求めよ．
(2) (4.28) 式が，静止位置からの変位 $\overline{x} \equiv x - x_0$ を用いて，

$$\widehat{L}\overline{x} = 0, \qquad \widehat{L} \equiv \frac{d^2}{dt^2} + 2\gamma\frac{d}{dt} + \omega_0^2 \tag{4.29}$$

と表せることを示せ．ただし，$\omega_0$ と $\gamma$ は

$$\omega_0 \equiv \sqrt{\frac{k}{m}}, \qquad \gamma \equiv \frac{b}{2m} > 0 \tag{4.30}$$

で定義された定数である．

【解答】 (1) 質点が静止する位置 $x_0$ は，(4.28) 式で $(x, v, a) = (x_0, 0, 0)$ と置いた式 $0 = mg - kx_0$ より，

$$x_0 = \frac{mg}{k} \tag{4.31}$$

と求まる．

(2) (4.31) 式の $x_0$ を用いて (4.28) 式を書き換えると，

$$ma = k(x_0 - x) - bv \tag{4.32}$$

となる．ここで，静止位置から測った質点の変位

$$\overline{x} \equiv x - x_0$$

を導入すると，質点の速度 $v$ と加速度 $a$ は，

$$v = \frac{dx}{dt} = \frac{d(\overline{x} + x_0)}{dt} = \frac{d\overline{x}}{dt},$$
$$a = \frac{dv}{dt} = \frac{d^2\overline{x}}{dt^2}$$

のように，$\overline{x}$ のみを用いて表せる．定数 $x_0$ は導関数には影響しないからである．これらを (4.32) 式に代入すると，運動方程式が，

$$m\frac{d^2\overline{x}}{dt^2} = -k\overline{x} - b\frac{d\overline{x}}{dt} \quad \longleftrightarrow \quad \frac{d^2\overline{x}}{dt^2} + \frac{b}{m}\frac{d\overline{x}}{dt} + \frac{k}{m}\overline{x} = 0$$

へと書き換えられる．さらに，第二の式を，(4.30) 式の定数を用いて表すと，(4.29) 式となる．■

## ❷ 運動方程式の解

運動方程式 (4.29) は，**定数係数線形常微分方程式**となっており，4.1 節❸の方法で解くことができる．それに従って，まず，(4.29) 式の一般解を求めよう．

---
**例題 4.7**

微分方程式 (4.29) の一般解を，次の場合について，実数の形に求めよ．
(1) $\omega_0 < \gamma$ の場合．
(2) $\omega_0 > \gamma$ の場合．

---

**【解答】** 微分方程式 (4.29) の解を

$$\overline{x}(t) = A e^{\lambda t} \tag{4.33}$$

と表す．この関数は，指数関数に関する微分の性質から，$\dot{\overline{x}}(t) = \lambda \overline{x}(t)$ および $\ddot{\overline{x}}(t) = \lambda^2 \overline{x}(t)$ を満たす．それらを (4.29) 式に代入すると，

$$\widehat{L}\overline{x} = \left(\lambda^2 + 2\gamma\lambda + \omega_0^2\right)\overline{x} = 0$$

が得られる．すなわち，もとの微分方程式が，代数方程式

$$\lambda^2 + 2\gamma\lambda + \omega_0^2 = 0$$

に書き換えられた．その解は，次のように得られる．

$$\lambda = -\gamma \pm \sqrt{\gamma^2 - \omega_0^2}. \tag{4.34}$$

(1) (4.33) 式と (4.34) 式より，$\gamma > \omega_0$ の場合の二つの基本解が，$e^{(-\gamma \pm \sqrt{\gamma^2 - \omega_0^2})t}$ と得られる．一般解は，それらの重ね合わせとして，次のように表せる．

$$x(t) = A_+ \, e^{-\gamma t + \sqrt{\gamma^2 - \omega_0^2}\, t} + A_- \, e^{-\gamma t - \sqrt{\gamma^2 - \omega_0^2}\, t}. \tag{4.35a}$$

(2) (4.34) 式の根号内が負となる $\gamma < \omega_0$ の場合の二つの基本解は，実数

$$\omega \equiv \sqrt{\omega_0^2 - \gamma^2}$$

を用いて $e^{(-\gamma \pm i\omega)t}$ と表せる．実数の基本解は，オイラーの公式 (4.26) を用いることで，

$$e^{-\gamma t} \cos \omega t, \qquad e^{-\gamma t} \sin \omega t$$

と書き下せる．一般解は，これらの基本解の線形結合として，

$$x(t) = e^{-\gamma t}(A \cos \omega t + B \sin \omega t) = C e^{-\gamma t} \cos(\omega t + \theta_0) \tag{4.35b}$$

と表せる．ただし，$A, B, C \equiv \sqrt{A^2 + B^2}, \theta_0 \equiv \arctan\left(-\frac{B}{A}\right)$ は定数である．∎

## 4.2 減衰振動

微分方程式 (4.29) の二つの基本解 $\overline{x}_j\ (j=1,2)$ は，$\omega_0$ と $\gamma$ の大小によって，表 4.1 のようにまとめられる．ただし，$\omega_0 > \gamma$ と $\omega_0 < \gamma$ のそれぞれの場合について，定数

$$\omega \equiv \sqrt{\omega_0^2 - \gamma^2}, \qquad p \equiv \sqrt{\gamma^2 - \omega_0^2} \tag{4.36}$$

を導入した．なお，$\omega_0 = \gamma$ の場合の基本解が $e^{-\gamma t}$ と $te^{-\gamma t}$ であることの証明は，以下の 4.2 節❹に与えた．

表 4.1 微分方程式 (4.29) の 3 種類の基本解の組．$\omega$ と $p$ は (4.36) 式に与えられている．

| $\omega_0$ と $\gamma$ の大小 | $\lambda^2 + 2\gamma\lambda + \omega_0^2 = 0$ の解 | $\widehat{L}\overline{x} = 0$ の基本解 $\overline{x}_1, \overline{x}_2$ |
|---|---|---|
| $\omega_0 > \gamma$ （減衰振動） | $-\gamma \pm i\omega$ | $e^{(-\gamma + i\omega)t},\ e^{(-\gamma - i\omega)t}$ |
| | | $e^{-\gamma t}\cos\omega t,\ e^{-\gamma t}\sin\omega t$ |
| $\omega_0 = \gamma$ （臨界減衰） | $-\gamma$ （重解） | $e^{-\gamma t},\ te^{-\gamma t}$ |
| $\omega_0 < \gamma$ （過減衰） | $-\gamma \pm p$ | $e^{(-\gamma + p)t},\ e^{(-\gamma - p)t}$ |

(4.29) 式の一般解は，基本解と二つの積分定数 $A_j$ を用いて，

$$\overline{x}(t) = A_1 \overline{x}_1(t) + A_2 \overline{x}_2(t) \tag{4.37}$$

と表せる．その証明は，(4.29) 式の演算子 $\widehat{L}$ を用いて，(4.25b) 式と同様に実行できる．

### ❸ 解の振る舞い

$t = 0$ における初期条件を

$$\overline{x}(0) = A, \qquad v(0) = 0 \tag{4.38}$$

と選び，表 4.1 の三つの場合について，(4.37) 式の $(A_1, A_2)$ の組を決めると，対応する解が次のように表せる（例題 4.8）．

$$\overline{x}(t) = \begin{cases} Ae^{-\gamma t}\left(\cos\omega t + \dfrac{\gamma}{\omega}\sin\omega t\right) & : \omega_0 > \gamma \\ Ae^{-\gamma t}(1 + \gamma t) & : \omega_0 = \gamma \\ \dfrac{A}{2p}e^{-\gamma t}\left\{(p+\gamma)e^{pt} + (p-\gamma)e^{-pt}\right\} & : \omega_0 < \gamma \end{cases} \tag{4.39}$$

> **例題 4.8**
> (4.29) 式の一般解は，基本解の線形結合 (4.37) で表される．表 4.1 の三つの場合について，初期条件 (4.38) を満たす解が，(4.39) 式のように得られることを示せ．

【解答】 (1) $\omega_0 > \gamma$ のとき，
$$\overline{x}(t) = e^{-\gamma t}(A_1 \cos \omega t + A_2 \sin \omega t)$$
と表して (4.38) 式に代入すると，
$$A_1 = A, \quad -A_1 \gamma + A_2 \omega = 0$$
が得られる．これより，解が
$$\overline{x}(t) = A e^{-\gamma t}\left(\cos \omega t + \frac{\gamma}{\omega} \sin \omega t\right)$$
と求まる．

(2) $\omega_0 = \gamma$ のとき，
$$\overline{x}(t) = (A_1 + A_2 t)e^{-\gamma t}$$
と表して (4.38) 式に代入すると，
$$A_1 = A, \quad -A_1 \gamma + A_2 = 0$$
が得られる．これより，解が
$$\overline{x}(t) = A e^{-\gamma t}(1 + \gamma t)$$
と求まる．

(3) $\omega_0 < \gamma$ のとき，
$$\overline{x}(t) = (A_1 e^{pt} + A_2 e^{-pt})e^{-\gamma t}$$
と表して (4.38) 式に代入すると，
$$A_1 + A_2 = A, \quad (p-\gamma)A_1 - (p+\gamma)A_2 = 0$$
が得られる．これより，解が
$$\overline{x}(t) = A e^{-\gamma t}\left(\frac{p+\gamma}{2p}e^{pt} + \frac{p-\gamma}{2p}e^{-pt}\right)$$
と求まる．

このようにして，(4.39) 式が得られた． ■

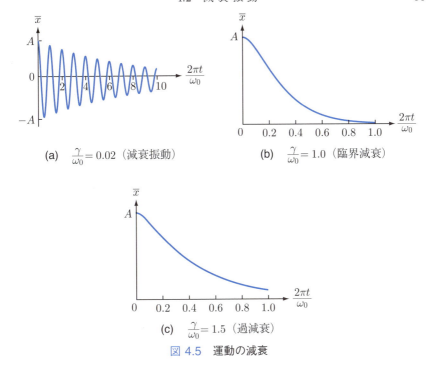

図 4.5 運動の減衰

(4.39) 式の解の振る舞いを，それぞれ，**減衰振動** ($\omega_0 > \gamma > 0$)，**臨界減衰** ($\omega_0 = \gamma$)，**過減衰** ($\omega_0 < \gamma$) という．図 4.5 に三つの場合のグラフを示す．摩擦が小さい $\gamma < \omega_0$ の場合には，振動の振幅が減衰していく．振動の周期も，減衰のない場合の値 $T_0 \equiv \frac{2\pi}{\omega_0}$ から，

$$T \equiv \frac{2\pi}{\omega} = \frac{2\pi}{\sqrt{\omega_0^2 - \gamma^2}}$$

へと変化し長くなっている．一方，摩擦が大きくなって $\gamma \geq \omega_0$ の領域に入ると，振動は見られなくなる．このようにして，摩擦の影響で振動が減衰していくという日常経験が，粘性抵抗を取り入れた計算により再現・確認できた．

## ❹ 臨界減衰の場合の基本解の証明

ここでは，$\omega_0 = \gamma$ が成立する場合の (4.29) 式，すなわち

$$\widehat{L}\overline{x} = 0, \qquad \widehat{L} \equiv \frac{d^2}{dt^2} + 2\gamma\frac{d}{dt} + \gamma^2 \tag{4.40}$$

の基本解が，$e^{-\gamma t}$ と $te^{-\gamma t}$ であることを証明する．(4.40) 式の左辺 $\widehat{L}\overline{x}$ に $\overline{x} = Ae^{\lambda t}$ を代入すると，

$$\widehat{L}Ae^{\lambda t} = (\lambda + \gamma)^2 A e^{\lambda t} \tag{4.41a}$$

となる．この式の両辺を $\lambda$ で微分すると，それぞれ

$$\frac{d}{d\lambda}\widehat{L}Ae^{\lambda t} = \widehat{L}A\frac{d}{d\lambda}e^{\lambda t} = \widehat{L}Ate^{\lambda t},$$

$$\frac{d}{d\lambda}\left\{(\lambda+\gamma)^2 A e^{\lambda t}\right\} = A\left\{2(\lambda+\gamma)e^{\lambda t} + (\lambda+\gamma)^2 te^{\lambda t}\right\}$$

$$= A(\lambda+\gamma)e^{\lambda t}\{2 + (\lambda+\gamma)t\}$$

が得られる．そして，「もともと左辺と右辺が等しかったのであるから，それらを $\lambda$ で微分したものも等しい」ことに注意すると，上の二式から，等式

$$\widehat{L}Ate^{\lambda t} = A(\lambda+\gamma)e^{\lambda t}\{2 + (\lambda+\gamma)t\} \tag{4.41b}$$

が成立することがわかる．(4.41a) 式と (4.41b) 式で，$\lambda = -\gamma$ と置くと，それぞれ

$$\widehat{L}Ae^{-\gamma t} = 0, \qquad \widehat{L}Ate^{-\gamma t} = 0 \tag{4.42}$$

が得られる．すなわち，$e^{-\gamma t}$ と $te^{-\gamma t}$ が，$\omega_0 = \gamma$ が成立する場合の二つの基本解であることがわかった．■

## 4.3 強制振動

ブランコは単振り子の一種であり，小さく揺らしたときの周期 $T$ は，(4.16) 式より，ブランコの長さ $\ell$ と重力加速度 $g$ を用いて，$T = 2\pi\sqrt{\frac{\ell}{g}}$ と表せる．例えば，長さが $2.0\,\mathrm{m}$ のブランコの周期 $T$ は，$T \approx 2\pi\sqrt{\frac{2}{9.8}} \approx 2.8\,\mathrm{s}$ と評価できる．

このブランコに乗り，図 4.6 のように，振動の周期に合わせて膝の曲げ伸ばしを行うと，振れ幅を大きくできるのをよくご存知であろう．これは，振動の周期と同じ外力を外から加えて，固有振動を増幅する**共振**を行っているのである．共振の物理を理解することは，ビルや橋などの建造に際しても基本的な重要性がある．地震が来たときに，共振が起こらないように設計することが必要なのである．共振は，外から一定周期の力を加えて振動を起こす**強制振動**（forced vibration）の一種である．ここでは，この強制振動の物理を学ぼう．

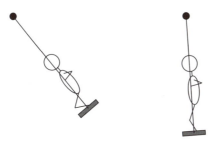

(a) 膝を曲げる　　(b) 膝を伸ばす

図 4.6　ブランコを漕ぐ

### ❶ 強制振動の運動方程式

4.2 節で考察した系に，角振動数 $\omega_\mathrm{f}$ の外力

$$F_\mathrm{f} = F_0 \cos \omega_\mathrm{f} t \tag{4.43}$$

を余分に加える．その場合の運動方程式は，(4.28) 式の右辺に $F_\mathrm{f}$ を加えた式

$$\begin{aligned} ma &= mg - kx - bv + F_0 \cos \omega_\mathrm{f} t \\ &= k(x_0 - x) - bv + F_0 \cos \omega_\mathrm{f} t \end{aligned}$$

となる．ただし $x_0$ は (4.31) 式で定義されている．この両辺を $m$ で割り，静止位置

からの変位 $\overline{x} \equiv x - x_0$ を用いて書き換えると,

$$\frac{d^2\overline{x}}{dt^2} + \frac{b}{m}\frac{d\overline{x}}{dt} + \frac{k}{m}\overline{x} = \frac{F_0}{m}\cos\omega_\mathrm{f} t$$

が得られる．右辺がつけ加わった外力であり，4.2 節の考察からの変更点である．この方程式は，(4.29) 式と同様に，

$$\widehat{L}\overline{x} = f_0\cos\omega_\mathrm{f} t, \quad \begin{cases} \widehat{L} \equiv \dfrac{d^2}{dt^2} + 2\gamma\dfrac{d}{dt} + \omega_0^2, \\ f_0 \equiv \dfrac{F_0}{m} \end{cases} \tag{4.44}$$

と表すことができる．(4.44) 式の右辺は，求めたい関数 $\overline{x}$ とは無関係の既知関数で，外から加える力を表している．数学ではこの項を**非斉次項**と呼ぶ．

## ❷ 運動方程式の解

非斉次項が加わった (4.44) 式は，次のように解くことができる．まず，方程式

$$\widehat{L}\overline{x}_\mathrm{p} = f_0\cos\omega_\mathrm{f} t \tag{4.45}$$

を満たす一つの解 $\overline{x}_\mathrm{p}(t)$，すなわち**特解**（particular solution）を，何らかの方法で見つける．すると，(4.44) 式の一般解は，斉次方程式

$$\widehat{L}\overline{x}_j = 0 \tag{4.46}$$

の二つの基本解 $\overline{x}_j$ $(j = 1, 2)$ と積分定数 $A_j$ を用いて，

$$\overline{x}(t) = A_1\overline{x}_1(t) + A_2\overline{x}_2(t) + \overline{x}_\mathrm{p}(t) \tag{4.47}$$

と表せる（例題 4.9）．基本解 $\overline{x}_j$ は表 4.1 にまとめられている．

---
**例題 4.9**

(4.47) 式が，微分方程式 (4.44) の解であることを示せ．

---

【解答】 (4.47) 式に $\widehat{L}$ を作用させた式は，$\widehat{L}\overline{x}_j = 0$ と $\widehat{L}\overline{x}_\mathrm{p} = f_0\cos\omega_\mathrm{f} t$ を用いて，

$$\widehat{L}\overline{x} = \widehat{L}(A_1\overline{x}_1 + A_2\overline{x}_2 + \overline{x}_\mathrm{p}) = A_1\widehat{L}\overline{x}_1 + A_2\widehat{L}\overline{x}_2 + \widehat{L}\overline{x}_\mathrm{p}$$
$$= A_1 \times 0 + A_2 \times 0 + f_0\cos\omega_\mathrm{f} t$$
$$= f_0\cos\omega_\mathrm{f} t$$

のように変形できる．従って，任意定数を二つ持つ関数 (4.47) は，2 階微分方程式 (4.44) の一般解である．■

## 4.3 強制振動

次に，(4.45) 式の特解を求める．そのために，非斉次項を，

$$f_0 \cos \omega_\mathrm{f} t = \mathrm{Re}\left\{f_0(\cos \omega_\mathrm{f} t + i \sin \omega_\mathrm{f} t)\right\} = \mathrm{Re}\left(f_0 \, e^{i\omega_\mathrm{f} t}\right) \tag{4.48}$$

と表すと便利である．ただし，Re は，実部（real part）のみを残す操作を表す．上のように余弦関数を指数関数の実部として表すと，指数関数は微分しても形を変えないため，微分方程式における特解の導出が容易になる．また，特解も外力と同じ角振動数 $\omega_\mathrm{f}$ で振動すること，すなわち，

$$\overline{x}_\mathrm{p}(t) = \mathrm{Re}\left(C \, e^{i\omega_\mathrm{f} t}\right) \tag{4.49}$$

の形を持つことを仮定する．ただし，$C$ は未定の複素定数である．さらに，微分演算子 $\widehat{L}$ と実部をとる演算子 Re は，作用させる順序が可換であることを用いる．すると，特解が，

$$\overline{x}_\mathrm{p}(t) = A f_0 \cos(\omega_\mathrm{f} t + \theta_0) \tag{4.50}$$

と得られる（例題 4.10）．ここで，$A$ と $\theta_0$ は，次式で定義されている．

$$A \equiv \frac{1}{\sqrt{(\omega_0^2 - \omega_\mathrm{f}^2)^2 + (2\gamma\omega_\mathrm{f})^2}}, \qquad \theta_0 = \arctan \frac{-2\gamma\omega_\mathrm{f}}{\omega_0^2 - \omega_\mathrm{f}^2}. \tag{4.51}$$

---

**例題 4.10**

(4.48) 式と (4.49) 式を (4.45) 式に代入し，特解 $\overline{x}_\mathrm{p}$ が (4.50) 式のように得られることを示せ．ただし，演算子 $\widehat{L}$ は (4.44) 式に与えられている．

---

【解答】 (4.49) 式を (4.45) 式の左辺に代入すると，次のように変形できる．

$$\widehat{L}\overline{x}_\mathrm{p} = \widehat{L}\left\{\mathrm{Re}\left(Ce^{i\omega_\mathrm{f} t}\right)\right\} = \mathrm{Re}\left(C\widehat{L}\, e^{i\omega_\mathrm{f} t}\right) = \mathrm{Re}\left[C\left\{(i\omega_\mathrm{f})^2 + 2i\gamma\omega_\mathrm{f} + \omega_0^2\right\} e^{i\omega_\mathrm{f} t}\right]$$
$$= \mathrm{Re}\left\{C\left(\omega_0^2 - \omega_\mathrm{f}^2 + 2i\gamma\omega_\mathrm{f}\right) e^{i\omega_\mathrm{f} t}\right\}.$$

この式と (4.48) 式を (4.45) 式に代入すると，

$$\mathrm{Re}\left\{C\left(\omega_0^2 - \omega_\mathrm{f}^2 + 2i\gamma\omega_\mathrm{f}\right) e^{i\omega_\mathrm{f} t}\right\} = \mathrm{Re}\left(f_0 \, e^{i\omega_\mathrm{f} t}\right),$$

すなわち

$$\mathrm{Re}\left[\left\{C\left(\omega_0^2 - \omega_\mathrm{f}^2 + 2i\gamma\omega_\mathrm{f}\right) - f_0\right\} e^{i\omega_\mathrm{f} t}\right] = 0$$

が得られる．この式より，複素定数 $C$ が，

$$C = \frac{f_0}{\omega_0^2 - \omega_f^2 + 2i\gamma\omega_f} = f_0 \frac{\omega_0^2 - \omega_f^2 - 2i\gamma\omega_f}{(\omega_0^2 - \omega_f^2)^2 + (2\gamma\omega_f)^2} = f_0 A e^{i\theta_0} \qquad (4.52)$$

と求まる．ただし，$A$ と $\theta_0$ は (4.51) 式に与えられている．これを (4.49) 式に代入すると，特解として (4.50) 式が得られる．■

図 4.7 は，規格化された振幅 $\frac{A}{\omega_0^2}$ を，角振動数の比 $\frac{\omega_f}{\omega_0}$ の関数として，$\frac{\gamma}{\omega_0} = 0.01, 0.1, 0.5$ の場合に描いたグラフである．外力の角振動数 $\omega_f$ が固有角振動数 $\omega_0$ に近づくにつれて，振幅は増大する．また，その増大は，摩擦が小さいほど顕著になることがわかる．この $\omega_f \sim \omega_0$ における強制振動の増大が**共振**である．図 4.6 のように，ブランコに乗って，振動の周期に合わせて膝の曲げ伸ばしを行うと，振れ幅が大きくなるのは，この共振のためである．

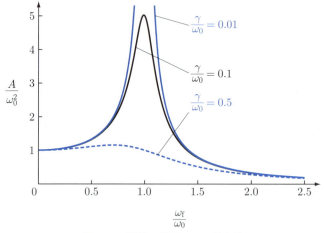

図 4.7　振動の振幅の $\frac{\gamma}{\omega_0}$ 依存性

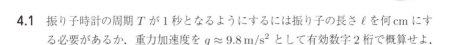

## 演習問題

**4.1** 振り子時計の周期 $T$ が 1 秒となるようにするには振り子の長さ $\ell$ を何 cm にする必要があるか．重力加速度を $g \approx 9.8 \,\mathrm{m/s^2}$ として有効数字 2 桁で概算せよ．

**4.2** 下図のように，バネ定数 $k$ のバネの一端を固定して鉛直に吊り下げ，他端を $x$ 軸の原点にとり，$+x$ 方向を鉛直下方向に選ぶ．次に，バネの下端に質量 $m$ の質点をつけ，静止させた．重力加速度を $g$ として，以下の問いに答えよ．
  (1) 静止位置での質点の位置 $x_0$ を，$(k, m, g)$ を用いて表せ．
  (2) 質点の位置が $x$ であるときのニュートンの運動方程式を書き下せ．
  (3) $x(0) = x_0 + A \,(A > 0), \dot{x}(0) = 0$ の下で運動方程式を解き，時刻 $t > 0$ での質点の位置 $x(t)$ と振動の周期 $T$ を求めよ．ただし，$\dot{x}(t) \equiv \frac{dx(t)}{dt}$ である．

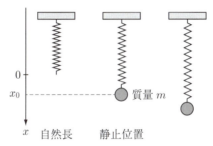

**4.3** オイラーの公式 $e^{i\theta} = \cos\theta + i\sin\theta$ と指数関数の性質 $e^{x_1+x_2} = e^{x_1} e^{x_2}$ を用いて，三角関数の加法定理

$$\cos(\theta_1 + \theta_2) = \cos\theta_1 \cos\theta_2 - \sin\theta_1 \sin\theta_2,$$
$$\sin(\theta_1 + \theta_2) = \sin\theta_1 \cos\theta_2 + \cos\theta_1 \sin\theta_2$$

が成立することを証明せよ．

**4.4** 線形常微分方程式 $\dfrac{d^2 x}{dt^2} + 2\dfrac{dx}{dt} + 2x = 0$ について，以下の問いに答えよ．
  (1) 二つの基本解を求めよ．
  (2) 一般解を書き下せ．
  (3) 初期条件 $x(0) = 1, \dot{x}(0) = 0$ を満たす解を求めよ．ただし，$\dot{x}(t) \equiv \frac{dx(t)}{dt}$ である．

**4.5** 次の非斉次線形常微分方程式の特解を求めよ．

$$\widehat{L} x(t) = \cos\omega t, \qquad \widehat{L} \equiv \dfrac{d^2}{dt^2} + 2\dfrac{d}{dt} + 2.$$

# 第5章 エネルギー保存則

　物理学では，熱も含めたエネルギー保存則が成立することが知られ，その一分野である力学では，力学的エネルギー保存則とも呼ばれている．本章では，まず，弾性力と重力を取り上げ，それらの力による運動で，エネルギー保存則が成立していることを示す．その後，ニュートンの運動方程式に基づいて，エネルギー保存則の一般的導出を行い，保存則の成立条件を明らかにする．

## 5.1　エネルギー保存則の例

### ❶ 弾性力におけるエネルギー保存則

　バネにつけた物体の単振動を再び考察する（図 4.1 参照）．その物体は，運動方程式 (4.4)，すなわち，

$$m\frac{dv}{dt} = -kx \tag{5.1}$$

に従う．この運動に関して，次の量 $E$ を導入する．

$$E \equiv \frac{1}{2}mv^2 + \frac{1}{2}kx^2. \tag{5.2}$$

右辺の第一項と第二項は，それぞれ，**運動エネルギー**および**ポテンシャルエネルギー**と名づけられている．それらの和である $E$ は，（力学的）**エネルギー**と呼ばれ，時間が経過しても一定の値を保ち続ける（例題 5.1 参照）．これを，（力学的）**エネルギー保存則**という．

　(5.2) 式より，エネルギーの単位が，速度の単位 m/s の 2 乗に質量の単位 kg をかけた $\mathrm{kg \cdot m^2/s^2}$ であることがわかる．この単位には，別に新たな記号として J が与えられ，ジュールと読む．すなわち，$1\,\mathrm{J} = 1\,\mathrm{kg \cdot m^2/s^2}$ である．その由来は，エネルギー概念の確立に大きく貢献したジェームズ プレスコット ジュール（1818～1889）である．

## 5.1 エネルギー保存則の例

**例題 5.1**

運動方程式 (5.1) に従う物体の運動について，(5.2) 式の値が時間変化しないことを示せ．

【解答】(5.2) 式を $t$ で微分した式は，次のように変形できる．

$$\begin{aligned}\frac{dE}{dt} &= mv\frac{dv}{dt} + kx\frac{dx}{dt} \qquad \frac{dx}{dt} = v \\ &= v\left(m\frac{dv}{dt} + kx\right) \qquad \text{(5.1) 式を代入} \\ &= 0.\end{aligned}$$

よって，$E$ は時間に依存しない定数である．■

例として，バネを自然長から $A$ だけ伸ばし，初期時刻 $t=0$ において静かに放す状況を考える．この場合の $x=0$ での物体の速さ $|v|$ は，エネルギー保存則

$$\frac{1}{2}m0^2 + \frac{1}{2}kA^2 = \frac{1}{2}mv^2 + \frac{1}{2}k0^2$$

より，

$$|v| = \sqrt{\frac{k}{m}}\,A = \omega A, \quad \omega \equiv \sqrt{\frac{k}{m}}$$

と得られる．このように，運動方程式 (5.1) を解くことなく，$x=0$ での物体の速さ $|v|$ が求まった．その結果の正しさは，同じ初期条件の下での運動方程式 (5.1) の解 (4.10) を用いて確認できる．具体的に，(4.10) 式の $x(t)$ がゼロとなる時刻は，

$$t_n = \left(n + \frac{1}{2}\right)\frac{\pi}{\omega} \qquad (n = 0, 1, \cdots)$$

である．これを速度の表式に代入すると，

$$\begin{aligned}v(t_n) &= -A\omega\sin\left(n+\frac{1}{2}\right)\pi \\ &= (-1)^{n+1}\omega A\end{aligned} \tag{5.3}$$

が得られ，その大きさが $\omega A$ であることを確認できた．ただし，エネルギー保存則からは速度の符号は決まらず，速さの情報のみが得られることに注意されたい．

## ❷ 重力による運動でのエネルギー保存則

重力下での質量 $m$ の物体は，ニュートンの運動方程式 (3.3)，すなわち，

$$m\frac{d\boldsymbol{v}}{dt} = -mg\boldsymbol{e}_z \tag{5.4}$$

に従って運動する．この運動に関して，次の量 $E$ を導入する．

$$E \equiv \frac{1}{2}m\boldsymbol{v}^2 + mgz. \tag{5.5}$$

ただし，

$$\boldsymbol{v}^2 \equiv \boldsymbol{v} \cdot \boldsymbol{v} = v_x^2 + v_y^2 + v_z^2$$

である．(5.5) 式の右辺の第一項と第二項は，それぞれ，**運動エネルギー**および（重力下における）**ポテンシャルエネルギー**と名づけられている．それらの和である**エネルギー** $E$ は，時間変化せず一定値を保ち続ける（例題 5.2）．すなわち，**エネルギー保存則**が成立している．

---
**例題 5.2**

運動方程式 (5.4) に従う物体の運動について，(5.5) 式の値が時間変化しないことを示せ．

---

【解答】(5.5) 式の両辺を時間 $t$ で微分し，$m$ と $g$ が定数であることを考慮すると，次のように変形できる．

$$\begin{aligned}
\frac{dE}{dt} &= \frac{d}{dt}\left(\frac{1}{2}m\boldsymbol{v} \cdot \boldsymbol{v} + mgz\right) \\
&= \frac{1}{2}m\frac{d(v_x^2 + v_y^2 + v_z^2)}{dt} + mgv_z \\
&= \frac{1}{2}m\left(2\frac{dv_x}{dt}v_x + 2\frac{dv_y}{dt}v_y + 2\frac{dv_z}{dt}v_z\right) + mg\boldsymbol{e}_z \cdot \boldsymbol{v} \\
&= \frac{1}{2}m\,2\frac{d\boldsymbol{v}}{dt} \cdot \boldsymbol{v} + mg\boldsymbol{e}_z \cdot \boldsymbol{v} \\
&= \left(m\frac{d\boldsymbol{v}}{dt} + mg\boldsymbol{e}_z\right) \cdot \boldsymbol{v} \quad \text{(5.4) 式を代入} \\
&= 0.
\end{aligned}$$

よって $E$ は時間変化しない．■

## 5.1 エネルギー保存則の例

例題 5.2 の解答では，等式

$$\frac{d(\boldsymbol{v}\cdot\boldsymbol{v})}{dt} = 2\frac{d\boldsymbol{v}}{dt}\cdot\boldsymbol{v} \tag{5.6}$$

が成立していることも証明されている．この式は，

$$\frac{d(y^2)}{dx} = 2y\frac{dy}{dx}$$

を，スカラー積の場合に拡張した式である．

### 例題 5.3

地上からの高さ $h = 20\,\mathrm{m}$ の地点で，質量 $m$ のボールを静かに放した．空気抵抗が無視できるとすると，地上に達する際のボールの速さ $v$ は，時速何 km になっているか．重力加速度を $g = 10\,\mathrm{m/s^2}$ として有効数字 2 桁で答えよ．

【解答】 高さ $h$ m の所と地上におけるエネルギー保存の式は，

$$\frac{1}{2}m0^2 + mgh = \frac{1}{2}mv^2 + mg0 \quad \longleftrightarrow \quad mgh = \frac{1}{2}mv^2$$

と書き下せる．この式より，$h = 20$ の場合の $v$ が，

$$v = \sqrt{2gh} \approx \sqrt{2\times 10\times 20} = 20\,\mathrm{m/s} = \frac{20\times 10^{-3}}{\frac{1}{60\times 60}}\,\mathrm{km/h} = 72\,\mathrm{km/h}$$

のように計算できる．■

## 5.2 エネルギー保存則の一般論

5.1 節では,弾性力と重力による運動について,エネルギー保存則が成立していることを見た.ここでは,ニュートンの運動方程式に基づいて,エネルギー保存則の一般的導出を行い,その成立条件を明らかにする.

### ❶仕事

まず,**仕事**の概念を,ニュートンの運動方程式 (1.17),すなわち

$$m\frac{d\bm{v}}{dt} = \bm{F} \tag{5.7}$$

に基づいて導入する.(5.7) 式と速度 $\bm{v}$ とのスカラー積をとり,時間 $t \in [t_1, t_2]$ について積分すると,等式

$$\frac{1}{2}m\bm{v}_2^2 - \frac{1}{2}m\bm{v}_1^2 = \int_C \bm{F} \cdot d\bm{r} \tag{5.8}$$

が得られる(例題 5.4).ただし右辺は,図 5.1 のように,物体の $\bm{r}_1 \equiv \bm{r}(t_1)$ から $\bm{r}_2 \equiv \bm{r}(t_2)$ への運動の軌跡 $C$ に沿った**線積分**である.

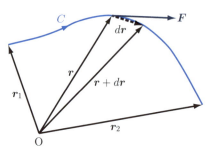

図 5.1 物体の軌跡 $C$ と働く力 $\bm{F}$

## 例題 5.4

運動方程式 (5.7) に基づいて，(5.8) 式を導出せよ．

**【解答】** (5.7) 式と速度 $\boldsymbol{v}$ とのスカラー積をとると，

$$m\frac{d\boldsymbol{v}}{dt}\cdot\boldsymbol{v} = \boldsymbol{F}\cdot\boldsymbol{v}$$

が得られる．ここで，(5.6) 式と $\boldsymbol{v} = \frac{d\boldsymbol{r}}{dt}$ を用いると，上式は

$$\frac{m}{2}\frac{d(\boldsymbol{v}\cdot\boldsymbol{v})}{dt} = \boldsymbol{F}\cdot\frac{d\boldsymbol{r}}{dt}$$

と表せる．さらに，$\boldsymbol{v}\cdot\boldsymbol{v} = \boldsymbol{v}^2$ と書き換えたのち，$t \in [t_1, t_2]$ について積分すると，

$$\frac{m}{2}\int_{t_1}^{t_2}\frac{d(\boldsymbol{v}^2)}{dt}dt = \int_{t_1}^{t_2}\boldsymbol{F}\cdot\frac{d\boldsymbol{r}}{dt}dt$$

となる．その左辺と右辺で，それぞれ変数変換 $t \to \boldsymbol{v}^2$ および $t \to \boldsymbol{r}$ を行う．ただし，$t \to \boldsymbol{r}$ の変数変換は，物体の $t \in [t_1, t_2]$ における運動の軌跡 $\boldsymbol{r}(t)$ に沿って行われるが，その軌跡を，図 5.1 のように，曲線 $C$ で表すことにする．そのようにして，上記の積分が，

$$\frac{m}{2}\int_{\boldsymbol{v}_1^2}^{\boldsymbol{v}_2^2}d(\boldsymbol{v}^2) = \int_C \boldsymbol{F}\cdot d\boldsymbol{r}$$

へと書き換えられる．左辺の積分は容易に実行でき，(5.8) 式を得る．■

(5.8) 式の左辺は，時刻 $t_1$ から $t_2$ の間における運動エネルギーの変化量である．この変化をもたらす右辺を，記号 $\Delta W$ で表し，力 $\boldsymbol{F}$ が物体にした**仕事**（work）と呼ぶことにする．すなわち，仕事 $\Delta W$ は，運動の軌跡 $\boldsymbol{r}(t)$ である曲線 $C$ に沿って，

$$\Delta W \equiv \int_C \boldsymbol{F}\cdot d\boldsymbol{r} \tag{5.9}$$

で定義される．仕事の単位は，エネルギーと同じ J である．また，(5.9) 式によると，力の単位 $N = kg\cdot m/s^2$ と長さの単位 m を用いて，$N\cdot m$ とも表せる．

例えば，図 5.2 のように，一定の力 $\boldsymbol{F}$ で，ベクトル $\boldsymbol{R}$ で表される直線上で荷物を移動させた場合の仕事は，$\boldsymbol{F}$ と $\boldsymbol{R}$ のなす角を $\theta$ として，

$$\Delta W = \boldsymbol{F}\cdot\boldsymbol{R} = FR\cos\theta \tag{5.10}$$

図 5.2 直線経路での仕事

と表せる.このように,力 $\boldsymbol{F}$ のうち,移動方向に垂直な成分は仕事に寄与しない.仕事は,一般的に,(2.1a) 式のスカラー積で表現されるのである.

一方で,仕事をする経路は直線とは限らない.図 2.2 の山道に沿って荷物を運び上げていくような場合がその例である.(5.9) 式の積分は,そのような場合にも有効で,図 5.1 のように,移動の経路(contour)$C$ に沿って,無限小仕事 $\boldsymbol{F} \cdot d\boldsymbol{r}$ を足し上げていく線積分として表されている.その力 $\boldsymbol{F}$ は,一般に場所 $\boldsymbol{r}$ に依存し,ベクトル関数 $\boldsymbol{F}(\boldsymbol{r})$ として表される.この場所 $\boldsymbol{r}$ に依存する力を,物理学では力の場と言い表す.すなわち,場とは,位置ベクトル $\boldsymbol{r}$ を引数とする多変数関数である.

### ❷ 保存力とポテンシャルエネルギー

(5.9) 式の線積分は,一般に,始点 $\boldsymbol{r}_1$ から終点 $\boldsymbol{r}_2$ までの経路 $C$ に依存して変化するが,経路に依存しない場合も存在する.この二つの場合があることは,身近な例として,図 2.2 の山麓 A から頂上 P まで登ることを思い浮かべると理解できるであろう.すなわち,歩く距離は経路 $C_1$ と $C_2$ で異なるが,登った高さは二つの経路で同じである.

このようにして,「(5.9) 式の線積分が経路 $C$ に依存しないための条件は何か」という数学の問題を設定できることがわかる.そのための必要十分条件は,非常に単純明快で,ナブラ演算子 (2.13a) と力の場 $\boldsymbol{F}(\boldsymbol{r})$ のベクトル積 (2.3a) のみを用いて,次のように表せる.

> **定理 5.1** ある領域内における無限小仕事 $\boldsymbol{F}(\boldsymbol{r}) \cdot d\boldsymbol{r}$ を考える.その線積分が経路に依存しないための必要十分条件は,この領域内で
> $$\boldsymbol{\nabla} \times \boldsymbol{F} \equiv \left( \frac{\partial F_z}{\partial y} - \frac{\partial F_y}{\partial z}, \frac{\partial F_x}{\partial z} - \frac{\partial F_z}{\partial x}, \frac{\partial F_y}{\partial x} - \frac{\partial F_x}{\partial y} \right) = \boldsymbol{0} \quad (5.11)$$
> が成立することである.

証明は以下の5.4節❺で行うが，ここでは，(5.11)式が，「力の場 $\boldsymbol{F}(\boldsymbol{r})$ は渦なし」を意味していることを指摘しておく．

(5.11)式を満たす力の場 $\boldsymbol{F}(\boldsymbol{r})$ を**保存力**という．保存力は，一般に，ある多変数関数 $U(\boldsymbol{r})$ の**勾配**として

$$\boldsymbol{F}(\boldsymbol{r}) = -\boldsymbol{\nabla} U(\boldsymbol{r}) \tag{5.12}$$

のように表せる．より具体的に，ある基準点 $\boldsymbol{r}_0$ を定めると，そこから位置 $\boldsymbol{r}$ までの保存力に関する線積分

$$U(\boldsymbol{r}) \equiv -\int_{\boldsymbol{r}_0}^{\boldsymbol{r}} \boldsymbol{F}(\boldsymbol{s}) \cdot d\boldsymbol{s} \tag{5.13}$$

は，積分経路によらず，同じ値をとる．そして，その勾配に関して，(5.12)式が成り立つ．(5.13)式の $U(\boldsymbol{r})$ は，一般に，(5.11)式を満たす渦なしの場 $\boldsymbol{F}(\boldsymbol{r})$ の**ポテンシャル**と呼ばれる．特に，$\boldsymbol{F}(\boldsymbol{r})$ として力の場を扱う力学では，(5.11)式を満たす力を**保存力**と呼ぶことに対応して，(5.13)式の $U(\boldsymbol{r})$ を**ポテンシャルエネルギー**と表現する．ちなみに，(5.12)式が負符号をつけて定義されているのは，力の方向を，ポテンシャルエネルギーの小さくなる方向に一致させるためである．

### ❸ エネルギー保存則

保存力が関わる運動については，そのポテンシャル(5.13)を用いて

$$E \equiv \frac{1}{2}m\boldsymbol{v}^2 + U(\boldsymbol{r}) \tag{5.14}$$

で定義される**エネルギー**が，時間変化せず同じ値を保つ（例題5.5）．これを，**エネルギー保存則**という．

---

**例題 5.5**

(5.8)式に基づいて，力 $\boldsymbol{F}$ が保存力のとき，(5.14)式で定義される $E$ が時間変化しないことを示せ．

---

【解答】保存力については，(5.8)式右辺の線積分が，積分経路によらず，始点 $\boldsymbol{r}_1$ と終点 $\boldsymbol{r}_2$ のみで決まる．そこで，積分経路として基準点 $\boldsymbol{r}_0$ を経由するものを選ぶと，線積分が次のように変形できる．

$$\begin{aligned}\int_C \boldsymbol{F}(\boldsymbol{s}) \cdot d\boldsymbol{s} &= \int_{\boldsymbol{r}_1}^{\boldsymbol{r}_2} \boldsymbol{F}(\boldsymbol{s}) \cdot d\boldsymbol{s} && \text{\color{blue}$\boldsymbol{r}_0$ を経由} \\ &= \int_{\boldsymbol{r}_1}^{\boldsymbol{r}_0} \boldsymbol{F}(\boldsymbol{s}) \cdot d\boldsymbol{s} + \int_{\boldsymbol{r}_0}^{\boldsymbol{r}_2} \boldsymbol{F}(\boldsymbol{s}) \cdot d\boldsymbol{s} && \text{\color{blue}$\boldsymbol{r}_0$ と $\boldsymbol{r}_1$ の入れ換え} \\ &= -\int_{\boldsymbol{r}_0}^{\boldsymbol{r}_1} \boldsymbol{F}(\boldsymbol{s}) \cdot d\boldsymbol{s} + \int_{\boldsymbol{r}_0}^{\boldsymbol{r}_2} \boldsymbol{F}(\boldsymbol{s}) \cdot d\boldsymbol{s} && \text{\color{blue}(5.13) 式を用いる} \\ &= U(\boldsymbol{r}_1) - U(\boldsymbol{r}_2). && (5.15)\end{aligned}$$

このようにして，位置 $\boldsymbol{r}_1$ から $\boldsymbol{r}_2$ への移動に際して保存力 $\boldsymbol{F}$ が物体にした仕事が，2点間のポテンシャルエネルギーの差として表現できた．(5.15) 式を (5.8) 式に代入すると，

$$\frac{1}{2}m\boldsymbol{v}_2^2 - \frac{1}{2}m\boldsymbol{v}_1^2 = U(\boldsymbol{r}_1) - U(\boldsymbol{r}_2),$$

すなわち，

$$\frac{1}{2}m\boldsymbol{v}_2^2 + U(\boldsymbol{r}_2) = \frac{1}{2}m\boldsymbol{v}_1^2 + U(\boldsymbol{r}_1)$$

が得られる．これは，時刻 $t_1$ と $t_2$ で，(5.14) 式の $E$ が同じ値を持つことを意味する．時刻 $t_1$ と $t_2$ は任意にとれるので，このことは，保存力の場では $E$ が時間変化せず，一定値を保つことを表す．■

12.2 節❶で見るように，**エネルギー保存則**は，系が時間並進操作において不変であること，すなわち，時間並進対称性を持っていることに由来する．

## 5.3 ポテンシャルエネルギーの例

### ❶重力場

重力場 $\boldsymbol{F}(\boldsymbol{r})$ は,

$$\boldsymbol{F}(\boldsymbol{r}) = (0, 0, -mg) \tag{5.16}$$

と表すことができる.ただし,地上から鉛直上向きに $z$ 軸を選んだ.(5.16) 式の $\boldsymbol{F}$ は定ベクトルで,明らかに (5.11) 式を満たし,保存力である.(5.5) 式によると,そのポテンシャルエネルギー $U(\boldsymbol{r})$ は,

$$U(\boldsymbol{r}) = mgz \tag{5.17}$$

と表せる.実際,この $U(\boldsymbol{r})$ に負符号をつけてナブラ演算子 (2.13a) を作用させると,

$$-\boldsymbol{\nabla} U(\boldsymbol{r}) = (0, 0, -mg)$$

となり,重力場 (5.16) が得られる.図 5.3 には,重力ポテンシャル (5.17) の等ポテンシャル面と重力を描いた.(2.11) 式で示したように,一般に,(5.12) 式で決まる力 $\boldsymbol{F}$ は,等ポテンシャル面「$U(\boldsymbol{r}) =$ 一定」に垂直である.

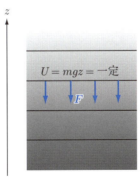

図 5.3 重力 $\boldsymbol{F}$ とその等ポテンシャル面

## ❷ 万有引力とそのポテンシャルエネルギー

図 5.4(a) のように，質量 $M$ の物体 O と質量 $m$ の物体 A が，距離 $r$ だけ隔てて存在する状況を考察する．観測と実験によると，このとき物体 A が物体 O から受ける力の大きさ $F$ は，物体間の距離 $r$ の 2 乗に反比例し，質量の積に比例する．すなわち，$G$ を定数として，力の大きさ $F$ は

$$F = \frac{GmM}{r^2} \tag{5.18}$$

と表すことができる．さらに，力の方向は二つの物体間を結ぶ直線上にあり，物体 O の方を向く引力である．これを**万有引力の法則**という．ただし，物体の位置は，(1.24b) 式の**重心**で定義されている．比例定数 $G$ は

$$G = 6.67 \times 10^{-11} \, \mathrm{m^3/(kg \cdot s^2)} \tag{5.19}$$

の値を持ち，**万有引力定数**と呼ばれる．

万有引力の法則 (5.18) は，ベクトルを用いることで，力の方向まで含めて数式で表現できるようになる．具体的に，図 5.4(b) のように，物体 O の位置を原点に選ぶと，O から A 方向への単位ベクトルは，物体 A の位置ベクトル $\boldsymbol{r}$ を用いて，

$$\boldsymbol{e}_r \equiv \frac{\boldsymbol{r}}{r} \tag{5.20}$$

と表せる．そこで，(5.18) 式に $-\boldsymbol{e}_r$ をかけ，力が物体 O の方向を向いていることを表現すると，方向まで含めた万有引力の法則が，

$$\boldsymbol{F}(\boldsymbol{r}) = -\frac{GmM}{r^2}\boldsymbol{e}_r = -\frac{GmM}{r^3}\boldsymbol{r} \tag{5.21}$$

と得られる．ちなみに，地表にある質量 $m$ の物体に働く重力 (5.16) は，物体と地球との間の万有引力に由来する（演習問題 5.3）．

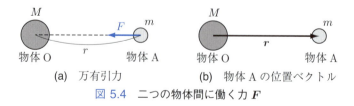

(a) 万有引力　　　(b) 物体 A の位置ベクトル

図 5.4　二つの物体間に働く力 $\boldsymbol{F}$

## 5.3 ポテンシャルエネルギーの例

---
**例題 5.6**

万有引力 (5.21) が, (5.11) 式を満たす保存力 (渦なしの場) であることを示せ.

---

【解答】 $r = (x^2+y^2+z^2)^{\frac{1}{2}}$ に注意し, (5.21) 式を成分表示すると, 次のようになる.

$$(F_x, F_y, F_z) = \left( \frac{-GmMx}{(x^2+y^2+z^2)^{\frac{3}{2}}}, \frac{-GmMy}{(x^2+y^2+z^2)^{\frac{3}{2}}}, \frac{-GmMz}{(x^2+y^2+z^2)^{\frac{3}{2}}} \right).$$

この $\boldsymbol{F}$ について, $\nabla \times \boldsymbol{F}$ の $x$ 成分が, 次のように計算できる.

$$\begin{aligned}
\frac{\partial F_z}{\partial y} - \frac{\partial F_y}{\partial z} &= -GmM \left\{ \frac{\partial}{\partial y} \frac{z}{(x^2+y^2+z^2)^{\frac{3}{2}}} - \frac{\partial}{\partial z} \frac{y}{(x^2+y^2+z^2)^{\frac{3}{2}}} \right\} \\
&= -GmM \left\{ z \frac{\partial}{\partial y} \frac{1}{(x^2+y^2+z^2)^{\frac{3}{2}}} - y \frac{\partial}{\partial z} \frac{1}{(x^2+y^2+z^2)^{\frac{3}{2}}} \right\} \\
&= -GmM \left\{ z \frac{-\frac{3}{2} \cdot 2y}{(x^2+y^2+z^2)^{\frac{5}{2}}} - y \frac{-\frac{3}{2} \cdot 2z}{(x^2+y^2+z^2)^{\frac{5}{2}}} \right\} \\
&= -GmM \left\{ \frac{-3zy}{(x^2+y^2+z^2)^{\frac{5}{2}}} - \frac{-3yz}{(x^2+y^2+z^2)^{\frac{5}{2}}} \right\} \\
&= 0.
\end{aligned}$$

$\nabla \times \boldsymbol{F}$ の $y$ 成分と $z$ 成分についても同様に示せる. ∎

万有引力 (5.21) に対するポテンシャル (5.13) を求めよう. 基準点 $\boldsymbol{r}_0$ として, 力の大きさが 0 となる無限遠の任意の 1 点を選ぶ. すると, 万有引力場のポテンシャルが, 原点からの距離 $r$ のみの関数として,

$$U(r) = -\frac{GmM}{r} \tag{5.22}$$

と得られる (例題 5.7).

---
**例題 5.7**

保存力 (5.21) に関する (5.13) 式の線積分を, 基準点 $\boldsymbol{r}_0$ として無限遠点を選んで実行し, 万有引力のポテンシャルが, (5.22) 式のように表せることを示せ.

---

**【解答】** 無限遠点では (5.21) 式がゼロとなるので，基準点 $r_0$ は任意の方向に選べる．また，保存力についての線積分は経路によらないので，便利なものを採用できる．そこで，$r_0$ として，$r$ 方向の無限遠点

$$r_0 = \infty r \equiv \lim_{u \to \infty} ur$$

を選び，図 5.5 のように，そこから $r$ に至る直線経路

$$s = ur, \quad u \in [1, \infty)$$

に沿って線積分を実行する．この経路上での無限小変位 $ds$ は，

$$ds = r\, du$$

と表せ，(5.21) 式とのスカラー積は，

$$F(s) \cdot ds = -\frac{GmM}{s^3} s \cdot ds = -\frac{GmM}{(ur)^3} ur \cdot r\, du = -\frac{GmM}{r} \frac{du}{u^2}$$

と計算できる．この式を (5.13) 式に代入すると，万有引力ポテンシャルが，

$$U(r) = -\int_{\infty r}^{r} F(s) \cdot ds = \frac{GmM}{r} \int_{\infty}^{1} \frac{du}{u^2}$$
$$= \frac{GmM}{r} \left[-\frac{1}{u}\right]_{u=\infty}^{1} = -\frac{GmM}{r}$$

と求まる．さらに，右辺が距離 $r = |r|$ のみの関数であることを考慮して，ポテンシャル $U$ の引数 $r$ を $r$ で置き換えると，(5.22) 式となる．

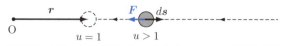

図 5.5　万有引力ポテンシャルを求めるための積分経路　■

(5.22) 式の等ポテンシャル面と対応する力を描くと，図 5.6 のようになる．(2.11) 式で示したように，一般に，(5.12) 式で決まる力 $F$ は，等ポテンシャル面「$U(r) = $ 一定」に垂直である．また，万有引力の方向は，物体 O のある原点に向かい，$F(r)$ が渦巻いていないこと，すなわち，渦なしの場であることも明らかである．このように，力の場 $F(r)$ が保存力であるか否かは，天気予報で見る風向きのベクトル表示のように，空間の各点で $F(r)$ を描いてみるこ

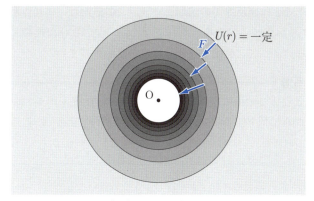

図 5.6 万有引力とその等ポテンシャル面

とで，おおよその解答が得られる．

物体 O の位置を原点に選んだ (5.22) 式は，物体 O を特別扱いしている．そこで，座標系の原点を物体 O の重心からずらし，二つの物体の新たな位置ベクトルを用いて (5.22) 式を書き換えると，

$$U(|\bm{r}_A - \bm{r}_O|) = -\frac{GmM}{|\bm{r}_A - \bm{r}_O|} \tag{5.23}$$

となる．これを物体 O と物体 A の間の**万有引力ポテンシャル**という．その顕著な特徴は，物体間の距離 $|\bm{r}_A - \bm{r}_O|$ のみの関数である点にある．

### ❸ 作用反作用の法則

万有引力ポテンシャル (5.23) に関連する事柄として，一般に次のことが成り立つ．物体 1 と物体 2 の間の相互作用ポテンシャル $U(r_{12})$ が，それらの物体間の距離

$$r_{12} \equiv |\bm{r}_1 - \bm{r}_2| = \left\{(x_1 - x_2)^2 + (y_1 - y_2)^2 + (z_1 - z_2)^2\right\}^{\frac{1}{2}} \tag{5.24}$$

のみに依存するとき，物体 1 が物体 2 から受ける力 $\bm{F}_{1\leftarrow 2}$ と，物体 2 が物体 1 から受ける力 $\bm{F}_{2\leftarrow 1}$ との間には，

$$\bm{F}_{1\leftarrow 2} = -\bm{F}_{2\leftarrow 1} \tag{5.25}$$

の関係が成立する．すなわち，それらの力は，大きさは等しく，方向は逆向きで

ある．(5.25) 式を**作用反作用の法則**という．この法則は，相互作用ポテンシャル $U(r_{12})$ から導かれる力の場合だけでなく，二つの物体が衝突して熱が発生する場合など，より広い範囲で成り立つことがわかっている．

---
**例題 5.8**

物体 1 と物体 2 の間の相互作用ポテンシャル $U(r_{12})$ が，それらの間の距離 $r_{12}$ のみに依存するとき，作用反作用の法則 (5.25) が成立することを示せ．

---

【解答】 保存力 $\boldsymbol{F}_{1\leftarrow 2}$ は，$U(r_{12})$ から次のように計算できる．

$$\boldsymbol{F}_{1\leftarrow 2} = -\boldsymbol{\nabla}_1 U(r_{12}) \equiv -\frac{\partial}{\partial \boldsymbol{r}_1} U(r_{12}) \qquad \text{合成関数の微分則を使う}$$

$$= -\frac{\partial r_{12}}{\partial \boldsymbol{r}_1} \frac{dU(r_{12})}{dr_{12}}. \tag{5.26}$$

ここで，$\frac{\partial r_{12}}{\partial \boldsymbol{r}_1}$ は，(5.24) 式を用いて次のように計算できる．

$$\begin{aligned}
\frac{\partial r_{12}}{\partial \boldsymbol{r}_1} &= \frac{\partial \{(x_1-x_2)^2+(y_1-y_2)^2+(z_1-z_2)^2\}^{\frac{1}{2}}}{\partial \boldsymbol{r}_1} \\
&= \frac{\frac{1}{2}\frac{\partial}{\partial \boldsymbol{r}_1}\{(x_1-x_2)^2+(y_1-y_2)^2+(z_1-z_2)^2\}}{\{(x_1-x_2)^2+(y_1-y_2)^2+(z_1-z_2)^2\}^{\frac{1}{2}}} \\
&= \frac{\frac{1}{2}\cdot 2(\boldsymbol{r}_1-\boldsymbol{r}_2)}{r_{12}} \\
&= \frac{\boldsymbol{r}_{12}}{r_{12}}.
\end{aligned}$$

この結果を (5.26) 式に代入すると，$\boldsymbol{F}_{1\leftarrow 2}$ が

$$\boldsymbol{F}_{1\leftarrow 2} = -\frac{\boldsymbol{r}_{12}}{r_{12}}\frac{dU(r_{12})}{dr_{12}}$$

と得られる．同様に $\boldsymbol{F}_{2\leftarrow 1}$ は，添字 1 と 2 を入れ換えて，$r_{21}=r_{12}$ および

$$\boldsymbol{r}_{21} = \boldsymbol{r}_2 - \boldsymbol{r}_1 = -(\boldsymbol{r}_1-\boldsymbol{r}_2) = -\boldsymbol{r}_{12}$$

に注意すると，

$$\boldsymbol{F}_{2\leftarrow 1} = -\boldsymbol{\nabla}_2 U(r_{12}) = -\frac{\boldsymbol{r}_{21}}{r_{21}}\frac{dU(r_{21})}{dr_{21}} = -\frac{-\boldsymbol{r}_{12}}{r_{12}}\frac{dU(r_{12})}{dr_{12}} = \frac{\boldsymbol{r}_{12}}{r_{12}}\frac{dU(r_{12})}{dr_{12}}$$

と求まる．ゆえに $\boldsymbol{F}_{1\leftarrow 2} = -\boldsymbol{F}_{2\leftarrow 1}$ が成立する．■

## 5.4 渦なしの場とポテンシャル

定理 5.1 に現れる $\nabla \times \boldsymbol{F}$ は,「力の場 $\boldsymbol{F}(\boldsymbol{r})$ の渦密度」という意味を持つ．この観点から定理 5.1 を言い換えると,「渦なしの場 $\boldsymbol{F}(\boldsymbol{r})$ はポテンシャルの勾配として表せる」となる．以下では，力の場 $\boldsymbol{F}(\boldsymbol{r})$ を，渦をよりイメージしやすい速度場 $\boldsymbol{v}(\boldsymbol{r})$ に置き換え，定理 5.1 の証明を行っていく．最終的な証明は，ストークスの定理 (5.30) に基づき，5.4 節❺で実行する．

### ❶渦とグリーンの定理

渦密度の定義式を，まず 2 次元平面で求めよう．図 5.7 の二つのベクトル場を眺めたとき，(a) に渦はなく，(b) には渦がある，と判断するのは適切に思われる．この判断を数学的に明確に下すには，適当な閉曲線 $C$ を選び，その各点でベクトル場 $\boldsymbol{v}(\boldsymbol{r})$ と無限小移動のベクトル $d\boldsymbol{r}$ との内積をとって，

$$\oint_C \boldsymbol{v} \cdot d\boldsymbol{r}$$

と一周積分すれば良い．積分記号についた ○ は，反時計回りの一周積分を表すものとする．閉曲線に沿った $d\boldsymbol{r}$ は，一周する過程で方向が 360° 回転する．従って，上記の積分が有限に残れば，$C$ 上ではベクトル場 $\boldsymbol{v}$ が渦巻いていると断言でき，また，積分値の大小・正負で渦の強さ・方向も定量的にわかるであろう．例えばこの基準を図 5.7 に適用すると，(a) のほぼ一様なベクトル場では積分値が 0 となり，(b) の渦巻くベクトル場では有限な値となることが，詳細な計算なしに予想できる．このように，上記の積分は，渦の有無・強度・方向についての定量的な指標となっている．

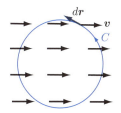 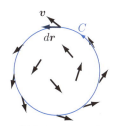

(a) ほぼ一様なベクトル場　　(b) 渦巻くベクトル場

図 5.7　二つのベクトル場

上記の線積分に別表現を与えたのが

**グリーンの定理** 〔指　南〕
$$\oint_C \bm{v} \cdot d\bm{r} = \int_S \left\{ \frac{\partial v_y(x,y)}{\partial x} - \frac{\partial v_x(x,y)}{\partial y} \right\} dxdy \tag{5.27}$$

である．ここで，積分記号の添字 $S$ は $C$ で囲まれた 2 次元領域を表し，$dxdy$ は面積素である．左辺は $C$ 上での渦の強さを表しているが，それが右辺において $C$ 内での面積分，すなわち 2 次元平面での"体積"積分として表されている．従って，右辺の被積分関数は渦密度の意味を持つことがわかる．ただし，ここでの密度は単位面積あたりの密度，すなわち面密度である．次元解析の観点からも，被積分関数が，面積素 $dxdy$ の逆数の次元 $\mathrm{m}^{-2}$ に比例することが結論づけられる．

以下の 5.4 節❸ですぐ見るように，この渦密度は，ナブラ演算子 (2.13a) とベクトル場 $\bm{v}$ とのベクトル積，すなわち，

**渦密度ベクトル** 〔指　南〕
$$\mathrm{rot}\,\bm{v} \equiv \bm{\nabla} \times \bm{v} \equiv \left( \frac{\partial v_z}{\partial y} - \frac{\partial v_y}{\partial z}, \frac{\partial v_x}{\partial z} - \frac{\partial v_z}{\partial x}, \frac{\partial v_y}{\partial x} - \frac{\partial v_x}{\partial y} \right) \tag{5.28}$$

へと一般化される．その方向は，右手の人差し指から小指を揃えて渦方向に回すとき，立てた親指が指す方向である．実際，$xy$ 平面での渦に関する (5.27) 式右辺の被積分関数は，(5.28) 式の $z$ 成分に一致する．rot は $\bm{\nabla}\times$ の別表現で，英単語の rotation（回転）に由来する．rot の代わりに curl（渦巻き）が使われることも多い．

### ❷ グリーンの定理の証明

グリーンの定理を証明しよう．まず，(5.27) 式右辺の括弧内第二項の積分を考察する．この積分を，図 5.8(a) のように，① $x$ を決めて縦方向（$y$ 方向）に積分した後，② 横方向に $x$ 積分を実行し，次のように変形する．

$$
\begin{aligned}
&- \int_S dxdy \frac{\partial v_x(x,y)}{\partial y} \\
&= - \int_{x_1}^{x_2} dx \int_{Y_1(x)}^{Y_2(x)} dy \frac{\partial v_x(x,y)}{\partial y} \qquad \text{\textcolor{blue}{$y$ 積分を実行}} \\
&= - \int_{x_1}^{x_2} dx \left\{ v_x(x, Y_2(x)) - v_x(x, Y_1(x)) \right\} \qquad \text{\textcolor{blue}{第一項で積分の上下限を入れ換え}}
\end{aligned}
$$

## 5.4 渦なしの場とポテンシャル

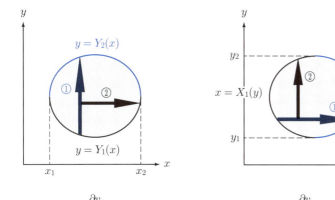

(a) $-\dfrac{\partial v_x}{\partial y}$ の積分 　　　(b) $\dfrac{\partial v_y}{\partial x}$ の積分

図 5.8　グリーンの定理の証明における二重積分の実行

$$= \int_{x_2}^{x_1} dx\, v_x(x, Y_2(x)) + \int_{x_1}^{x_2} dx\, v_x(x, Y_1(x)) \qquad \text{これは } C \text{ 上の線積分}$$
$$= \oint_C v_x(x,y)\, dx. \tag{5.29a}$$

次に，(5.27) 式右辺の括弧内第一項の積分に注目する．この積分を，図 5.8(b) のように，① $y$ を決めて横方向（$x$ 方向）に積分した後，② 縦方向に $y$ 積分を実行し，次のように変形する．

$$\int_S dxdy\, \frac{\partial v_y(x,y)}{\partial x} = \int_{y_1}^{y_2} dy \int_{X_1(y)}^{X_2(y)} dx\, \frac{\partial v_y(x,y)}{\partial x}$$
$$= \int_{y_1}^{y_2} dy\, \{v_y(X_2(y), y) - v_y(X_1(y), y)\}$$
$$= \int_{y_1}^{y_2} dy\, v_y(X_2(y), y) + \int_{y_2}^{y_1} dy\, v_y(X_1(y), y)$$
$$= \oint_C v_y(x,y)\, dy. \tag{5.29b}$$

(5.29a) 式と (5.29b) 式を辺々加え合わせると定理が得られる．■

上の証明における (5.29a) 式の変形は，曲線 $C$ が「一つの $x$ に高々二つの $y = Y_1(x), Y_2(x)$ が対応する二価関数」として表される場合にのみ有効である．従って，例えば図 5.9 のように，曲線 $C$ 上のある $x = x_0$ について「四価関数」となるような場合には，この証明はそのままでは適用できない．しかし，適当な直線 $L$ を引いて $C$ を

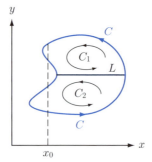

**図 5.9** より複雑な閉曲線 $C$

$C_1$ と $C_2$ に分割すると，$C_1$ と $C_2$ のそれぞれで上の証明が成立する．そして，挿入した $L$ 上の線積分は，$C_1$ と $C_2$ で逆向きとなって相殺される．従って，$C = C_1 + C_2$ についても定理が成立することになる．より一般的な閉曲線の場合も，同様の議論で定理の成立を示すことが可能である．

### ❸ ストークスの定理

グリーンの定理 (5.27) を 3 次元空間へと拡張したのが，

> **ストークスの定理**　　　　　　　　　　　　　　　　　指　南
> $$\oint_C \bm{v} \cdot d\bm{r} = \int_S (\bm{\nabla} \times \bm{v}) \cdot \bm{n} \, dS \tag{5.30}$$

である．ここで，図 5.10 のように，$C$ は 3 次元空間内の方向つき閉曲線，$S$ は $C$ を縁とする曲面，$\bm{\nabla} \times \bm{v}$ は (5.28) 式で定義された渦密度ベクトル，また，$\bm{n}$ は $S$ 上の単位法線ベクトルで，その方向は，右手の人差し指から小指を揃えて $C$ に沿って回すとき，立てた親指が指す方向である．

曲線 $C$ 上でベクトル場 $\bm{v}$ が渦巻いているかどうか，およびその強度を調べるには，$C$ に回る向きを与え，$C$ 上で $\bm{v}$ とベクトル線素 $d\bm{r}$ との内積をとって線積分すれば良い．これが (5.30) 式の左辺である．ストークスの定理は，そのように直観的に定義された $C$ 上での渦強度が，右辺のように，曲線 $C$ を縁とする曲面 $S$ 上での $(\bm{\nabla} \times \bm{v}) \cdot \bm{n}$ の面積分に変換できることを表している．(5.30) 式で $\bm{v}(\bm{r}) = (v_x(x,y), v_y(x,y), 0)$ として曲面 $S$ が $xy$ 平面上にある場合，$\bm{n}(\bm{r}) = (0, 0, 1)$ となり，(5.30) 式は 2 次元平面におけるグリーンの定理に帰着する．

## 5.4 渦なしの場とポテンシャル

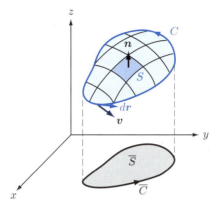

図 5.10　空間内の閉曲線 $C$ とそれを縁とする曲面 $S$

### ❹ ストークスの定理の証明

ストークスの定理の証明は，(5.30) 式の $v_x$ が関与する項，すなわち，

$$\oint_C v_x\,dx = \int_S \left(\frac{\partial v_x}{\partial z}n_y - \frac{\partial v_x}{\partial y}n_z\right)dS \tag{5.31}$$

について行えば十分である．なぜなら，$v_y$ 成分と $v_z$ 成分のそれぞれについても同様の証明が独立に実行でき，(5.30) 式はそれら三つの式を足し合わせることで得られるからである．また，曲面 $S$ が一価関数 $z = f(x, y)$ で表される場合を考察する．より一般的な場合には，図 5.9 に倣って，曲面を分割して各曲面上で一価性が成り立つようにし，その後，分割した曲面についての和をとれば良い．

曲面 $S$ 上の点は，$\bm{r} = (x, y, f(x, y))$ のように，$(x, y)$ をパラメータとして表現できる．対応する面積素 $dS$ と単位法線ベクトル $\bm{n}$ は，予備的計算

$$\frac{\partial \bm{r}}{\partial x} = \left(1, 0, \frac{\partial f}{\partial x}\right), \quad \frac{\partial \bm{r}}{\partial y} = \left(0, 1, \frac{\partial f}{\partial y}\right), \quad \frac{\partial \bm{r}}{\partial x} \times \frac{\partial \bm{r}}{\partial y} = \left(-\frac{\partial f}{\partial x}, -\frac{\partial f}{\partial y}, 1\right)$$

と (2.21) 式を用いて，

$$dS = D\,dxdy, \quad D \equiv \left|\frac{\partial \bm{r}}{\partial x} \times \frac{\partial \bm{r}}{\partial y}\right| = \sqrt{\left(\frac{\partial f}{\partial x}\right)^2 + \left(\frac{\partial f}{\partial y}\right)^2 + 1}, \tag{5.32a}$$

$$\bm{n} = \frac{1}{D}\frac{\partial \bm{r}}{\partial x} \times \frac{\partial \bm{r}}{\partial y} = \frac{1}{D}\left(-\frac{\partial f}{\partial x}, -\frac{\partial f}{\partial y}, 1\right) \tag{5.32b}$$

と得られる．ただし $\bm{n}$ の方向は，$C$ の向きと整合するように選ばれている．

証明の出発点は，グリーンの定理 (5.27) で速度場が $x$ 成分のみの式

$$\int_{\overline{C}} \overline{v}_x(x,y)\,dx = -\int_{\overline{S}} \frac{\partial \overline{v}_x(x,y)}{\partial y}\,dxdy \tag{5.33}$$

である．ここで，$xy$ 平面上での曲面・曲線・ベクトル場を $\overline{S}, \overline{C}, \overline{\boldsymbol{v}}$ で表し，3 次元空間内のものと区別した．その $\overline{S}$ と $\overline{C}$ を，図 5.10 のように，$S$ と $C$ の $xy$ 平面への射影に選ぶ．また，$\overline{v}_x(x,y)$ が曲面 $S$ 上での $v_x(\boldsymbol{r})$ に一致する場合，すなわち，

$$\overline{v}_x(x,y) = v_x(x,y,f(x,y))$$

の場合を考察する．すると，(5.33) 式の $y$ に関する偏微分は，微分の連鎖律を用いて，

$$\begin{aligned}\frac{\partial \overline{v}_x(x,y)}{\partial y} &= \frac{\partial v_x(x,y,f(x,y))}{\partial y} \\ &= \left( \frac{\partial v_x(x,y,z)}{\partial y} + \frac{\partial v_x(x,y,z)}{\partial z}\frac{\partial f(x,y)}{\partial y} \right)\bigg|_{z=f(x,y)}\end{aligned}$$

と表せる．これらを (5.33) 式に代入すると，

$$\begin{aligned}&\int_{\overline{C}} v_x(x,y,f(x,y))\,dx \\ &= -\int_{\overline{S}} \left( \frac{\partial v_x(x,y,z)}{\partial y} + \frac{\partial v_x(x,y,z)}{\partial z}\frac{\partial f(x,y)}{\partial y} \right)\bigg|_{z=f(x,y)} dxdy \end{aligned}\tag{5.34}$$

が得られる．ここで，

$$\int_{\overline{C}} v_x(x,y,f(x,y))\,dx = \int_{C} v_x(x,y,z)\,dx, \tag{5.35a}$$

$$dxdy = n_z(\boldsymbol{r})\,dS \tag{5.35b}$$

が成り立つことに注意する．(5.35a) 式は右辺の積分の定義式に他ならず，また，(5.35b) 式は (5.32) 式から容易に導ける．(5.35) 式を用いると，(5.34) 式が

$$\int_C v_x(x,y,z)\,dx = -\int_S \left\{ \frac{\partial v_x(x,y,z)}{\partial y}n_z(\boldsymbol{r}) + \frac{\partial v_x(x,y,z)}{\partial z}\frac{\partial f(x,y)}{\partial y}n_z(\boldsymbol{r}) \right\} dS \tag{5.36}$$

へと書き換えられる．さらに (5.32b) 式から，

$$-\frac{\partial f(x,y)}{\partial y}n_z(\boldsymbol{r}) = n_y(\boldsymbol{r})$$

が成立することがわかる．この式を (5.36) 式に代入すると (5.31) 式が得られる．■

## 5.4 渦なしの場とポテンシャル

### ❺ 定理 5.1 の証明

ストークスの定理 (5.30) における左辺の閉曲線 $C$ を，図 5.11 における点 $\bm{r}_0$ から点 $\bm{r}$ への二つの経路 $C_1$ と $C_2$ に分割する．すると，$C_2$ が $C$ と逆向きであることを考慮して，(5.30) 式左辺の線積分を書き換えることができ，

$$\int_{C_1} \bm{v} \cdot d\bm{r} - \int_{C_2} \bm{v} \cdot d\bm{r} = \int_S (\bm{\nabla} \times \bm{v}) \cdot \bm{n}\, dS$$

が得られる．この式より，

$$\left(\text{任意の } C_1 \text{ と } C_2 \text{ で} \int_{C_1} = \int_{C_2} \text{ が成立}\right) \longleftrightarrow \left(\text{領域内で } \bm{\nabla} \times \bm{v} = \bm{0} \text{ が成立}\right)$$

が成り立つことがわかる．その左方向の矢印は自明である．一方，右方向の矢印については，$C$ として空間の各点のまわりで微小な閉曲線を選ぶと，それらが全てゼロであることから，$\bm{\nabla} \times \bm{v} = \bm{0}$ が全ての点で成立することを結論できる．

図 5.11　閉曲線 $C$ の $C_1$ と $C_2$ への分割　　■

## 演習問題

**5.1** 質量 $m$ の野球のボールを時速 150 km の速さで水平方向から角度 $\theta$ [rad] の方向に投げ上げた．重力加速度を $g = 10\,\mathrm{m/s^2}$ とし，エネルギー保存則を用いて，以下の問いに有効数字 2 桁で答えよ．

(1) 鉛直方向（$\theta = \frac{\pi}{2}$）に投げ上げた場合，ボールは最高で何 m の高さまで達するか．

(2) $\theta = \frac{\pi}{4}$ の場合，ボールは最高で何 m の高さまで達するか．

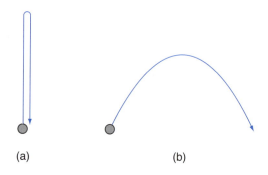

**5.2** 質量 10 kg の荷物を，重力下で高さ 10 m だけ同じ速度で運び上げる．重力加速度を $g = 10\,\mathrm{m/s^2}$ として，以下の問いに答えよ．

(1) 鉛直上向きの力で運び上げた場合，力が荷物にした仕事は何 J か．

(2) $\theta = \frac{\pi}{6}$ [rad] の坂道に沿って運び上げた場合，力が荷物にした仕事は何 J か．

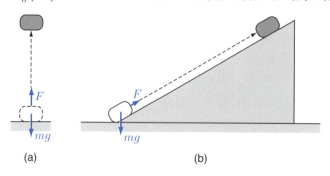

**5.3** 以下の問いに答えよ．
 (1) 地上にある質量 $m$ の物体に働く重力 $mg$ ($g = 9.81\,\mathrm{m/s^2}$) は，その物体と地球との万有引力
$$F = \frac{GmM}{r^2} \quad (G = 6.67 \times 10^{-11}\,\mathrm{m^3/(kg \cdot s^2)})$$
の結果である．この事実より，地球の半径を $r = 6370\,\mathrm{km}$ として，地球の質量を有効数字 3 桁で求めよ．
 (2) 地上から発射したロケットが，宇宙空間に達して戻ってこないための最低速度（脱出速度）を有効数字 3 桁で求めよ．

**5.4** 月の質量と半径は，それぞれ $M_\mathrm{m} = 7.35 \times 10^{22}\,\mathrm{kg}$, $r_\mathrm{m} = 1.74 \times 10^3\,\mathrm{km}$ である．月面上での重力加速度 $g_\mathrm{m}\,[\mathrm{m/s^2}]$ を有効数字 3 桁で求めよ．ただし，万有引力定数を $G = 6.67 \times 10^{-11}\,\mathrm{m^3/(kg \cdot s^2)}$ とする．

**5.5** 位置ベクトル $\boldsymbol{r} = (x, y, z)$ の関数
$$f(\boldsymbol{r}) = \frac{1}{r^n} \quad (r \equiv (x^2 + y^2 + z^2)^{\frac{1}{2}},\ n = 1, 2, \cdots)$$
について，その勾配 $\boldsymbol{\nabla} f \equiv \left( \dfrac{\partial f(\boldsymbol{r})}{\partial x}, \dfrac{\partial f(\boldsymbol{r})}{\partial y}, \dfrac{\partial f(\boldsymbol{r})}{\partial z} \right)$ を求めよ．

**5.6** 2 次元のベクトル場 $\boldsymbol{F}(\boldsymbol{r}) \equiv (x, y)$ について考える．ただし $\boldsymbol{r} \equiv (x, y)$.
 (1) 曲線 $C$ を点 $(0,0)$ から点 $(1,1)$ に至る次のような曲線とする．それぞれの場合について，線積分 $\displaystyle\int_C \boldsymbol{F} \cdot d\boldsymbol{r}$ を計算せよ．
  (a) 直線 $\boldsymbol{r} = (t, t),\ t \in [0, 1]$.
  (b) 放物線 $\boldsymbol{r} = (t, t^2),\ t \in [0, 1]$.
  (c) 円周 $\boldsymbol{r} = (\cos\theta, 1 + \sin\theta),\ \theta \in \left[-\frac{\pi}{2}, 0\right]$.
 (2) $\dfrac{\partial F_x}{\partial y} = \dfrac{\partial F_y}{\partial x}$ を確かめよ．
 (3) $\boldsymbol{F}(\boldsymbol{r}) = -\boldsymbol{\nabla} U(\boldsymbol{r})$ となる関数 $U(x, y)$ を求めよ．
 (4) $-U(1,1) + U(0,0)$ を計算し，(1) の結果と一致することを確かめよ．

**5.7** 粘性抵抗 $-bv$ ($b > 0$) を受けて落下する質量 $m$ の物体がある．その運動方程式は，鉛直上向き方向の速度 $v \equiv \dot{z}$ と重力加速度 $g$ を用いて，
$$m\frac{dv}{dt} = -mg - bv \tag{5.37}$$
と表せる（例題 3.4 参照：ここでは鉛直上向きを $z$ 軸の正方向に選んである）．この式に $v$ をかけることで，単位時間に発生する熱量 $\dot{Q}$ の表式を求めよ．

# 第6章 衝突と運動量保存則

　ここでは，2粒子の衝突問題を取り上げ，その過程で，全運動量に関する運動量保存則が成り立っていることを示す．それを用いて，2粒子の速度が，衝突前後でどのように変化するのかを，いくつかの具体例について明らかにする．また，2粒子系の問題では，重心座標と相対座標への変数変換により，独立した二つの1粒子問題に帰着できることを示す．

## 6.1 運動量とその保存則

### ❶運動量

質量 $m$ の物体が速度 $v$ で運動しているとき，その運動量 $p$ を

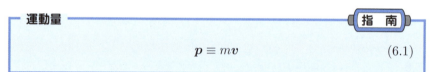

$$p \equiv mv \tag{6.1}$$

で定義する．この運動量を用いると，ニュートンの運動方程式 (1.17) は，

$$\frac{dp}{dt} = F \tag{6.2}$$

のように，より簡潔に表せる．それだけでなく，運動量は，何かに衝突する際の衝撃の大きさを直接表現する物理量となっており，英語でも momentum（勢い）の単語が当てられている．実際，速度 $v$ が同じなら，質量 $m$ の大きい方が，衝突の際の衝撃が大きいことは，日常経験から理解できるであろう．運動量 $p$ は，位置ベクトル $r$ と対をなす物理学の基礎概念である．

　(6.2) 式より，力が働かない $F = 0$ の場合には，$p$ は時間変化せず，保存することがわかる．これを**運動量保存則**という．12.2節❷で見るように，運動量保存則は，系が空間並進操作において不変であること，すなわち，空間並進対称性を持っていることに由来する．

## 6.1 運動量とその保存則

### ❷ 2 粒子系の運動量保存則

物体 1 と物体 2 が，作用反作用の法則 (5.25) に従う力を受けて運動する場合には，全運動量

$$\bm{P} \equiv \bm{p}_1 + \bm{p}_2 \tag{6.3}$$

は時間変化せず，保存する（例題 6.1）．ただし，$\bm{p}_j \equiv m_j \bm{v}_j \ (j=1,2)$ は物体 $j$ の運動量である．

---
**例題 6.1**

運動方程式に基づき，物体 1 と物体 2 が作用反作用の法則 (5.25) に従う力を受けて運動するとき，全運動量 (6.3) が保存することを示せ．

---

【解答】物体 1 と物体 2 の運動方程式は，

$$\frac{d\bm{p}_1}{dt} = \bm{F}_{1\leftarrow 2},$$
$$\frac{d\bm{p}_2}{dt} = \bm{F}_{2\leftarrow 1}$$

と表せる．これらの式を辺々足すと，(6.3) 式が，方程式

$$\frac{d\bm{P}}{dt} = \bm{F}_{1\leftarrow 2} + \bm{F}_{2\leftarrow 1}$$
$$= \bm{0}$$

を満たすことがわかる．すなわち，(5.25) 式が成り立つ場合には，全運動量 $\bm{P}$ が時間変化せず，保存することがわかった． ∎

作用反作用の法則 (5.25) が成り立つのは，相互作用ポテンシャル $U(r_{12})$ から導かれる保存力の場合だけではない．特に，図 6.1 のような衝突過程を考えると，衝突の際に働く力は，物体の変形や摩擦を伴うような場合にも，作用反作用の法則 (5.25) を満たすものと考えられる．従って，衝突の前後で，(6.3) 式で定義された全運動量 $\bm{P}$ が保存する．これを，衝突前の始状態（initial state）と衝突後の終状態（final state）の速度で表すと，

$$m_1 \bm{v}_{1\mathrm{i}} + m_2 \bm{v}_{2\mathrm{i}} = m_1 \bm{v}_{1\mathrm{f}} + m_2 \bm{v}_{2\mathrm{f}} \tag{6.4}$$

となる．

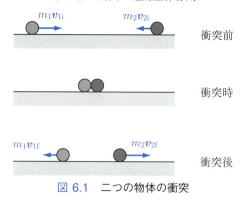

図 6.1　二つの物体の衝突

　衝突時に働く力の詳細は，わからないことが多い．一つには，その働く時間が一般に短く，実験して解析するのが難しいことが挙げられる．また，もう一つには，衝突の際に，運動エネルギーが熱エネルギーに変わって失われるほか，衝突で物体が一体化するなどの変形が起こることもあるからである．そのような難しさを伴う衝突現象を解析する際に，運動量が保存することを保証する (6.4) 式は，大きな助けとなる．

　より一般的に，$n$ 粒子系においても，(1.19c) 式で表される全外力が $\mathbf{0}$ となる場合には，「$\boldsymbol{P} \equiv M\dot{\boldsymbol{R}}$ で定義される全運動量が時間変化せず保存する」ことを，(1.20) 式より結論づけられる．

## 6.2　2粒子系の衝突

### ❶完全弾性衝突と非弾性衝突—正面衝突の場合—

力 $\boldsymbol{F}_{1\leftarrow 2}$ と $\boldsymbol{F}_{2\leftarrow 1}$ が,

(i)　保存力で,
(ii)　衝突の際にのみ働く

場合には，力学的エネルギー保存則

$$\frac{1}{2}m_1v_{1\mathrm{i}}^2 + \frac{1}{2}m_2v_{2\mathrm{i}}^2 = \frac{1}{2}m_1v_{1\mathrm{f}}^2 + \frac{1}{2}m_2v_{2\mathrm{f}}^2 \tag{6.5}$$

が成立する．この場合の衝突を**完全弾性衝突**という．

特に，衝突前後の相対速度が一直線上にある**正面衝突**の場合には，(6.5) 式をより簡潔な表式に書き換えられる．すなわち

$$v_{1\mathrm{f}} - v_{2\mathrm{f}} = -(v_{1\mathrm{i}} - v_{2\mathrm{i}}) \tag{6.6}$$

が成立し，相対速度の符号が衝突前後で入れ換わることがわかる（例題 6.2）．

---

**例題 6.2**

正面衝突の際のエネルギー保存則 (6.5) が，(6.6) 式と等価であることを示せ．

---

【解答】(6.5) 式を 2 倍して移項し，次のように変形する．

$$\begin{aligned}
0 &= m_1(v_{1\mathrm{f}}^2 - v_{1\mathrm{i}}^2) + m_2(v_{2\mathrm{f}}^2 - v_{2\mathrm{i}}^2) \\
&= m_1(v_{1\mathrm{f}} - v_{1\mathrm{i}})(v_{1\mathrm{f}} + v_{1\mathrm{i}}) + m_2(v_{2\mathrm{f}} - v_{2\mathrm{i}})(v_{2\mathrm{f}} + v_{2\mathrm{i}})
\end{aligned}$$

　　正面衝突の場合の **(6.4)** 式より，$m_2(v_{2\mathrm{f}} - v_{2\mathrm{i}}) = -m_1(v_{1\mathrm{f}} - v_{1\mathrm{i}})$

$$= m_1(v_{1\mathrm{f}} - v_{1\mathrm{i}})\{(v_{1\mathrm{f}} + v_{1\mathrm{i}}) - (v_{2\mathrm{f}} + v_{2\mathrm{i}})\}.$$

衝突前後では，一般に速度が変化し，$v_{1\mathrm{i}} \neq v_{1\mathrm{f}}$ が成立する．これより，完全弾性正面衝突では，$(v_{1\mathrm{f}} + v_{1\mathrm{i}}) - (v_{2\mathrm{f}} + v_{2\mathrm{i}}) = 0$，すなわち，(6.6) 式が成立し，相対速度の符号が衝突前後で入れ換わることがわかる．■

衝突に際しては，運動エネルギーの一部が熱などに変わり (6.5) 式が成立しないこともある．しかし，作用反作用の法則 (5.25) が成り立てば，運動量保存則 (6.4) は満たされる．そのような正面衝突を数学的に記述するには，(6.6) 式を

$$v_{1f} - v_{2f} = -e(v_{1i} - v_{2i}), \quad e \in [0,1] \tag{6.7}$$

のように一般化すると便利である．この $e$ を**反発係数**，また，$e < 1$ の衝突を**非弾性衝突**という．$e = 1$ の場合が完全弾性衝突である．反発係数 $e$ は，一般に，実験から求める**現象論的パラメータ**で，その値の理論的導出は困難である．

---

**例題6.3**

質量 $m_1$ と $m_2$ を持つ二つの物体 1 と 2 が，それぞれ速さ $v_1$ と $v_2$ で正面衝突し，衝突後はくっついて運動を始めた．

(1) 衝突後の物体 1 と 2 の速度 $v$ を求めよ．ただし，衝突前の物体 1 の速度を正とする．

(2) 反発係数 $e$ の値を求めよ．

(3) 衝突によって失われた力学的エネルギーを求めよ．

---

【解答】(1) 運動方向に沿った運動量保存則は，衝突前の物体 1 の速度を $v_1$ とするとき，物体 2 が逆方向に運動してその速度が $-v_2$ であることから，

$$m_1 v_1 - m_2 v_2 = (m_1 + m_2) v$$

と表せる．これより $v$ が，次のように求まる．

$$v = \frac{m_1 v_1 - m_2 v_2}{m_1 + m_2}.$$

(2) (6.7) 式で $v_{1f} = v_{2f}$ が成り立つので，$e = 0$．

(3) 衝突前後の運動エネルギーの差として，次のように計算できる．

$$\begin{aligned}
&\frac{1}{2} m_1 v_1^2 + \frac{1}{2} m_2 v_2^2 - \frac{1}{2}(m_1 + m_2) v^2 \\
&= \frac{m_1(m_1 + m_2) v_1^2 + m_2(m_1 + m_2) v_2^2 - (m_1 v_1 - m_2 v_2)^2}{2(m_1 + m_2)} \\
&= \frac{m_1 m_2}{2(m_1 + m_2)} (v_1 + v_2)^2.
\end{aligned}$$

これは，質量が $\frac{m_1 m_2}{m_1 + m_2}$ で，速さ $v_1 - (-v_2)$ を持つ粒子の運動エネルギーで，相対運動の運動エネルギーと見なせる（以下の 6.3 節❶参照）．すなわち，相対運動の運動エネルギーが全て失われた．■

## ❷ ビリヤード球の完全弾性衝突

正面衝突でない場合には，完全弾性衝突も，現象がより複雑になる．具体例として，図 6.2 のように，質量 $m$ を持つビリヤード球 1 をキューで突き，同じ質量を持ち静止しているビリヤード球 2 を狙う場合を考察する．

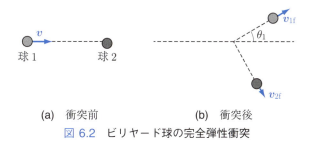

(a) 衝突前　　　　　　　(b) 衝突後
図 6.2　ビリヤード球の完全弾性衝突

---

**例題 6.4**

図 6.2 のように，球 1 を突いて速度 $v$ を与えたところ，球 2 に衝突し，その後の球 1 と球 2 は，それぞれ，速度 $v_{1f}$ と $v_{2f}$ で運動した．以下の問いに答えよ．ただし，二つの球は，同じ質量 $m$ を持ち，完全弾性衝突するものとする．
(1) 衝突の前後における運動量保存則とエネルギー保存則を書き下せ．
(2) 球 1 と球 2 が直角に散乱されることを示せ．
(3) 衝突後の球 1 の速さ $v_{1f}$ が，衝突前の球 1 の速さ $v$ と散乱角 $\theta_1$ を用いて，$v_{1f} = v\cos\theta_1$ と表せることを示せ．

---

【解答】(1) この場合の運動量保存則

$$m\boldsymbol{v} = m\boldsymbol{v}_{1f} + m\boldsymbol{v}_{2f}$$

を，両辺を $m$ で割って表すと，

$$\boldsymbol{v} = \boldsymbol{v}_{1f} + \boldsymbol{v}_{2f} \tag{6.8a}$$

となる．また，エネルギー保存則

$$\frac{1}{2}mv^2 = \frac{1}{2}mv_{1f}^2 + \frac{1}{2}mv_{2f}^2$$

も，次のように簡潔に表せる．

$$v^2 = v_{1\mathrm{f}}^2 + v_{2\mathrm{f}}^2. \tag{6.8b}$$

(2) (6.8a) 式の両辺を 2 乗する．すなわち，辺々のスカラー積をとると，

$$v^2 = (\boldsymbol{v}_{1\mathrm{f}} + \boldsymbol{v}_{2\mathrm{f}}) \cdot (\boldsymbol{v}_{1\mathrm{f}} + \boldsymbol{v}_{2\mathrm{f}})$$
$$= v_{1\mathrm{f}}^2 + v_{2\mathrm{f}}^2 + 2\boldsymbol{v}_{1\mathrm{f}} \cdot \boldsymbol{v}_{2\mathrm{f}}$$

となる．この式から (6.8b) 式を辺々差し引くと，

$$\boldsymbol{v}_{1\mathrm{f}} \cdot \boldsymbol{v}_{2\mathrm{f}} = 0$$

が得られる．すなわち，$\boldsymbol{v}_{1\mathrm{f}}$ と $\boldsymbol{v}_{2\mathrm{f}}$ が直交することがわかった．これは，球 1 と球 2 が直角に散乱されることを意味する．

(3) (6.8a) 式と $\boldsymbol{v}_{1\mathrm{f}}$ のスカラー積をとると，

$$\boldsymbol{v} \cdot \boldsymbol{v}_{1\mathrm{f}} = v_{1\mathrm{f}}^2 + \boldsymbol{v}_{2\mathrm{f}} \cdot \boldsymbol{v}_{1\mathrm{f}}$$

となり，(2) の結果 $\boldsymbol{v}_{2\mathrm{f}} \cdot \boldsymbol{v}_{1\mathrm{f}} = 0$ を代入して，

$$v v_{1\mathrm{f}} \cos\theta_1 = v_{1\mathrm{f}}^2$$

へと書き換えられる．これより，$v_{1\mathrm{f}}$ が，散乱角 $\theta_1$ を用いて，

$$v_{1\mathrm{f}} = v \cos\theta_1$$

と表せることがわかる．■

---

**コラム　運動量**

　質量 $m$ や速度 $\boldsymbol{v}$ と比較すると，それらの積として定義される運動量 $\boldsymbol{p} = m\boldsymbol{v}$ は，日常生活からはやや馴染みが薄いように感じられるかもしれない．しかし，例えば杭をハンマーで打ち込む際には，ハンマーの質量と打ち込む速度が大きい方が，より深く打ち込める．これを定量化して定義したのが，運動量であり，我々の生活とも深く関連している．また，電子などの基本粒子は，ニュートン力学では記述できない波動性を持つことがわかっているが，それを記述する量子力学では，位置 $\boldsymbol{r}$ と運動量 $\boldsymbol{p}$ が基本的な役割を担う．すなわち運動量 $\boldsymbol{p}$ が，虚数単位 $i$ とプランク定数 (1.2) を用いて，$\boldsymbol{p} = -i\hbar \frac{\partial}{\partial \boldsymbol{r}} \equiv -i\frac{h}{2\pi}\boldsymbol{\nabla}$ のように $\boldsymbol{r}$ の偏微分演算子として表され，シュレーディンガー方程式に現れるのである．従って，古典力学を学ぶ段階から $\boldsymbol{p}$ を深く理解しておくと，量子力学を理解することが格段に容易になる．

## 6.3 2粒子系の座標変換と衝突

### ❶ 重心座標と相対座標による記述

2粒子系の問題では，その重心座標 $R$ を導入し，各々の粒子の座標を，$R$ とそこからのずれとして表すことで，独立した二つの1粒子問題へと簡略化することが可能である．

具体的に，質量 $m_j$ を持つ質点 $j = 1, 2$ が，力 $F_j$ を受けて，方程式

$$m_1 \ddot{r}_1 = F_1, \tag{6.9a}$$

$$m_2 \ddot{r}_2 = F_2 \tag{6.9b}$$

に従って運動する場合を考察する．この連立方程式は，重心 (1.19b) を用いた座標変換により，

$$M\ddot{R} = F_1 + F_2, \tag{6.10a}$$

$$\mu\ddot{r} = \frac{m_2 F_1 - m_1 F_2}{m_1 + m_2} \tag{6.10b}$$

と表すことができる（例題 6.5）．ここで，$R, r, M, \mu$ は，

$$R \equiv \frac{m_1 r_1 + m_2 r_2}{m_1 + m_2}, \tag{6.11a}$$

$$r \equiv r_1 - r_2, \tag{6.11b}$$

$$M \equiv m_1 + m_2, \tag{6.11c}$$

$$\mu \equiv \frac{m_1 m_2}{m_1 + m_2} \tag{6.11d}$$

で定義され，それぞれ，**重心座標**，**相対座標**，**全質量**，**換算質量**と呼ばれる．また，(6.10a) 式の右辺 $F_1 + F_2$ は，2質点系に働く全ての力で，**外力**と表現されることもある．

## 例題 6.5

2粒子系の運動方程式 (6.9) について，以下の問いに答えよ．
(1) $r_1$ と $r_2$ を，(6.11a) 式，(6.11b) 式の $R$ と $r$ を用いて表せ．
(2) (1) の結果を (6.9) 式に代入し，(6.10) 式を導出せよ．

【解答】(1) (6.11a) 式，(6.11b) 式を $r_1$ と $r_2$ について解くと，次式が得られる．

$$r_1 = R + \frac{m_2}{m_1 + m_2} r,$$

$$r_2 = R - \frac{m_1}{m_1 + m_2} r.$$

(2) (1) の結果を (6.9) 式に代入すると，

$$m_1 \left( \ddot{R} + \frac{m_2}{m_1 + m_2} \ddot{r} \right) = F_1,$$

$$m_2 \left( \ddot{R} - \frac{m_1}{m_1 + m_2} \ddot{r} \right) = F_2$$

となる．それらの和をとると，(6.10a) 式が得られる．また，第一式に $m_2$ をかけ，第二式に $m_1$ をかけたものを差し引くと，

$$m_1 m_2 \ddot{r} = m_2 F_1 - m_1 F_2$$

となる．これは，(6.10b) 式に等価である．■

特に，力が作用反作用の法則 $F_2 = -F_1$ を満たす場合の (6.10) 式は，全運動量 $P \equiv M\dot{R}$ と相対運動量 $p \equiv \mu \dot{r}$ を用いて，

$$\frac{dP}{dt} = 0, \tag{6.12a}$$

$$\frac{dp}{dt} = F_1 \tag{6.12b}$$

と表せる．つまり，外力がないので全運動量 $P$ が保存され，相対運動量 $p$ が力 $F_1$ を受けて変化するという，二つの独立な問題に帰着できることがわかる．

以上の 2 質点系に関する考察は，有限の大きさを持つ 2 粒子系についても，位置座標 $r_j$ を各物体 $j = 1, 2$ の重心座標 (1.24b) と見なすことで，そのまま適用できる．

### ❷衝突径数と微分散乱断面積

(6.12b) 式によると，外力がない場合の 2 粒子系の散乱問題は，相対座標 $r$ に関する 1 粒子問題に帰着できる．このことを用いて，6.2 節❷で扱ったビリヤード球の散乱問題を再び考察し，微分散乱断面積の概念を導入する．

図 6.2 の散乱過程を，二つの球の重心座標 $R$ と共に運動する座標系，すなわち，**重心系**で観測する．重心系は，静止系に対して，二球の平均速度 $\frac{v+0}{2} = \frac{v}{2}$ で運動している．従って，重心系で見た散乱過程は，図 6.3(a) のように表せる．その中で，$b$ は散乱を特徴づける重要なパラメータで，球 1 と球 2 の中心から速度 $v$ に平行に引いた二直線間の距離として定義され，**衝突径数**と呼ばれる．

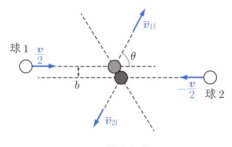

(a) 散乱過程

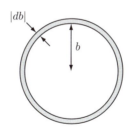

(b) 微分断面積 $d\sigma$ の円環領域

図 6.3 重心系で見たビリヤード球の散乱過程

## 例題 6.6

ビリヤード球の散乱に関する以下の問いに答えよ.
(1) 衝突径数 $b$ を, 図 6.3(a) の散乱角 $\theta$ とビリヤード球の半径 $a$ を用いて表せ.
(2) $b$ を用いて, 微分断面積 $d\sigma$ を

$$d\sigma \equiv 2\pi b \, |db| \tag{6.13}$$

で定義する. この $d\sigma$ は, 速度 $\boldsymbol{v}$ に垂直な面内における図 6.3(b) の円環領域の面積で, その中心の先に球 2 の中心がある. この $d\sigma$ を, 散乱角 $\theta$ を用いて表せ.
(3) **全散乱断面積**を

$$\sigma \equiv \int d\sigma \tag{6.14}$$

で定義する. その積分を, (2) で得た $\theta$ による表式を用いて実行し, $\sigma$ の表式を求めよ.

【解答】 (1) 衝突時における球 1 と球 2 の中心間の距離は, 図 6.3(a) より, $2a$ であることがわかる. この中心間を結ぶ直線は, 球 1 の入射方向と $\frac{\pi-\theta}{2}$ の角度で交わっている. 従って, $b$ は, 次のように表せる.

$$b = 2a \sin \frac{\pi - \theta}{2} = 2a \cos \frac{\theta}{2}. \tag{6.15}$$

(2) 次のように求まる.

$$\begin{aligned} d\sigma \equiv 2\pi b \, |db| &= 2\pi \left(2a \cos \frac{\theta}{2}\right)\left(a \sin \frac{\theta}{2} \, d\theta\right) \\ &= 2\pi a^2 \sin \theta \, d\theta. \end{aligned} \tag{6.16}$$

(3) (6.16) 式を $\theta$ の定義域 $[0, \pi]$ について積分すると, **全散乱断面積**が

$$\sigma \equiv \int d\sigma = 2\pi a^2 \int_0^\pi \sin\theta \, d\theta = \pi (2a)^2 \tag{6.17}$$

のように得られる. ∎

(6.17) 式は，次のことを表している．すなわち，球 2 を散乱させるには，球 1 の中心が球 2 の中心から半径 $2a$ の標的内に入るように，球 1 を突かなければならない．より一般に，(6.16) 式は，的の中心から $b$ と $b+|db|$ の間にある円環領域めがけて球 1 を打ち出したとき，散乱角が $\theta$ と $\theta+d\theta$ の領域に散乱される相対的な重みを表している．

図 6.4 より，衝突径数 (6.15) は，静止系における球 1 の散乱角 $\theta_1 = \frac{\theta}{2}$ を用いて，

$$b = 2a\cos\frac{\theta}{2} = 2a\cos\frac{\theta_1}{4}$$

とも表せることがわかる．このように，散乱角 $\theta_1$ と $b$ との間にも，一対一の対応関係がある．

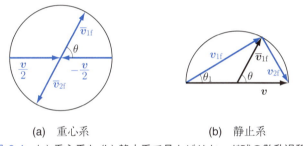

(a) 重心系　　　　　　　　(b) 静止系
図 6.4　(a) 重心系と (b) 静止系で見たビリヤード球の散乱過程

(6.13) 式の $d\sigma$ を $2\pi\sin\theta\,d\theta$ で割った量

$$\frac{d\sigma}{d\Omega} \equiv \frac{b\,|db|}{\sin\theta\,d\theta} \tag{6.18}$$

は，**微分散乱断面積**と呼ばれ，散乱理論において重要な概念となっている．(6.18) 式に，(2.23a) 式で $r=1$ の場合，すなわち，単位球の面積素

$$d\Omega \equiv \sin\theta\,d\theta\,d\varphi \tag{6.19}$$

をかけて，$\theta \in [0, \pi]$ および $\varphi \in [0, 2\pi]$ について積分すると，**全散乱断面積**

$$\sigma = \int \frac{d\sigma}{d\Omega}\,d\Omega \tag{6.20}$$

が得られる．ちなみに，(6.18) 式の $db$ に絶対値符号がついているのは，一般に $0 \leq b \leq \infty$ が $\pi \geq \theta \geq 0$ に対応し，$\frac{db}{d\theta} < 0$ となるためである．この定義での (6.20) 式における $\theta$ 積分は，積分の上下限が入れ換わり，$0 \leq \theta \leq \pi$ にわたって行われる．

## 演習問題

**6.1** 下図のように，速さ $v_0$ [m/s] で水平に運動している質量 $m$ [kg] の質点が，長さ $\ell$ [m] の振り子の下端につけた質量 $m$ [kg] の質点に衝突した．重力加速度を $g$ [m/s$^2$] とし，$v_0 < \sqrt{2g\ell}$ が満たされ，振り子の糸の質量は無視できるものとして，以下の問いに答えよ．

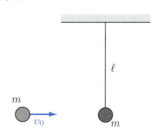

(1) 二つの質点は運動方向に沿って完全弾性衝突をした．このときの振り子の最高点の高さを $v_0$ と $g$ を用いて表せ．

(2) 二つの質点が衝突後にくっついて一緒に運動した．このときの振り子の最高点の高さを $v_0$ と $g$ を用いて表せ．

**6.2** 長さが 4 m，重さが 100 kg で前後対称なボートの最後端に，質量 30 kg の少年が乗っている．最初，ボート乗り場と少年との距離は 3 m であり，ボート乗り場とボートの最前端との距離は 7 m であった．その後，少年はボートの最前端まで静かに歩いていった．以下の問いに有効数字 2 桁で答えよ．

(1) 初めの状態で，少年とボートの重心はどこにあるか．

(2) 終状態で，ボートの最後端とボート乗り場との距離は何 m になったか．

# 第7章 回転と角運動量

　本章では，ニュートンの運動方程式に基づいて，回転の運動方程式を導く．並進の運動方程式における運動量と力に対応するのが，回転の運動方程式における角運動量と力のモーメントで，力のモーメントが角運動量の時間変化をもたらす．特に，力のモーメントが消える中心力場の運動では，角運動量が保存される．その運動が平面運動であることを示し，角運動量と運動エネルギーの極座標表示による表現を与える．また，剛体の角運動量は，軌道角運動量とスピン角運動量の和として表され，各々が独立した方程式に従うことも明らかにする．

## 7.1 回転の運動方程式

### ❶ 回転の運動方程式の導出

　ベクトル積 (2.3a) を用いて，回転の運動方程式を導こう．出発点は，やはり，ニュートンの運動方程式 (1.17)，すなわち，

$$\frac{d\boldsymbol{p}}{dt} = \boldsymbol{F} \qquad (\boldsymbol{p} \equiv m\boldsymbol{v}) \tag{7.1}$$

である．その左から $\boldsymbol{r}\times$ を作用させた式は，

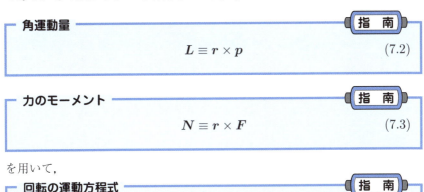

を用いて，

$$\frac{d\boldsymbol{L}}{dt} = \boldsymbol{N} \tag{7.4}$$

として表せる（例題 7.1）．すなわち，角運動量の時間変化率は，物体に働く力のモーメントに等しい．

---
**例題 7.1**

以下の問いに答えよ．

(1) ベクトル積 (2.3a) を構成する $\boldsymbol{a}$ と $\boldsymbol{b}$ が時間の関数であるとき，次の等式が成り立つことを示せ．

$$\frac{d}{dt}(\boldsymbol{a}\times\boldsymbol{b}) = \frac{d\boldsymbol{a}}{dt}\times\boldsymbol{b} + \boldsymbol{a}\times\frac{d\boldsymbol{b}}{dt} \equiv \dot{\boldsymbol{a}}\times\boldsymbol{b} + \boldsymbol{a}\times\dot{\boldsymbol{b}}. \tag{7.5}$$

(2) ニュートンの運動方程式 (7.1) から，回転の運動方程式 (7.4) を導出せよ．

---

【解答】(1) 証明は，(2.3a) 式の $x$ 成分について，次のように実行できる．

$$\frac{d}{dt}(\boldsymbol{a}\times\boldsymbol{b})_x = \frac{d}{dt}(a_y b_z - a_z b_y) = \dot{a}_y b_z + a_y \dot{b}_z - \dot{a}_z b_y - a_z \dot{b}_y$$
$$= (\dot{\boldsymbol{a}}\times\boldsymbol{b} + \boldsymbol{a}\times\dot{\boldsymbol{b}})_x.$$

$y, z$ 成分についても同様である．

(2) (7.1) 式に左から $\boldsymbol{r}\times$ を作用させると，

$$\boldsymbol{r}\times m\frac{d\boldsymbol{v}}{dt} = \boldsymbol{r}\times\boldsymbol{F} \tag{7.6}$$

が得られる．左辺は，(7.5) 式を用いて，次のように書き換えられる．

$$\boldsymbol{r}\times m\frac{d\boldsymbol{v}}{dt} = m\boldsymbol{r}\times\frac{d\boldsymbol{v}}{dt}$$
$$= m\left\{\frac{d}{dt}(\boldsymbol{r}\times\boldsymbol{v}) - \dot{\boldsymbol{r}}\times\boldsymbol{v}\right\}$$
$$= m\left\{\frac{d}{dt}(\boldsymbol{r}\times\boldsymbol{v}) - \boldsymbol{v}\times\boldsymbol{v}\right\} \quad \boldsymbol{v}\times\boldsymbol{v} = \boldsymbol{0}$$
$$= m\frac{d}{dt}(\boldsymbol{r}\times\boldsymbol{v})$$
$$= \frac{d}{dt}(\boldsymbol{r}\times m\boldsymbol{v}).$$

これを (7.6) 式に代入した式は，角運動量 $\boldsymbol{L}$ と力のモーメント $\boldsymbol{N}$ を用いて，(7.4) 式のように表せる．■

## ❷ 角運動量

角運動量 (7.2) はベクトルで，図 7.1 のように，向きは回転面に垂直で回転により右ネジの進む方向であり，大きさはベクトル $r$ と $p$ が作る平行四辺形の面積に等しい（図 2.1 参照）．その次元は，位置ベクトル $r$ の次元 m に運動量の次元 kg·m/s をかけた kg·m$^2$/s で，プランク定数 (1.2) の次元と同じである．

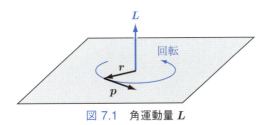

図 7.1　角運動量 $L$

---

**例題 7.2**

原点を中心とする $xy$ 平面上の半径 $a > 0$ の円軌道を，角振動数 $\omega$ [rad] で円運動している質量 $m$ の質点がある．この質点は，時刻 $t = 0$ において，$x$ 軸上の正の位置にあった．以下の問いに答えよ．

(1) 質点の位置ベクトル $r(t)$ を，時刻 $t$ の関数として成分表示せよ．
(2) 角運動量 $L$ を求めよ．

---

【解答】 (1) $t = 0$ に位置 $(a, 0, 0)$ にあったので，時刻 $t > 0$ の位置ベクトルが，次のように表せる．
$$r(t) = (a\cos\omega t, a\sin\omega t, 0).$$

(2) 運動量ベクトルは，
$$p = mv = m\dot{r}$$
$$= (-ma\omega\sin\omega t, ma\omega\cos\omega t, 0)$$

と得られる．従って，$L = r \times p$ が，ベクトル積の定義式 (2.3a) を用いて，
$$L = (0, 0, ma^2\omega(\cos^2\omega t + \sin^2\omega t))$$
$$= (0, 0, ma^2\omega)$$

と計算できる．このように，円運動の角運動量は，円の面積 $\pi a^2$ と角振動数 $\omega$ に比例する．■

## ❸力のモーメント

力のモーメント (7.3) の次元は，力の次元に長さの次元をかけた N・m で，仕事と同じ次元，すなわち，エネルギーの次元を持つ．

(7.4) 式により，シーソー遊びやてこの原理を理解することができる．図 7.2 のように，子供と大人がシーソーに乗り，釣り合っている状況を考える．子供と大

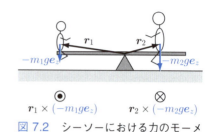

図 7.2　シーソーにおける力のモーメントの釣り合い

人の質量をそれぞれ $m_1$ および $m_2$，支点から重心へのベクトルを $r_1$ および $r_2$ とし，重力を (3.2) 式のように表す．すると，子供と大人に働く力のモーメントは，それぞれ

$$N_1 = r_1 \times (-m_1 g\, e_z), \qquad N_2 = r_2 \times (-m_2 g\, e_z) \tag{7.7}$$

で与えられ，$N_1$ は紙面に上向き，$N_2$ は紙面に下向きと，互いに逆を向いている．さらに，釣り合っている状況ではそれらの大きさも等しく，$m_1 r_{1\perp} = m_2 r_{2\perp}$ が成立している．ここで $r_{j\perp}$（$j=1,2$）は，$r_j$ の $e_z$ に垂直な成分，つまり，シーソーの台に沿った支点から $j$ への距離である．この釣り合いが破れたとき，すなわち，$N \equiv N_1 - N_2 \neq 0$ となったとき，(7.4) 式に従う回転運動が始まる．

てこの原理も (7.4) 式により記述できる．図 7.3 のように，石などの重い物体を，てこを使って持ち上げることを考える．支点を中心とする力のモーメントは，それぞれ

$$\begin{aligned} N_1 &= r_1 \times (-m_1 g e_z), \\ N_2 &= r_2 \times F \end{aligned} \tag{7.8}$$

である．支点まわりの回転運動により物体を持ち上げるには，$N_2 \geq N_1$ が成立する必要がある．小さい力でこの条件を満たすためには，支点と力点の間の距離 $r_2$ を大きくすれば良い．

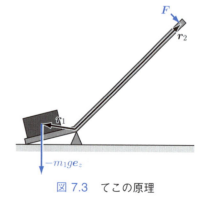

図 7.3　てこの原理

## 7.2 角運動量保存則

### ❶ 角運動量保存則と中心力場

力のモーメント (7.3) がゼロとなっているとき，すなわち

$$N \equiv r \times F = 0$$

の場合には，

$$\frac{dL}{dt} = 0$$

が成立する．これを**角運動量保存則**といい，「角運動量 $L$ は時間変化しない」とも表現する．角運動量が保存するのは，次の二つの場合である．

(a) 力が働かない（$F = 0$）場合．
(b) 力は有限（$F \neq 0$）であるが，位置ベクトルと平行（$F \parallel r$）で，力のモーメント $N$ が $0$ となる場合．

条件 (b) が成り立つ力の場を，**中心力場**という．中心力による運動では，角運動量が保存する．

中心力の典型例としては，**万有引力**がある．質量 $m$ の物体 A が質量 $M$ の物体 O から受ける力 $F$ は，物体 O からの位置ベクトル $r$ を用いて，(5.21) 式のように表すことができる．この力 $F$ は $r$ に比例しているので，対応する物体 A の運動において，角運動量 $L \equiv r \times p$ が保存する．

---
**例題 7.3**

中心力を受けて運動する物体は，角運動量 $L$ に垂直なある一つの平面内で，その軌跡を描くことを示せ．

---

【解答】 ベクトル積 (2.3a) の一般的性質より，位置ベクトル $r$ は，角運動量 $L = r \times p$ に垂直である．また，幾何学的考察より，$r$ を含む $L$ に垂直な平面は，ただ一つに決まることがわかる．従って，$L$ が定ベクトルとなる運動では，物体の軌跡 $r(t)$ がその平面内に留まり続ける，と結論づけられる．■

12.2 節❸で見るように，**角運動量保存則**は，系が空間回転操作において不変であること，すなわち，空間回転対称性を持っていることに由来する．

## ❷ ケプラーの第二法則

角運動量保存則の大きさに関する部分は，**ケプラーの第二法則**と等価で，その具体的表現である**面積速度一定の法則**と言い換えることができる．このことを明らかにしよう．図 7.4 のように，ある物体が，時刻 $t$ において位置 $r$ にあって，速度 $v$ で運動しているものとする．それから微小時間 $dt$ が経過する間の物体の変位 $dr$ は，物体の速度を用いて，

$$dr = v\,dt$$

と表せる．これより，原点 O と点 $r$ および点 $r + dr$ が作る三角形の面積 $dS$ が，$r$ と $v$ のなす角を $\theta$ として，

$$dS = \frac{r\,v\,dt\,\sin(\pi-\theta)}{2} = \frac{|r \times v|}{2}dt = \frac{|r \times mv|}{2m}dt = \frac{L}{2m}dt$$

と書き換えられる．従って，面積速度 $\dot{S} \equiv \frac{dS}{dt}$ が，角運動量の大きさ $L$ を用いて，

$$\dot{S} = \frac{L}{2m} \tag{7.9}$$

と表せることがわかる．このように，角運動量保存則の大きさに関する部分は，面積速度一定の法則と言い換えることができる．

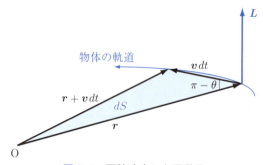

図 7.4　面積速度と角運動量

## ❸ 極座標への変換

例題 7.3 で示したように，中心力を受ける物体は，中心力の原点を含むある一つの平面内で運動する．そこで，その平面が $xy$ 平面となるように座標系を選び，物体の位置ベクトルを，**極座標**で

$$\bm{r} = (r\cos\theta, r\sin\theta, 0) \tag{7.10}$$

と表すと便利である．ここで，原点からの距離 $r = |\bm{r}|$ と角度 $\theta\,[\mathrm{rad}]$ は，共に時刻 $t$ の関数である．この表示を用いると，質量 $m$ の物体が中心力場で運動するときの角運動量と運動エネルギーが，それぞれ

$$\bm{L} = (0, 0, mr^2\dot{\theta}), \tag{7.11}$$

$$\frac{1}{2}m\bm{v}^2 = \frac{1}{2}m\dot{r}^2 + \frac{L^2}{2mr^2} \tag{7.12}$$

のように得られる（例題 7.4）．

---

**例題 7.4**

中心力による物体の運動を，極座標表示 (7.10) を用いて考察する．以下の問いに答えよ．

(1) 物体の速度 $\bm{v} \equiv \dot{\bm{r}}$ を極座標で表示せよ．

(2) 角運動量

$$\bm{L} \equiv \bm{r} \times \bm{p}$$

が (7.11) 式のように表せることを示せ．

(3) 運動エネルギーが (7.12) 式のように表せることを示せ．

---

【解答】 (1) 極座標表示 (7.10) における速度 $\dot{\bm{r}}$ は，積の微分公式

$$\frac{d}{dt}(fg) = \dot{f}g + f\dot{g}$$

と微分の連鎖律

$$\frac{d}{dt}f(g(t)) = \dot{g}(t)\dot{f}(g(t))$$

を用いて，

$$\dot{\bm{r}} = (\dot{r}\cos\theta - r\dot{\theta}\sin\theta, \dot{r}\sin\theta + r\dot{\theta}\cos\theta, 0) \tag{7.13}$$

のように得られる．

(2) 角運動量は，(7.10) 式と (7.13) 式を (7.2) 式に代入し，ベクトル積の定義式 (2.3a) を用いることで，

$$
\begin{aligned}
\boldsymbol{L} &= (0, 0, m(x\dot{y} - y\dot{x})) \\
&= \left(0, 0, mr\cos\theta(\dot{r}\sin\theta + r\dot{\theta}\cos\theta) - mr\sin\theta(\dot{r}\cos\theta - r\dot{\theta}\sin\theta)\right) \\
&= \left(0, 0, mr\dot{r}(\cos\theta\sin\theta - \sin\theta\cos\theta) + mr^2\dot{\theta}(\cos^2\theta + \sin^2\theta)\right) \\
&= (0, 0, mr^2\dot{\theta})
\end{aligned}
$$

のように計算できる．

(3) 運動エネルギー

$$\frac{1}{2}m\boldsymbol{v}^2 = \frac{1}{2}m\dot{\boldsymbol{r}}^2$$

は，(7.13) 式を用いて，以下のように書き換えられる．

$$
\begin{aligned}
\frac{1}{2}m\dot{\boldsymbol{r}}^2 &= \frac{1}{2}m\left\{(\dot{r}\cos\theta - r\dot{\theta}\sin\theta)^2 + (\dot{r}\sin\theta + r\dot{\theta}\cos\theta)^2\right\} \\
&= \frac{1}{2}m\left\{(\dot{r}^2\cos^2\theta + r^2\dot{\theta}^2\sin^2\theta - 2\dot{r}r\dot{\theta}\cos\theta\sin\theta)\right. \\
&\qquad\left. + (\dot{r}^2\sin^2\theta + r^2\dot{\theta}^2\cos^2\theta + 2\dot{r}r\dot{\theta}\cos\theta\sin\theta)\right\} \\
&= \frac{1}{2}m\left(\dot{r}^2 + r^2\dot{\theta}^2\right).
\end{aligned}
$$

これに (7.11) 式からの表現

$$\dot{\theta} = \frac{L}{mr^2}$$

を代入すると，(7.12) を得る．■

## 7.3 質点系と剛体の回転運動

### ❶ 質点系

1.4 節❶では，質点 $n$ 個からなる系の運動方程式を考察し，その重心 (1.19b) が，運動方程式 (1.20) に従うことを明らかにした．すなわち，$n$ 質点系の重心は，力 $\boldsymbol{F}$ を受けて運動する質量 $M$ の質点として記述できるのである．

同様に，回転の運動方程式 (7.4) に添字 $j$ をつけ，$j = 1, 2, \cdots, n$ について和をとると，質点 $n$ 個からなる系全体に対する回転の運動方程式

$$\frac{d\boldsymbol{L}}{dt} = \boldsymbol{N} \tag{7.14}$$

が得られる．ただし，ここでの $\boldsymbol{L}$ と $\boldsymbol{N}$ は，

$$\boldsymbol{L} \equiv \sum_{j=1}^{n} \boldsymbol{r}_j \times m_j \dot{\boldsymbol{r}}_j, \tag{7.15a}$$

$$\boldsymbol{N} \equiv \sum_{j=1}^{n} \boldsymbol{r}_j \times \boldsymbol{F}_j \tag{7.15b}$$

で定義された全系の**角運動量**と**力のモーメント**である．

### ❷ 剛体

上記の考察は，**剛体**の場合へと容易に一般化できる．1.4 節❷では，剛体の重心が，質点系の重心と同じ運動方程式 (1.20) に従うことを示した．ただし，剛体の質量 $M$，重心 $\boldsymbol{R}$，剛体に働く力 $\boldsymbol{F}$ は，積分式 (1.24) で表される．

剛体の回転運動も，質点系と同じ (7.14) 式で記述される（例題 7.5）．対応する角運動量 $\boldsymbol{L}$ と力のモーメント $\boldsymbol{N}$ は，剛体の密度 $\rho(\boldsymbol{r})$ と剛体内部における力の密度 $\boldsymbol{f}(\boldsymbol{r})$ を用いて，次式で定義されている．

$$\boldsymbol{L} \equiv \int_V \boldsymbol{r} \times \dot{\boldsymbol{r}}\, \rho(\boldsymbol{r})\, d^3r, \tag{7.16a}$$

$$\boldsymbol{N} \equiv \int_V \boldsymbol{r} \times \boldsymbol{f}(\boldsymbol{r})\, d^3r. \tag{7.16b}$$

### 例題 7.5

剛体を微小な直方体の集まりと見なし，(7.15) 式を用いることで，剛体の回転の運動方程式が，(7.16) 式で定義された $\boldsymbol{L}$ と $\boldsymbol{N}$ を用いて，(7.14) 式のように表せることを示せ．

**【解答】** 剛体を微小な直方体の集まりとして表す．その一つの直方体 $j$ に注目すると，$j$ の位置は，その領域が小さいことから，近似的に一つの位置ベクトル $\boldsymbol{r}_j$ で指定できるであろう．また，直方体 $j$ の 3 辺の長さを $(\Delta x_j, \Delta y_j, \Delta z_j)$ とすると，直方体 $j$ の質量 $m_j$ は，位置 $\boldsymbol{r}_j$ における密度 $\rho(\boldsymbol{r}_j)$ に，直方体の体積 $\Delta^3 r_j \equiv \Delta x_j \Delta y_j \Delta z_j$ をかけ，

$$m_j = \rho(\boldsymbol{r}_j) \Delta^3 r_j$$

と表せる．同様に，位置 $\boldsymbol{r}_j$ のまわりの微小領域に働く力 $\boldsymbol{F}_j$ は，力の密度 $\boldsymbol{f}(\boldsymbol{r}_j)$ に微小領域の体積 $\Delta^3 r_j \equiv \Delta x_j \Delta y_j \Delta z_j$ をかけ，

$$\boldsymbol{F}_j = \boldsymbol{f}(\boldsymbol{r}_j) \Delta^3 r_j$$

と書くことができる．これらを (7.15) 式に代入すると，剛体の角運動量と剛体に働く力のモーメントに対する近似的な表式

$$\boldsymbol{L} \approx \sum_{j=1}^{n} \boldsymbol{r}_j \times \dot{\boldsymbol{r}}_j \rho(\boldsymbol{r}_j) \Delta^3 r_j,$$

$$\boldsymbol{N} \approx \sum_{j=1}^{n} \boldsymbol{r}_j \times \boldsymbol{f}(\boldsymbol{r}_j) \Delta^3 r_j$$

が得られ，それらは (7.14) 式を満たす．ここで，「直方体への分割数を無限大」とする連続極限をとると，上の近似式が厳密な式 (7.16) となり，それらの $\boldsymbol{L}$ と $\boldsymbol{N}$ は，やはり，回転の運動方程式 (7.14) に従う．■

### ❸ 重心

質点系あるいは剛体の**重心**とは，力の場 $\boldsymbol{F}_j$ が万有引力場，すなわち，重力場の場合に，その点のまわりで力のモーメントが消失する点として定義される．質点系を例にとると，重心 $\boldsymbol{R}_\mathrm{g}$ は，方程式

$$\sum_j (\boldsymbol{r}_j - \boldsymbol{R}_\mathrm{g}) \times \boldsymbol{F}_j = \boldsymbol{0} \tag{7.17}$$

を満たす点である．この点 $\boldsymbol{R}_\mathrm{g}$ は，$\boldsymbol{F}_j$ が一様でない場合には，(1.19b) 式で定義された**質量中心** $\boldsymbol{R}$ とは異なる．しかし，地球上での物理現象のように，重力が一定と見

なせる場合には，重心は質量中心に一致する．具体的に，(7.17) 式に重力加速度 $g$ を用いた力の表式 $\bm{F}_j = -m_j g \bm{e}_z$ を代入し，左辺と右辺を入れ換えると，右辺は次のように変形できる．

$$\begin{aligned}\bm{0} &= \sum_j (\bm{r}_j - \bm{R}_\mathrm{g}) \times (-m_j g \bm{e}_z) \\ &= -\left(\sum_j m_j \bm{r}_j - M\bm{R}_\mathrm{g}\right) \times g\bm{e}_z \\ &= -(\bm{R} - \bm{R}_\mathrm{g}) \times Mg\bm{e}_z.\end{aligned}$$

これより，$\bm{R}_\mathrm{g} = \bm{R}$ が成り立つことがわかる．

### 例題 7.6

重力場が剛体に及ぼす力のモーメント $\bm{N}$ は，剛体の重心 1 点に全モーメントが作用すると見なせることを示せ．

【解答】重力場に対する力の密度 $\bm{f}(\bm{r})$ は，剛体の密度 $\rho(\bm{r})$，重力加速度 $g$，および，鉛直上向きの単位ベクトル $\bm{e}_z$ を用いて，

$$\bm{f}(\bm{r}) = -\rho(\bm{r})g\bm{e}_z \tag{7.18}$$

と表せる．これを (7.16b) 式に代入すると，重力（gravity）が剛体に及ぼす力のモーメント $\bm{N}_\mathrm{g}$ が，次のように書き換えられる．

$$\begin{aligned}\bm{N}_\mathrm{g} &= \int_V \bm{r} \times \{-\rho(\bm{r})g\bm{e}_z\} \, d^3r \\ &= \frac{1}{M}\int_V \bm{r}\rho(\bm{r}) \, d^3r \times (-Mg\bm{e}_z) \qquad \text{(1.24b) 式を代入} \\ &= \bm{R} \times (-Mg\bm{e}_z).\end{aligned} \tag{7.19}$$

従って，剛体の重心 $\bm{R}$ 1 点に力のモーメントが働くと見なせる．■

## 7.4 軌道角運動量とスピン角運動量

質点系と剛体に対する (7.14) 式は，単一物体の回転の運動方程式 (7.4) と同じ形をしているが，一つ大きな違いがある．回転中心が，二つ存在するのである．例えば剛体では，その重心がある点のまわりを回転（公転）すると共に，重心まわりの回転である自転が可能になる．質点系でも，その重心がある点のまわりを回転すると共に，質点系内部での回転が可能になる．このことは，太陽系が銀河系内のある点のまわりを回転すると共に，太陽系内部で惑星が回転しているのを思い浮かべると理解できるであろう．

ここでは，(7.14) 式の $\bm{L}$ と $\bm{N}$ が，「重心の回転（公転）」と「重心まわりの回転（自転）」という二つの寄与の和として，

$$\bm{L} = \bm{L}_\mathrm{o} + \bm{L}_\mathrm{s}, \qquad \bm{N} = \bm{N}_\mathrm{o} + \bm{N}_\mathrm{s} \tag{7.20}$$

と表すことができ，それぞれが，独立した方程式

$$\frac{d\bm{L}_j}{dt} = \bm{N}_j \qquad (j = \mathrm{o}, \mathrm{s}) \tag{7.21}$$

に従うことを示そう．その添字 $j = \mathrm{o}, \mathrm{s}$ は，重心の回転と重心まわりの回転を，それぞれ，軌道部分（orbital part）およびスピン（自転）部分（spin part）と以下で呼ぶことに由来する．

### ❶ 質点系

質点系の**軌道角運動量**と**スピン角運動量**を，それぞれ

$$\begin{aligned}
\bm{L}_\mathrm{o} &\equiv \bm{R} \times M\dot{\bm{R}}, \\
\bm{L}_\mathrm{s} &\equiv \sum_j (\bm{r}_j - \bm{R}) \times m_j (\dot{\bm{r}}_j - \dot{\bm{R}})
\end{aligned} \tag{7.22a}$$

で，対応する力のモーメントを

$$\begin{aligned}
\bm{N}_\mathrm{o} &\equiv \bm{R} \times \bm{F}, \\
\bm{N}_\mathrm{s} &\equiv \sum_j (\bm{r}_j - \bm{R}) \times \bm{F}_j
\end{aligned} \tag{7.22b}$$

で定義する．それらは，(7.15) 式で定義された $\bm{L}$ および $\bm{N}$ との間で等式 (7.20) を満たし，独立した方程式 (7.21) に従う（例題 7.7）．

## 例題 7.7

質点系の回転の運動方程式 (7.14) について,以下の問いに答えよ.
(1) 角運動量 $L$ と力のモーメント $N$ は,(7.15) 式で与えられる.それらが,(7.22) 式で定義された軌道部分とスピン部分の和として,(7.20) 式のように表されることを示せ.
(2) (7.20) 式の右辺のそれぞれが,独立した方程式 (7.21) に従うことを示せ.

【解答】(1) (7.15) 式の位置ベクトル $r_j$ を,重心座標 $R$ とそこからの隔たり $\overline{r}_j \equiv r_j - R$ の和として,$r_j = R + \overline{r}_j$ と表す.これを (7.15) 式に代入すると,(7.20) 式が次のように示せる.

$$L = \sum_j \left( R \times m_j \dot{R} + \overline{r}_j \times m_j \dot{R} + R \times m_j \dot{\overline{r}}_j + \overline{r}_j \times m_j \dot{\overline{r}}_j \right)$$

$$= R \times M\dot{R} + \sum_j m_j \overline{r}_j \times \dot{R} + R \times \sum_j m_j \dot{\overline{r}}_j + \sum_j \overline{r}_j \times m_j \dot{\overline{r}}_j$$

重心の定義 (1.19b) より $\sum_j m_j \overline{r}_j = 0, \quad \sum_j m_j \dot{\overline{r}}_j = 0$

$$= R \times M\dot{R} + \sum_j \overline{r}_j \times m_j \dot{\overline{r}}_j \quad \text{(7.22a) 式を代入}$$

$$= L_\mathrm{o} + L_\mathrm{s},$$

$$N = \sum_j (R \times F_j + \overline{r}_j \times F_j) = R \times F + \sum_j \overline{r}_j \times F_j \quad \text{(7.22b) 式を代入}$$

$$= N_\mathrm{o} + N_\mathrm{s}.$$

(2) 質点系の重心の運動方程式は,(1.20) 式,すなわち,$M\ddot{R} = F$ のように与えられる.この式の左から $R\times$ を作用し,例題 7.1 と同様に変形すると,(7.22) 式の軌道部分を用いた運動方程式

$$\frac{dL_\mathrm{o}}{dt} = N_\mathrm{o} \tag{7.23a}$$

を得る.一方,(7.20) 式を (7.14) 式に代入すると,

$$\frac{dL_\mathrm{o}}{dt} + \frac{dL_\mathrm{s}}{dt} = N_\mathrm{o} + N_\mathrm{s} \tag{7.23b}$$

が得られる.(7.23a) 式と (7.23b) 式より,(7.21) 式が成り立つことがわかる.■

## ❷ 剛体

例題 7.7 の考察を，例題 7.5 の手続きに従って剛体に適用すると，剛体の角運動量 (7.16a) と力のモーメント (7.16b) も，重心と重心まわりの寄与の和として (7.20) 式のように表せ，そのそれぞれが，独立した方程式 (7.21) に従うことを示せる．ただし，剛体の $\boldsymbol{L}_\mathrm{o}$, $\boldsymbol{L}_\mathrm{s}$, $\boldsymbol{N}_\mathrm{o}$, $\boldsymbol{N}_\mathrm{s}$ は，それぞれ，以下のように定義されている．

$$\boldsymbol{L}_\mathrm{o} \equiv \boldsymbol{R} \times M\dot{\boldsymbol{R}}, \qquad \boldsymbol{L}_\mathrm{s} \equiv \int_V (\boldsymbol{r} - \boldsymbol{R}) \times (\dot{\boldsymbol{r}} - \dot{\boldsymbol{R}})\,\rho(\boldsymbol{r})\,d^3r, \qquad (7.24\mathrm{a})$$

$$\boldsymbol{N}_\mathrm{o} \equiv \boldsymbol{R} \times \boldsymbol{F}, \qquad \boldsymbol{N}_\mathrm{s} \equiv \int_V (\boldsymbol{r} - \boldsymbol{R}) \times \boldsymbol{f}(\boldsymbol{r})\,d^3r. \qquad (7.24\mathrm{b})$$

## 演習問題

**7.1** 図のように,鉛直な細い管に通した紐の先端に質量 $m$ の小球をつけ,滑らかな水平台上で半径 $r_0$,速さ $v_0$ の等速円運動を行わせた.
  (1) 円運動の角振動数はいくらか.
  (2) 紐をゆっくりと引き,円運動の半径を $r_1$ まで小さくした.このときの質点の速さ $v_1$ を,$(r_0, v_0, r_1)$ を用いて表せ.
  (3) 小球にした仕事を $(m, r_0, v_0, r_1)$ を用いて表せ.

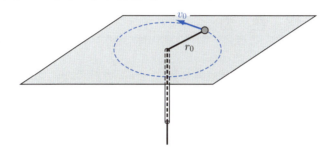

**7.2** 力 $\boldsymbol{F} = -k\boldsymbol{r}$ の作用を受けて運動する質量 $m$ の物体を考察する.ただし,$\boldsymbol{r}$ は物体の位置ベクトル,$k > 0$ は定数である.
  (1) この物体の運動が,原点を含む一つの平面内で軌跡を描くことを示せ.
  (2) 軌跡を描く平面を $xy$ 平面に選ぶ.ニュートンの運動方程式を解いて,一般解を求めよ.また,運動が有限領域に留まることを示せ.
  (3) 原点からの距離が最大となる点が $x$ 軸上にあるように座標系をとり,その値を $a > 0$ とし,そのようになったある時刻を $t = 0$ に選ぶ.この物体の運動の軌跡は楕円または直線であることを示せ.
  (4) 軌道角運動量の大きさ $L$ を求めよ.ただし,楕円の短径の長さを $b$ とし,軌跡が直線の場合は $b = 0$ と考えるものとする.
  (5) 運動の周期 $T$ を求めよ.

# 第8章 慣性力

バスが加速したり減速したりすると，体が傾くのを感じる．また，カーブに差しかかると，自然に体が外側に傾く．加速度のある乗り物上で働くこのような力を，**慣性力**という．ここでは，慣性力，特に，地球の回転運動に伴う慣性力である**遠心力**と**コリオリ力**について学ぶ．

## 8.1 慣性力

動くバスの中にある物体の運動を，外の静止座標系 $xyz$ と，バスと共に運動する座標系 $x'y'z'$ で観測する．図 8.1 のように，二つの座標系での物体の位置ベクトルを，それぞれ $r$ と $r'$ で表す．それらは，$xyz$ 座標系から見た $x'y'z'$ 座標系の原点の位置ベクトル $R$ を通して，次式で結ばれている．

$$r = R + r'. \tag{8.1}$$

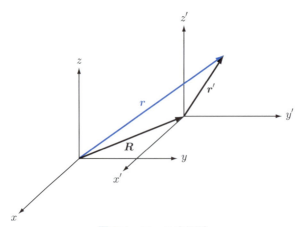

図 8.1 二つの座標系

## 8.1 慣性力

**例題 8.1**

(8.1) 式を用いて，以下の問いに答えよ．
(1) バスが加速・減速したりカーブを曲がったりするとき，乗車している質量 $m$ の人に働く慣性力の表式を求めよ．
(2) バスが，直線道路上で，40 km/h から 0 km/h まで 5 秒かけて等加速度で減速した．この減速時に，バスの中にいる質量 60 kg の人に働く力の大きさと向きを，単位 N で表せ．
(3) バスが，半径 100 m のカーブを，時速 40 km/h で走行した．このとき，バスの中にいる質量 60 kg の人に働く力の大きさと向きを，単位 N で表せ．

**【解答】** (1) 物体の運動方程式は，その質量 $m$ と働く力 $\boldsymbol{F}$ を用いて，$xyz$ 座標系で $m\ddot{\boldsymbol{r}} = \boldsymbol{F}$ と表せる．この式に (8.1) 式を代入し，$\boldsymbol{r}'$ のみを左辺に残すと，

$$m\ddot{\boldsymbol{r}'} = \boldsymbol{F} - m\ddot{\boldsymbol{R}} \tag{8.2}$$

が得られる．この式より，運転手がブレーキをかけたりアクセルペダルを踏んだりして運転席に加速度 $|-\ddot{\boldsymbol{R}}| > 0$ が生じると，バスの中の物体には，**慣性力**（inertial force）$-m\ddot{\boldsymbol{R}}$ が働くことがわかる．

(2) 加速度は，バスの進行方向を正の方向に選んだとき，次のように計算できる．

$$\ddot{R} = \frac{1}{5}\frac{(0-40)\times 10^3}{60\times 60} = -2.22\,\text{m/s}^2.$$

その大きさは，重力加速度 $9.8\,\text{m/s}^2$ の約 0.2 倍である．従って，働く力が，

$$-m\ddot{R} = -60\times(-2.22) = 1.3\times 10^2\,\text{N}$$

と求まる．値が正なので，方向はバスの進行方向と一致する．

(3) バスの速さは，

$$\dot{R} = \frac{40\times 10^3}{60\times 60} = 11.1\,\text{m/s}$$

と計算できる．バスの加速度 $\ddot{R}\,[\text{m/s}^2]$ は，半径 $\rho = 100$ m のカーブの中心方向に向き，その大きさは，例題 1.5 (4) で求めた等速円運動の表式より，

$$\ddot{R} = \frac{\dot{R}^2}{\rho} = \frac{11.1^2}{100}\,\text{m/s}^2 = 1.23\,\text{m/s}^2$$

と得られる．従って，働く力の大きさが，次のように求まる．

$$m\ddot{R} = 60\times 1.23 = 7.4\times 10\,\text{N}.$$

方向はバスの加速度方向と逆向き，すなわち，カーブに垂直外向きである．■

## 8.2 回転座標系での速度と加速度

次に，地球などの自転する物体上で働く慣性力を考察する．

### ❶ 角速度と回転運動

まず，回転運動をベクトルで表す方法を学ぶ．2次元平面内で，原点のまわりに一定の角振動数 $\omega$ [rad/s] と半径 $r$ で回転している質点の速さ $v_\text{rot}$ [m/s] は，1秒間に半径 $r$ [m] の円周を移動する距離，すなわち，半径 $r$ に1秒間の回転角 $\omega$ をかけた大きさ $v_\text{rot} = r\omega$ である（図8.2(a) 参照）．

3次元空間での回転について，回転の速さ $v_\text{rot}$ に回転方向を加え，ベクトルで表そう．回転軸を $z$ 軸に選ぶ．そして，回転軸方向の単位ベクトル $\bm{e}_z = (0, 0, 1)$ に回転の角振動数 $\omega$ をかけ，

**角速度**　　　　　　　　　　　　　　　　　　　　　　　　　　　　指南

$$\bm{\omega} \equiv \omega \bm{e}_z = (0, 0, \omega) \tag{8.3}$$

を定義する．ここで「回転軸方向」とは，回転に沿って右ネジの進む方向である．ある物体が，回転軸のまわりに，一定の角振動数 $\omega$ で回転している状況を考える．座標原点を回転軸上の1点に選び，物体の位置ベクトルを $\bm{r}$ で表す

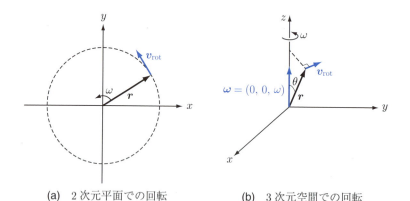

(a) 2次元平面での回転　　　(b) 3次元空間での回転

図 8.2　角振動数 $\omega$ で回転する質点の位置ベクトルと速度

## 8.2 回転座標系での速度と加速度

(図 8.2(b) 参照). すると, $r$ の回転速度 $v_{\rm rot}$ は, ベクトル積を用いて,

$$v_{\rm rot} = \omega \times r \tag{8.4}$$

と表すことができる. 実際, この表現により,

(i) $v_{\rm rot}$ が $\omega$ と $r$ の両方に垂直であること,
(ii) その方向が $\omega$ から $r$ へと右ネジの進む方向であること,
(iii) その大きさが角振動数 $\omega$ と回転軸からの距離 $r\sin\theta$ の積 $\omega r \sin\theta = |\omega \times r|$ に等しいこと,

の全てが表現できている. ベクトルを用いた (8.4) 式の表現は, 回転軸が $z$ 軸でない場合にも一般的に成立する.

### ❷ 回転座標系での速度と加速度

回転座標系 (rotating coordinate system) での速度と加速度の表式を求めよう. 図 8.3 のように, 回転軸に沿って静止座標系 $xyz$ と回転座標系 $x'y'z'$ の $z$ 軸を選び, それらの原点を一致させる. 次に, ある物体に着目し, 静止座標系と回転座標系で見たその速度を, それぞれ, $v$ と $v'$ で表す. ここで, $v'$ の ' は微分記号ではなく, 二つの座標系を区別するためにつけられている. すると, $v$ は, 速度の合成則から, $v'$ と回転速度 $v_{\rm rot}$ を用いて,

$$v = v' + v_{\rm rot}$$

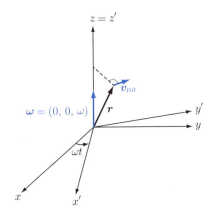

図 8.3 静止座標系 $xyz$ と回転座標系 $x'y'z'$

と表せる．この式に (8.4) 式を代入して移項すると，

$$\bm{v}' = \bm{v} - \bm{\omega} \times \bm{r} \tag{8.5}$$

が得られる．ここで，静止座標系での速度 $\bm{v}$ と回転座標系での速度 $\bm{v}'$ を，それぞれ

$$\bm{v} \equiv \frac{d\bm{r}}{dt}, \quad \bm{v}' \equiv \frac{d_\mathrm{r}\bm{r}}{dt} \tag{8.6}$$

と表すことにする．これらの表式を (8.5) 式で用いると，

$$\frac{d_\mathrm{r}\bm{r}}{dt} = \frac{d\bm{r}}{dt} - \bm{\omega} \times \bm{r} \tag{8.7}$$

の関係が得られる．(8.7) 式は，回転座標系におけるベクトルの時間微分の定義式

$$\frac{d_\mathrm{r}\bm{A}}{dt} \equiv \frac{d\bm{A}}{dt} - \bm{\omega} \times \bm{A} \tag{8.8}$$

と見なすことができ，位置ベクトル $\bm{r}$ 以外の一般のベクトル $\bm{A}$ についても成立する．実際，(8.8) 式の両辺に $dt$ をかけると，回転座標系での無限小変位 $d_\mathrm{r}\bm{A}$ と静止座標系での無限小変位 $d\bm{A}$ との間に成立する，ベクトルの合成則

$$d_\mathrm{r}\bm{A} = d\bm{A} - (\bm{\omega}\,dt) \times \bm{A}$$

が得られる．右辺第二項は，ベクトル $\bm{A}$ の無限小変位 $d\bm{A}$ の中での回転成分に等しい．

(8.7) 式に $\frac{d_\mathrm{r}}{dt}$ を作用させると，回転座標系での加速度

$$\bm{a}' \equiv \frac{d_\mathrm{r}}{dt}\frac{d_\mathrm{r}\bm{r}}{dt} \equiv \frac{d_\mathrm{r}^2\bm{r}}{dt^2} \tag{8.9}$$

と静止座標系での加速度 $\bm{a} \equiv \frac{d^2\bm{r}}{dt^2}$ との間に，関係式

$$\bm{a}' = \bm{a} - \bm{\omega} \times (\bm{\omega} \times \bm{r}) - 2\bm{\omega} \times \bm{v}' - \dot{\bm{\omega}} \times \bm{r} \tag{8.10}$$

が成り立つことがわかる（例題 8.2）．

## 8.2 回転座標系での速度と加速度

---
**例題 8.2**

(8.10) 式を証明せよ.

---

【解答】 (8.7) 式の両辺に $\frac{d_r}{dt}$ を作用し,その定義式 (8.8) と (8.5) 式を用いると,次のように導出できる.

$$\begin{aligned}
\frac{d_r}{dt}\frac{d_r \boldsymbol{r}}{dt} &= \frac{d_r}{dt}\left(\frac{d\boldsymbol{r}}{dt} - \boldsymbol{\omega} \times \boldsymbol{r}\right) && \text{(8.8) 式を用いる}\\
&= \frac{d}{dt}\left(\frac{d\boldsymbol{r}}{dt} - \boldsymbol{\omega} \times \boldsymbol{r}\right) - \boldsymbol{\omega} \times \left(\frac{d\boldsymbol{r}}{dt} - \boldsymbol{\omega} \times \boldsymbol{r}\right) && \frac{d^2 \boldsymbol{r}}{dt^2} = \boldsymbol{a}\\
&= \boldsymbol{a} - (\dot{\boldsymbol{\omega}} \times \boldsymbol{r} + \boldsymbol{\omega} \times \dot{\boldsymbol{r}}) - \{\boldsymbol{\omega} \times \dot{\boldsymbol{r}} - \boldsymbol{\omega} \times (\boldsymbol{\omega} \times \boldsymbol{r})\} && \dot{\boldsymbol{r}} = \boldsymbol{v}\\
&= \boldsymbol{a} - \dot{\boldsymbol{\omega}} \times \boldsymbol{r} - 2\boldsymbol{\omega} \times \boldsymbol{v} + \boldsymbol{\omega} \times (\boldsymbol{\omega} \times \boldsymbol{r}) && \boldsymbol{v} = \boldsymbol{v}' + \boldsymbol{\omega} \times \boldsymbol{r}\\
&= \boldsymbol{a} - \dot{\boldsymbol{\omega}} \times \boldsymbol{r} - 2\boldsymbol{\omega} \times (\boldsymbol{v}' + \boldsymbol{\omega} \times \boldsymbol{r}) + \boldsymbol{\omega} \times (\boldsymbol{\omega} \times \boldsymbol{r})\\
&= \boldsymbol{a} - \dot{\boldsymbol{\omega}} \times \boldsymbol{r} - 2\boldsymbol{\omega} \times \boldsymbol{v}' - \boldsymbol{\omega} \times (\boldsymbol{\omega} \times \boldsymbol{r}).
\end{aligned}$$

実際の微分演算は,全て $\frac{d}{dt}$ で行われていることに注意されたい. ∎

(8.10) 式に物体の質量 $m$ をかけ,ニュートンの運動方程式

$$m\boldsymbol{a} = \boldsymbol{F}$$

を用いると,回転座標系での運動方程式が,

$$m\boldsymbol{a}' = \boldsymbol{F} - m\boldsymbol{\omega} \times (\boldsymbol{\omega} \times \boldsymbol{r}) - 2m\boldsymbol{\omega} \times \boldsymbol{v}' - m\dot{\boldsymbol{\omega}} \times \boldsymbol{r} \tag{8.11}$$

と得られる.右辺第二項から第四項が,回転座標系に現れる見かけの力,すなわち,慣性力で,それぞれ**遠心力**(centrifugal force),**コリオリ力**(Coriolis force),**オイラー力**(Euler force)と呼ばれている.

## 8.3 地球の自転に伴う慣性力

### ❶ 地球の自転

ほぼ一定の角速度で自転している地球上では，(8.11) 式のオイラー力はゼロと見なせ，主に働くのは遠心力とコリオリ力である．それらの大きさを決めるのは，自転の角振動数 $\omega$ と，地球上での緯度である．

---

**例題 8.3**

以下の問いに答えよ．
(1) 地球の自転の角振動数 $\omega$ [rad/s] を有効数字 3 桁で求めよ．
(2) 赤道 (equator) 上での自転の速さ $v_{\rm rot}^{\rm eq}$ [m/s] を有効数字 3 桁で求めよ．ただし，地球の半径を $6370\,{\rm km}$ とする．

---

【解答】(1) $\omega = \dfrac{2\pi}{24}$ [rad/hour] $= \dfrac{2\pi}{24 \times 60 \times 60}$ [rad/s] $= 7.27 \times 10^{-5}\,{\rm rad/s}$.

(2) $v_{\rm rot}^{\rm eq} = 6.37 \times 10^6 \times 7.27 \times 10^{-5}\,{\rm m/s} = 4.63 \times 10^2\,{\rm m/s}$. ∎

赤道上での自転の速さは，時速に直すと

$$\frac{463 \times 60^2}{10^3} = 1670\,{\rm km/h}$$

となり，日常的な速さの基準からは，猛烈な速さであることがわかる．そして，この回転運動は，地球上の様々な物理現象に，深い影響を及ぼしている．

### ❷ 遠心力

(8.11) 式の右辺第二項が，**遠心力**

$$\boldsymbol{F}_{\rm cen} = -m\boldsymbol{\omega} \times (\boldsymbol{\omega} \times \boldsymbol{r}) \tag{8.12}$$

である．その大きさは，図 8.4(a) に示した回転軸と $\boldsymbol{r}$ のなす角 $\theta$ [rad] を用いて，

$$F_{\rm cen} = m\omega^2 r \sin\theta \tag{8.13}$$

と表せる（例題 8.4）．遠心力は，両極点から赤道上へとその大きさが 0 から単調増加し，地球上での場所による重力の違いの主な原因となっている．

## 8.3 地球の自転に伴う慣性力

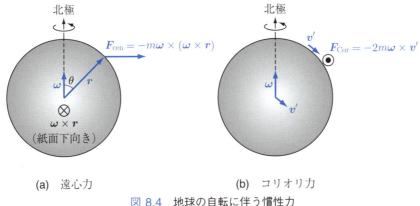

(a) 遠心力  (b) コリオリ力

図 8.4 地球の自転に伴う慣性力

---

**例題 8.4**

以下の問いに答えよ．
(1) 遠心力 (8.12) の大きさが (8.13) 式のように表せることを示せ．力の向きはどちら方向か．
(2) 遠心力がもたらす北極点と赤道上との間の重力加速度の差 $\Delta g\,[\mathrm{m/s^2}]$ を，有効数字 2 桁で答えよ．ただし，地球の半径を $R_\mathrm{e} = 6370\,\mathrm{km}$ とする．

【解答】 (1) $F_\mathrm{cen} = m|\boldsymbol{\omega} \times (\boldsymbol{\omega} \times \boldsymbol{r})| = m\omega|\boldsymbol{\omega} \times \boldsymbol{r}| = m\omega^2 r \sin\theta$. ここで，$\boldsymbol{\omega} \times \boldsymbol{r}$ と $\boldsymbol{\omega}$ とが垂直であることを用いた．方向は，回転軸に垂直外向きである．
(2) $\Delta g = R_\mathrm{e}\omega^2 = 6.37 \times 10^6 \times (7.27 \times 10^{-5})^2 = 3.4 \times 10^{-2}\,\mathrm{m/s^2}$. ■

### ❸ コリオリ力

(8.11) 式の右辺第三項が，**コリオリ力**

$$\boldsymbol{F}_\mathrm{Cor} = -2m\boldsymbol{\omega} \times \boldsymbol{v}' \tag{8.14}$$

で，地球の回転速度が緯度によって異なることに起因する見かけの力である．(8.14) 式によると，図 8.4(b) のように北半球を地表に沿って南進するとき，紙面に上向き，つまり西向きの力を受けることになる．

この慣性力は，直観的に次のように理解できる．北極から赤道に向けて，上空

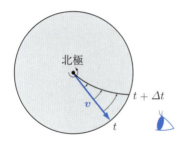
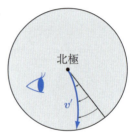

(a) 地球外の定点から見た
北極から赤道への直進

(b) 地球内の定点から見た
(a) の軌跡

図 8.5 北極から赤道方向への直進

を直進することを考える（図 8.5(a)）．初期の目標点に向けて直進している間に地球は回転するので，移動する間に地表の経度が西方の値へと変化する．これを地球内の定点から見ると，西向きに力を受けているように見える（図 8.5(b)）．

### 例題 8.5

速さ $v' = 800\,\mathrm{km/h}$ で，北緯 $45°$ 付近を北から南に移動する質量 $m$ の飛行機がある．コリオリ力がこの飛行機に及ぼす西向きの加速度 $a \equiv \frac{F_{\mathrm{Cor}}}{m}$ の値を，有効数字 2 桁で求めよ．

【解答】 地球の角振動数 $\omega\,[\mathrm{rad/s}]$ は，24 時間で $2\pi$ 回転することから，

$$\omega = \frac{2\pi}{24 \times 60 \times 60} = 7.27 \times 10^{-5}\,\mathrm{rad/s}$$

と計算できる．また，飛行機の南への速さは，

$$800\,\mathrm{km/h} = \frac{8.0 \times 10^5}{60 \times 60}\,\mathrm{m/s} = \frac{8.0}{3.6} \times 10^2\,\mathrm{m/s} = 2.22 \times 10^2\,\mathrm{m/s}.$$

さらに，北緯 $45°$ を南向きに進む飛行機の速度 $\boldsymbol{v}'$ と回転ベクトル $\boldsymbol{\omega} = (0, 0, \omega)$ とのなす角は，$\frac{\pi}{4} + \frac{\pi}{2}$ である．以上より，$a$ が次のように求まる．

$$\begin{aligned}
a &= 2\omega v' \sin\left(\frac{\pi}{4} + \frac{\pi}{2}\right) \\
&= 2 \times 7.27 \times 10^{-5} \times 2.22 \times 10^2 \times \frac{1}{\sqrt{2}} = 2.3 \times 10^{-2}\,\mathrm{m/s^2}. \blacksquare
\end{aligned}$$

演習問題　　　　　　　　　　**137**

　コリオリ力は，高気圧や低気圧の渦のでき方を決定する主な要因となっている．人工衛星の画像からは，北半球と南半球で台風の渦巻きが逆になっているのが見てとれる．具体的に，北半球の低気圧は反時計回りに渦巻き，南半球の低気圧は時計回りの渦を形成する．これは，コリオリ力が風の進路に影響を与えるためである（図 8.6 参照）．

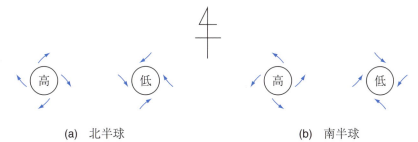

　　(a)　北半球　　　　　　　　　　　(b)　南半球
図 8.6　高気圧・低気圧まわりの風向きとコリオリ力

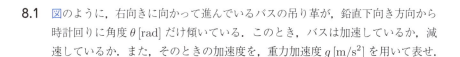

**8.1**　図のように，右向きに向かって進んでいるバスの吊り革が，鉛直下向き方向から時計回りに角度 $\theta$ [rad] だけ傾いている．このとき，バスは加速しているか，減速しているか．また，そのときの加速度を，重力加速度 $g$ [m/s$^2$] を用いて表せ．

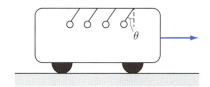

**8.2**　体重 66 kg の男性が，下降中のエレベーターの中で体重計に乗っている．エレベーターが重力加速度 $g$ の半分の加速度 $\frac{g}{2}$ で減速しているとき，体重計は何 kg の目盛りを指すか．$g = 9.8$ m/s$^2$ として有効数字 2 桁で答えよ．

**8.3** 図 4.3(a) のように，天井の梁から質量 $m$ の質点を長さ $\ell$ の糸で吊り下げ，鉛直面内で微小振動させる．単振り子の支点を原点として鉛直上方向に $z$ 軸を，それに垂直方向に $xy$ 平面をとるとき，微小振動する質点の $xy$ 平面内での運動は，2次元ベクトル $\boldsymbol{r}_\perp \equiv (x,y)$ を用いた運動方程式

$$m\ddot{\boldsymbol{r}}_\perp = -m\omega^2 \boldsymbol{r}_\perp, \quad \omega \equiv \sqrt{\frac{g}{\ell}} \tag{8.15}$$

で記述でき，任意の鉛直面内における振幅 $A$ ($\ll \ell$) の単振動 $\boldsymbol{r}_\perp(t) = \boldsymbol{A}\cos\omega t$ を解に持つ．ただし，$\boldsymbol{A} \equiv (A_x, A_y)$ は $xy$ 平面内の定ベクトルである．

以上の結果を基に，(8.15) 式に対する**コリオリカ**

$$\boldsymbol{F}_{\text{Cor}} = -2m\boldsymbol{\Omega} \times \dot{\boldsymbol{r}} \tag{8.16}$$

の影響を明らかにし，単振り子の振動面の回転が観測される**フーコーの振り子**の物理が理解できることを示そう．ここで，$\boldsymbol{\Omega}$ は地球の自転角速度で $\Omega = 7.27 \times 10^{-5}$ rad/s，また，$\dot{\boldsymbol{r}} \equiv (\dot{x}, \dot{y}, \dot{z})$ は地球と共に回転する座標系で見た質点の速度である．

(1) 単振り子が北緯 $\theta$ [rad] の地点にあるとし，$x$ 軸を経線に平行かつ北向きに選ぶと，自転角速度は $\boldsymbol{\Omega} = (\Omega\cos\theta, 0, \Omega\sin\theta)$ と表せる．コリオリカ (8.16) が加わった場合の運動方程式を，$x$ 成分と $y$ 成分のそれぞれについて書き下せ．

(2) $x$ と $y$ についての二つの線形結合 $u_\pm \equiv x \pm iy$ を構成する．この $u_\sigma$ ($\sigma = \pm$) についての方程式を書き下せ．

(3) (2) の方程式を 4.1 節❸の方法で解き，その一般解 $u_\sigma$ を，$\cos\omega t$ と $\sin\omega t$ を用いて表せ．ただし，$\frac{\Omega}{\omega} \ll 1$ を考慮して，$\left(\frac{\Omega}{\omega}\right)^2$ のオーダーの項を無視することにする．

(4) 初期時刻 $t = 0$ に $\boldsymbol{r}_\perp(0) = (A, 0)$ の点から静かに質点を放した場合の解を求めよ．ただし，$0 < A \ll \ell$ であり，また，$\Omega \ll \omega$ を考慮して，$\Omega$ を係数とする時間依存性に関する微分項は無視することとする．

# 第9章 惑星の運動

惑星の運動に関する人々の興味は，力学発展の主要エンジンの一つであった．ガリレオの地動説，惑星の運動に関するケプラーの法則など，ニュートン以前における近世の成果に限っても，すぐ思いつくであろう．本章では，この惑星の運動を，万有引力の法則，および，エネルギーと角運動量の保存則に基づいて記述し，運動の軌跡を明らかにする．

## 9.1 惑星の軌跡

### ❶ 軌跡の概要

図 9.1 のように，質量 $m$ を持つ惑星 A が，質量 $M$（$\gg m$）を持つ恒星 O からの万有引力 $\bm{F}$ を受けて運動する場合を考察していく．惑星 A の受ける万有引力 $\bm{F}$ は，恒星 O を原点とする惑星 A の位置ベクトル $\bm{r}$ を用いて，(5.21) 式，すなわち，

$$\bm{F} = -\frac{GmM}{r^3}\bm{r}, \qquad G = 6.67 \times 10^{-11}\,\mathrm{m^3/(kg\cdot s^2)} \tag{9.1}$$

のように表せる．対応する A の運動の軌跡 $\bm{r}(t) = (x(t), y(t), z(t))$ は，ニュートンの運動方程式

$$m\frac{d^2\bm{r}}{dt^2} = \bm{F} \tag{9.2}$$

を時間について 2 回積分することで得られる．3 変数 $(x(t), y(t), z(t))$ の積分を 2 回行うことは，一般に大変な作業である．しかしそれは，保存則を用いることで，大幅に軽減することができる．

本節では，この惑星の運動の軌跡を，数学的にきちんと導出する．その結果は，長

図 9.1　恒星 O からの万有引力を受けて運動する惑星 A

さの単位を適当に選んだ無次元の $\tilde{x}\tilde{y}$ 平面で，

$$(1-\varepsilon^2)\tilde{x}^2 + 2\varepsilon\tilde{x} + \tilde{y}^2 = 1 \tag{9.3}$$

と表せる．ここで，$\varepsilon \geq 0$ は**離心率**と呼ばれる無次元のパラメータで，軌道の形状を決定する．実際，(9.3) 式を描くと図 9.2 が得られ，恒星のまわりで，

- $\varepsilon < 1$ のとき楕円（$\varepsilon = 0$ のときは円），
- $\varepsilon = 1$ のとき放物線 $2\tilde{x} + \tilde{y}^2 = 1$，
- $\varepsilon > 1$ のとき双曲線

という美しい曲線を描いて運動することがわかる．

地球の離心率は $\varepsilon = 0.081$ で，その軌道は $\varepsilon = 0$ の円に近い．一方，公転周期が約 75 年のハレー彗星は，離心率 $\varepsilon = 0.967$ の偏平な楕円軌道を描き，次回は 2061 年に太陽に近づくと予言されている．

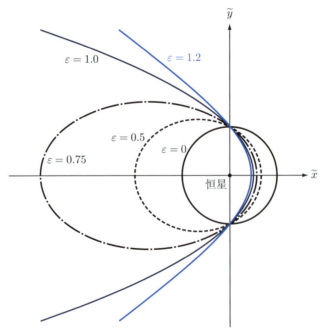

図 9.2 惑星の運動の軌跡

## 9.1 惑星の軌跡

### ❷ エネルギー保存則と角運動量保存則

万有引力 (9.1) は，条件 $\nabla \times \boldsymbol{F}(\boldsymbol{r}) = \boldsymbol{0}$ を満たす**保存力**であり（例題 5.6 参照），万有引力ポテンシャル

$$U(r) = -G\frac{mM}{r}$$

を用いて $\boldsymbol{F} = -\nabla U(r)$ と表せる（5.2 節❷と 5.3 節❷参照）．また，(9.2) 式と速度 $\dot{\boldsymbol{r}} \equiv \frac{d\boldsymbol{r}}{dt}$ とのスカラー積をとって線積分することにより，エネルギー

$$E \equiv \frac{1}{2}m\dot{\boldsymbol{r}}^2 - \frac{GmM}{r} \tag{9.4}$$

が保存することを示せる（5.2 節❸参照）．さらに，(9.1) 式の $\boldsymbol{F}$ は，原点に向かう**中心力**であり，角運動量

$$\boldsymbol{L} \equiv m\boldsymbol{r} \times \dot{\boldsymbol{r}} \tag{9.5}$$

が保存する（7.2 節❶参照）．

惑星の運動の軌跡は，(9.2) 式を解く代わりに，(9.4) 式と (9.5) 式に基づいて求めることができる．実際，これらの式には，時間についての 1 階微分 $\dot{\boldsymbol{r}} \equiv \frac{d\boldsymbol{r}}{dt}$ のみが現れているので，積分を 1 回行うだけで軌跡 $\boldsymbol{r}(t)$ が得られる．すなわち，計算の大幅な簡略化が可能になる．

### ❸ 極座標への変換

角運動量 (9.5) が保存することから，惑星の運動は，$\boldsymbol{L}$ に垂直なある一つの平面内で，その軌跡を描くと結論づけられる（例題 7.3 参照）．そこで，その平面が $xy$ 平面となるように座標系を選び，物体の位置ベクトルを，極座標で

$$\boldsymbol{r} = (r\cos\theta, r\sin\theta, 0) \tag{9.6}$$

と表すと便利である．この表示でのエネルギー (9.4) は，独立変数を時刻 $t$ から角度 $\theta$ に変換した形

$$E = \frac{L^2}{2mr^4}\left(\frac{dr}{d\theta}\right)^2 + U_{\text{eff}}(r) \tag{9.7}$$

に表せる（例題 9.1）．ただし，$U_{\text{eff}}(r)$ は

$$U_{\text{eff}}(r) \equiv -\frac{GMm}{r} + \frac{L^2}{2mr^2} \tag{9.8}$$

で定義された**有効ポテンシャル**（effective potential）である．

## 例題 9.1

角運動量の極座標表示 (7.11) と運動エネルギーの極座標表示 (7.12) を用いて，(9.4) 式のエネルギーが，(9.8) 式を用いて (9.7) 式のように表せることを示せ．

【解答】(9.4) 式の $\dot{r}$ は，
$$\dot{r} = \frac{d\theta}{dt}\frac{dr}{d\theta}$$
と書き換えて (7.11) 式を用いることにより，
$$\dot{r} = \frac{L}{mr^2}\frac{dr}{d\theta} \tag{9.9}$$
と表せる．この表式と (7.12) 式を (9.4) 式に代入すると，エネルギーが，有効ポテンシャル (9.8) を用いた式 (9.7) へと変形できる．■

(9.8) 式で，第一項は万有引力ポテンシャル $U_{万有引力}(r)$ を，第二項は斥力をもたらす遠心力ポテンシャル $U_{遠心力}(r)$ を表す．図 9.3 には，この (9.8) 式を，ポテンシャル $U_{\mathrm{eff}}(r)$ に最小値を与える $r = r_0$ と，ポテンシャルの最小値の絶対値 $U_0$ で規格化して描いた．

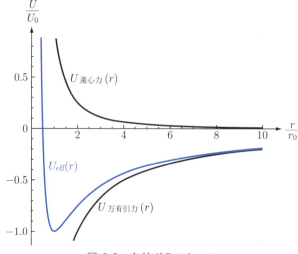

図 9.3 有効ポテンシャル

## ❹ 無次元化

物理学では，**無次元化**という操作を行って，解くべき問題を簡潔かつ明快なものにすることが頻繁に行われる．ここでも，(9.8) 式の有効ポテンシャルを用いて，無次元化を行おう．

---
**例題 9.2**

(9.7) 式と (9.8) 式について以下の問いに答えよ．

(1) $U_{\mathrm{eff}}(r)$ が最小値をとる点 $r_0$ と，その最小値の深さ $U_0 \equiv -U_{\mathrm{eff}}(r_0)$ を求めよ．

(2) 原点からの距離 $r$ とエネルギー $E$ を，$r = r_0 \tilde{r}$ および $E = U_0 \tilde{E}$ と変数変換し，無次元化されたエネルギー $\tilde{E}$ を無次元化された長さ $\tilde{r}$ の関数として求めよ．

---

【解答】 (1) (9.8) 式の $U_{\mathrm{eff}}(r)$ が $r = r_0$ で最小値をとるための必要条件は，

$$0 = U_{\mathrm{eff}}'(r_0) = \frac{GMm}{r_0^2} - \frac{L^2}{mr_0^3}$$

である．これより，$r_0$ と $U_0 \equiv -U_{\mathrm{eff}}(r_0)$ が，次のように求まる．

$$r_0 = \frac{L^2}{GMm^2}, \tag{9.10a}$$

$$U_0 = -\left(-\frac{GMm}{r_0} + \frac{L^2}{2mr_0^2}\right) = \frac{L^2}{2mr_0^2}. \tag{9.10b}$$

(2) (9.7) 式に $r = r_0 \tilde{r}$ を代入すると，

$$E = \frac{L^2}{2mr_0^2} \frac{1}{\tilde{r}^4} \left(\frac{d\tilde{r}}{d\theta}\right)^2 + \frac{L^2}{2mr_0^2} \left(-\frac{2}{\tilde{r}} + \frac{1}{\tilde{r}^2}\right)$$

となる．これより，$\tilde{E} \equiv \frac{E}{U_0}$ が，

$$\tilde{E} = \frac{1}{\tilde{r}^4} \left(\frac{d\tilde{r}}{d\theta}\right)^2 - \frac{2}{\tilde{r}} + \frac{1}{\tilde{r}^2} \tag{9.11}$$

のように求まる．■

## ❺ 運動の軌跡

(9.11) 式より，解くべき微分方程式が，

$$\frac{d\tilde{r}}{d\theta} = \sigma \tilde{r}^2 \sqrt{\tilde{E} + \frac{2}{\tilde{r}} - \frac{1}{\tilde{r}^2}} \qquad (\sigma \equiv \pm 1)$$

と得られる．この式は，次のように表せる．

$$d\theta = \sigma \frac{d\tilde{r}}{\tilde{r}^2 \sqrt{\tilde{E} + 2\tilde{r}^{-1} - \tilde{r}^{-2}}} \qquad (\sigma \equiv \pm 1). \tag{9.12}$$

---

**例題 9.3**

変数変換 $\tilde{r} = u^{-1}$ により，(9.12) 式を不定積分せよ．

---

【解答】 $u = \tilde{r}^{-1}$ の無限小変化は $du = -\tilde{r}^{-2} d\tilde{r}$ と表せる．これらを (9.12) 式に代入すると，

$$d\theta = -\sigma \frac{du}{\sqrt{\tilde{E} + 2u - u^2}} = -\sigma \frac{du}{\sqrt{1 + \tilde{E} - (u-1)^2}} \tag{9.13}$$

を得る．この微分方程式は，変数変換

$$u - 1 = \sqrt{1 + \tilde{E}} \cos \phi, \qquad \phi \in [0, \pi] \tag{9.14}$$

により解くことができる．ただし，$\phi$ の定義域は，$u-1$ が正負いずれの値もとり得ることを考慮して選んだ．(9.14) 式とその無限小変化の式

$$du = -\sqrt{1 + \tilde{E}} \sin \phi \, d\phi$$

を (9.13) 式に代入すると，微分方程式が

$$d\theta = \sigma \frac{\sqrt{1 + \tilde{E}} \sin \phi}{\sqrt{1 + \tilde{E}} \sin \phi} d\phi \quad \longleftrightarrow \quad \theta = \sigma \phi + \theta_0$$

$$\longleftrightarrow \quad \phi = \sigma(\theta - \theta_0)$$

と容易に積分できる．ただし，$\theta_0$ は積分定数である．この式と $u = \tilde{r}^{-1}$ の関係を (9.14) 式に代入すると，関数 $\tilde{r}(\theta)$ が

$$\tilde{r} = \frac{1}{1 + \sqrt{1 + \tilde{E}} \cos(\theta - \theta_0)} \tag{9.15}$$

のように得られる．■

## 9.1 惑星の軌跡

(9.15) 式は，離心率

$$\varepsilon \equiv \sqrt{1+\widetilde{E}} \tag{9.16}$$

を導入し，$\theta_0 = 0$ となるように座標軸を選ぶことで，

$$\widetilde{r}(\theta) = \frac{1}{1+\varepsilon \cos \theta} \tag{9.17}$$

と表せる．

$xy$ 平面での軌跡を求めるために，(9.17) 式を

$$\widetilde{r} = 1 - \varepsilon \widetilde{r} \cos \theta$$

と表し，両辺を 2 乗すると，

$$\widetilde{r}^2 = 1 - 2\varepsilon \widetilde{r} \cos \theta + \varepsilon^2 \widetilde{r}^2 \cos^2 \theta \quad \longleftrightarrow \quad \widetilde{x}^2 + \widetilde{y}^2 = 1 - 2\varepsilon \widetilde{x} + \varepsilon^2 \widetilde{x}^2$$

となる．ただし，$(\widetilde{x}, \widetilde{y}) \equiv (\widetilde{r} \cos \theta, \widetilde{r} \sin \theta)$ である．これより，惑星の $\widetilde{x}\widetilde{y}$ 平面内での軌跡が，(9.3) 式のように得られる．さらに，$\varepsilon$ の大きさで軌跡を分類すると，次のようになる．

$$\left(\widetilde{x} + \frac{\varepsilon}{1-\varepsilon^2}\right)^2 + \frac{\widetilde{y}^2}{1-\varepsilon^2} = \frac{1}{(1-\varepsilon^2)^2} \quad : 0 \leq \varepsilon < 1, \tag{9.18a}$$

$$2\widetilde{x} + \widetilde{y}^2 = 1 \quad : \varepsilon = 1, \tag{9.18b}$$

$$\left(\widetilde{x} - \frac{\varepsilon}{\varepsilon^2-1}\right)^2 - \frac{\widetilde{y}^2}{\varepsilon^2-1} = \frac{1}{(\varepsilon^2-1)^2} \quad : \varepsilon > 1. \tag{9.18c}$$

このようにして，恒星からの万有引力を受けて運動する惑星の軌跡が，楕円（$\varepsilon < 1$）・放物線（$\varepsilon = 1$）・双曲線（$\varepsilon > 1$）を描くことが明らかになった．

(9.18) 式の軌跡を描くと，図 9.2 のようになる．これらの結果は，図 9.4 のように，有効ポテンシャル中での運動として理解できる．(9.16) 式より，無次元のエネルギー $\widetilde{E}$ と離心率 $\varepsilon$ の間には，

$$\widetilde{E} = \varepsilon^2 - 1 \tag{9.19}$$

の関係がある．図 9.4 の矢印のついた水平線に対応した縦軸の値が，無次元化されたエネルギー $\widetilde{E}$ の値である．$0 \leq \varepsilon < 1$ すなわち $-1 \leq \widetilde{E} < 0$ のとき，惑星は有効ポテンシャル $U_{\text{eff}}(r)$ に束縛され，有限の領域を，楕円軌道を描いて周期運動する．一方，$\varepsilon \geq 1$ すなわち $\widetilde{E} \geq 0$ のときには，運動エネルギーがポテンシャルエネルギー $U_{\text{eff}}(r)$ を上回り，惑星は無限遠から近づいて無限遠へと去っていく．

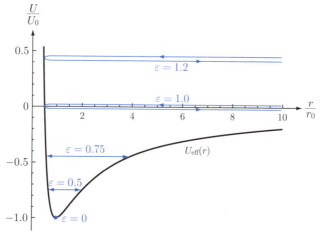

図 9.4 有効ポテンシャル中の惑星の運動

なお，本章のこれまでの考察は，$M \gg m$ を仮定し，恒星が静止しているものとして行った．しかし，この仮定は容易に取り払うことができる．具体的に，6.3 節❶の座標変換を行うと，恒星と惑星の相対運動のエネルギーとして，(9.4) 式右辺第一項の $m$ が慣性質量

$$\mu \equiv \frac{Mm}{M+m}$$

に置き換わったものが得られる．従って，(9.4) 式以下の議論で

$$\begin{aligned} m &\to \mu \equiv \frac{Mm}{M+m}, \\ G &\to G_\mu \equiv G\frac{m}{\mu} \end{aligned} \tag{9.20}$$

の置き換えをすれば，全ての表式がそのまま成り立つことがわかる．

## 9.2 ケプラーの法則

惑星の運動に関するケプラーの法則は，ニュートン力学の成立以前に，ヨハネス ケプラー（1571〜1630）により発見された．この法則は，ティコ ブラーエ（1546〜1601）による詳細な観測記録を数学的に解析することで得られ，次の三つの主張からなる．

(1) 惑星の軌道は，太陽を焦点の一つとする楕円軌道である．
(2) 惑星と太陽を結ぶ線分が単位時間に通過する面積（面積速度）は一定である．
(3) 惑星の公転周期の 2 乗と軌道の長半径の 3 乗の比は，惑星によらず一定である．

第一法則と第二法則は 1601 年に，第三法則は 1619 年に発表された．楕円とは，二つの焦点からの距離の和が一定の点の集まりである．9.1 節で得た結果が，ケプラーの法則を満たしていることを確認しよう．

(9.18a) 式の楕円の方程式は，$(\widetilde{x}, \widetilde{y}) = \left(\frac{x}{r_0}, \frac{y}{r_0}\right)$ と表して変形し，

$$\frac{\left(x + \frac{\varepsilon}{1-\varepsilon^2}r_0\right)^2}{\left(\frac{r_0}{1-\varepsilon^2}\right)^2} + \frac{y^2}{\left(\frac{r_0}{\sqrt{1-\varepsilon^2}}\right)^2} = 1 \tag{9.21}$$

へと書き換えられる．これより，楕円の長半径 $a$ と短半径 $b$ が，それぞれ

$$a = \frac{r_0}{1-\varepsilon^2}, \qquad b = \frac{r_0}{\sqrt{1-\varepsilon^2}} = \sqrt{ar_0} \tag{9.22}$$

であることがわかる．第一に，この楕円の二つの焦点は，楕円の中心座標 $\left(-\frac{\varepsilon}{1-\varepsilon^2}r_0, 0\right)$ の $x$ 成分に，長半径 $a$ と短半径 $b$ の組み合わせ $\pm\sqrt{a^2-b^2} = \pm\frac{\varepsilon}{1-\varepsilon^2}r_0$ を加えることで得られる．従って，**ケプラーの第一法則**の主張通り，原点を焦点の一つとして持つ．第二に，すでに 7.2 節❷で考察したように，**ケプラーの第二法則**は角運動量保存則に他ならず，(7.9) 式のように表せる．第三に，その (7.9) 式より，公転周期 $T$ の 2 乗と長半径 $a$ の 3 乗の比が，

$$\frac{T^2}{a^3} = \frac{4\pi^2}{GM} \tag{9.23}$$

を満たすことを示せる（演習問題 9.1）．このようにして，**ケプラーの第三法則**も成り立つことを確認でき，その比例定数が，恒星の質量 $M$ と万有引力定数 $G$ のみで書けることがわかった．

## 9.3 ラザフォード散乱

(9.3) 式で $\varepsilon > 1$ の場合には，図 9.2 あるいは図 9.4 に見るように，惑星は無限遠から恒星に近づいて無限遠へと去っていく．これは，第 6 章で扱った衝突問題の一種で，**散乱問題**とも呼ばれている．この観点から $\varepsilon > 1$ の場合を再考察し，6.3 節❷で導入した**微分散乱断面積**を求めよう．

### 例題 9.4

質量 $m$ と離心率 $\varepsilon > 1$ を持つ惑星が，図 9.2 の $y = -\infty$ から $y = +\infty$ の領域へと散乱される場合を考察する．図 9.5(a) は $\varepsilon = 1.5$ の場合における散乱の軌跡で，$b$ は衝突径数である．以下の問いに答えよ．

(1) $y = -\infty$ でのエネルギー $E$ と原点まわりの角運動量の大きさ $L$ を，そこでの速さ $v_0$ を用いて表せ．

(2) 軌道の軌跡は (9.18c) 式のように表せる．図 9.5(a) の散乱角 $\theta_{\text{scatt}}$ と離心率 $\varepsilon$ との関係を書き下せ．

(3) 離心率 $\varepsilon$ を，(9.16) 式，(9.10) 式，および，(1) の結果を用いて，$v_0$ と $b$ を用いて表せ．

(4) 衝突径数 $b$ を，散乱角 $\theta_{\text{scatt}}$ を用いて表せ．

(5) 微分散乱断面積 (6.18) を，$v_0$ と $\theta_{\text{scatt}}$ を用いて表せ．

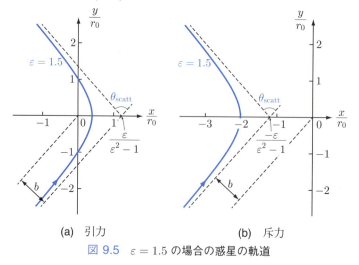

図 9.5　$\varepsilon = 1.5$ の場合の惑星の軌道

## 9.3 ラザフォード散乱

**【解答】** (1) エネルギー $E$ と角運動量 $L$ の大きさは,

$$E = \frac{1}{2}mv_0^2, \qquad L = mv_0 b \tag{9.24}$$

と表せる. $L$ の表式は, $y=-\infty$ の無限遠点において, 位置ベクトル $\boldsymbol{r}$ の運動量 $m\boldsymbol{v}_0$ に垂直な成分の大きさが, $b$ であることから理解できる. エネルギー保存則と角運動量保存則より, これら二つの値は, 散乱過程を通して保存される.

(2) 双曲線 (9.18c) の漸近線は, 右辺を 0 で置き換えることで,

$$y = \pm\sqrt{\varepsilon^2-1}\left(x - \frac{\varepsilon}{\varepsilon^2-1}r_0\right)$$

と得られる. これより, 図 9.5(a) の散乱角 $\theta_{\text{scatt}}$ が, 漸近線の傾き $\sqrt{\varepsilon^2-1}$ との間に,

$$\tan\frac{\pi-\theta_{\text{scatt}}}{2} = \sqrt{\varepsilon^2-1} \quad \longleftrightarrow \quad \cos\frac{\pi-\theta_{\text{scatt}}}{2} = \frac{1}{\varepsilon}$$

の関係を満たすことがわかる. すなわち, 次式が成立する.

$$\sin\frac{\theta_{\text{scatt}}}{2} = \frac{1}{\varepsilon}. \tag{9.25}$$

(3) 離心率 $\varepsilon$ は, (9.16) 式, (9.10) 式, および, (9.24) 式を用いて, 次のように書き換えられる.

$$\begin{aligned}\varepsilon &= \sqrt{1+\frac{E}{U_0}} \\ &= \sqrt{1+\frac{2mL^2E}{(GMm^2)^2}} \\ &= \sqrt{1+\frac{(mv_0^2 b)^2}{(GMm)^2}}.\end{aligned} \tag{9.26}$$

(4) (9.26) 式を (9.25) 式に代入すると, 衝突径数 $b$ が, 散乱角 $\theta_{\text{scatt}}$ を用いて, 次のように表せる.

$$b = \frac{GMm}{mv_0^2}\cot\frac{\theta_{\text{scatt}}}{2}. \tag{9.27}$$

(5) (9.27) 式より, 微分散乱断面積 (6.18) が,

$$\frac{d\sigma}{d\Omega} = \left(\frac{GMm}{2mv_0^2}\right)^2 \frac{1}{\sin^4\dfrac{\theta_{\text{scatt}}}{2}} \tag{9.28}$$

のように求まる. ∎

万有引力ポテンシャル

$$U(r) = -\frac{GMm}{r}$$

に対して導かれた (9.28) 式は，比例係数 $-GMm$ を $\alpha < 0$ で置き換えた**クーロンポテンシャル**[2]

$$U(r) = \frac{\alpha}{r} \tag{9.29}$$

による散乱の場合についても成立する．さらに，相互作用が斥力の場合 ($\alpha > 0$) にも，$(r_0, U_0) = (\frac{L^2}{m\alpha}, \frac{L^2}{2mr_0^2})$ と選ぶことで，(9.12) 式の根号内の $\tilde{r}$ が $-\tilde{r}$ に置き換わった式が得られる．そして，例題 9.3 の考察を繰り返すことにより，(9.15) 式で分母の根号外の 1 を $-1$ とした表式が求まる．その解で $\theta_0 = \pi$ と選ぶと，$x$ 軸について対称的に $(x, y) = (-\infty, -\infty)$ から $(-\infty, \infty)$ に散乱される解

$$\tilde{r}(\theta) = \frac{1}{-1 - \varepsilon \cos\theta}$$

が得られる ($\cos\theta < -\frac{1}{\varepsilon}$)．その軌跡は，(9.3) 式で $\varepsilon$ を $-\varepsilon$ で置き換えた式となる．それゆえ，図 9.5 において，引力の場合の (a) の軌跡を

$$\frac{2\varepsilon}{\varepsilon^2 - 1}$$

だけ $-x$ 方向に平行移動すると，斥力の場合の散乱の軌跡が (b) のように得られ，同じ微分散乱断面積 (9.28) を与えることがわかる．(9.28) 式の $GMm$ を $\alpha$ で置き換えた式を，**ラザフォード散乱断面積**という．

(9.28) 式は，散乱前後の運動量変化を用いても表せる．$y = -\infty$ での運動量を $\boldsymbol{p}_0 = m\boldsymbol{v}_0$，散乱後の $y = +\infty$ での運動量を $\boldsymbol{p}_\mathrm{f}$ とすると，運動量変化 $\boldsymbol{q} \equiv \boldsymbol{p}_\mathrm{f} - \boldsymbol{p}_0$ の 2 乗は，次のように書き換えられる．

$$\begin{aligned} q^2 &= |\boldsymbol{p}_\mathrm{f} - \boldsymbol{p}_0|^2 \\ &= p_\mathrm{f}^2 + p_0^2 - 2p_\mathrm{f} p_0 \cos\theta_\mathrm{scatt} \qquad E = \frac{1}{2}mp_0^2 = \frac{1}{2}mp_\mathrm{f}^2 \\ &= 2p_0^2(1 - \cos\theta_\mathrm{scatt}) \\ &= (2mv_0)^2 \sin^2\frac{\theta_\mathrm{scatt}}{2}. \end{aligned} \tag{9.30}$$

これを (9.28) 式に代入し，$GMm \to -\alpha$ の置き換えをすると，

$$\frac{d\sigma}{d\Omega} = \left(\frac{\alpha}{2mv_0^2}\right)^2 \frac{1}{\sin^4\dfrac{\theta_\mathrm{scatt}}{2}} = \left(\frac{2m\alpha}{q^2}\right)^2 \tag{9.31}$$

## 9.3 ラザフォード散乱

が得られる．(9.31) 式は，量子力学的計算によっても再現される．

アーネスト ラザフォード (1871〜1937) は，1911 年，指導学生のガイガーとマースデンが，金属箔(はく)にアルファ粒子 ($^4$He の原子核 $^4$He$^{2+}$) を照射する実験で得たデータを，(9.31) 式を用いて解析した．その結果，$\frac{|\alpha|}{E} \lesssim 10^{-14}$ m の場合の実験結果が，理論式 (9.31) と一致せず，大きな角度 $\theta_{\text{scatt}} \sim 90°$ へと散乱されていることを明らかにした．この $\frac{|\alpha|}{E}$ が長さの次元を持つことは，エネルギー $E$ をクーロンポテンシャルの大きさ $\frac{|\alpha|}{r}$ と比較することで理解できる．そして，クーロンポテンシャルよりもはるかに強い散乱が生じ始めるこの閾値(しきいち) $r_\text{p} \approx 10^{-14}$ m は，陽子が存在する原子核の大きさであると解釈された．すなわち，原子の正電荷は，当時予想されていた存在領域 $10^{-10}$ m よりもはるかに小さい領域に集中していることが明らかになり，原子核が発見されたのである．この発見は，ニールス ボーア (1885〜1962) の原子模型理論 (1913 年) へとつながっていく．

# 第 9 章 惑星の運動

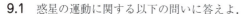

**9.1** 惑星の運動に関する以下の問いに答えよ．

(1) ケプラーの第二法則（面積速度一定の法則）は，(7.9) 式より，$\frac{dS}{dt} = \frac{L}{2m}$ と表せる．ここで $L$ は角運動量の大きさであり，時間変化しない．上の式を公転の一周期 $T$ について積分し，$T$ を定数 $(S, m, L)$ を用いて表せ．

(2) 楕円の面積 $S$ は，長半径 $a$ と短半径 $b$ を用いて，$S = \pi ab$ で与えられる．また，$a$ と $b$ は，(9.22) 式，すなわち，

$$a = \frac{r_0}{1-\varepsilon^2}, \qquad b = \frac{r_0}{\sqrt{1-\varepsilon^2}} = \sqrt{ar_0}, \qquad r_0 \equiv \frac{L^2}{GMm^2}$$

のように表せる．これらと (1) の結果を用いて，公転周期 $T$ と長半径 $a$ との間に，ケプラーの第三法則 $T^2 = \frac{4\pi^2}{GM}a^3$ が成立することを示せ．ここで $G$ は万有引力定数，$M$ は恒星の質量である．

(3) 金星は，離心率 $\varepsilon = 0.007$ を持ってほぼ円軌道を描き，太陽からの平均距離は地球の 0.72 倍である．金星の公転周期を有効数字 2 桁で求めよ．

(4) 地球とハレー彗星の離心率は，それぞれ 0.081 および 0.97 である．それぞれについて，長半径 $a$ と短半径 $b$ の比 $\frac{a}{b}$ を有効数字 2 桁で求めよ．

**9.2** 力 $\boldsymbol{F} = -k\boldsymbol{r}$ の作用を受けて運動する質量 $m$ の物体を再び取り上げる（演習問題 7.2 参照）．ただし，$\boldsymbol{r}$ は物体の位置ベクトル，$k > 0$ は定数である．

(1) エネルギー $E$ の表式を書き下せ．

(2) 物体の運動面を $xy$ 平面に選び，位置ベクトルを (9.6) 式のように極座標表示すると，エネルギー $E$ は (9.7) 式のように表せる．有効ポテンシャル $U_{\text{eff}}(r)$ の表式を求めよ．

(3) 「ポテンシャルエネルギーと遠心力ポテンシャルが等しくなる」という条件から，この系の特徴的な長さ $r_0$ を求め，エネルギー $E$ と長さ $r$ を，$E = kr_0^2 \widetilde{E}$ および $r = r_0 \widetilde{r}$ と規格化する．導関数 $\frac{d\widetilde{r}}{d\theta}$ を $\widetilde{E}$ と $\widetilde{r}$ の関数として表せ．

(4) 変数変換 $\widetilde{r} = u^{-\frac{1}{2}}$ により (3) の方程式を解き，運動の軌跡が楕円あるいは直線となることを示せ．

(5) 振動の周期 $T$ を求めよ．

(6) 軌道が半径 $r$ の円を描くには，初期速度をどの方向にどの大きさで与えればよいか．

# 第10章 剛体の釣り合いと運動

　立てた将棋の駒の頭の部分に静かに力を加えるとき，力をある大きさ以上にすると，将棋の駒は，底辺を支点として，回転しながら倒れていく．一方，滑らかな表面を持つビリヤード球は，滑るのではなく，回転しながらビリヤード台を進む．ここでは，大きさが有限で変形しないという特徴を持つ剛体が，釣り合いの静止状態を維持する条件や，回転しながら運動する現象を考察する．

## 10.1 剛体の運動方程式

　まず，以下で必要となる剛体の運動方程式をまとめておこう．1.4節❷によると，剛体の重心は，並進運動の方程式 (1.20)，すなわち，

$$M\frac{d^2\boldsymbol{R}}{dt^2} = \boldsymbol{F} \tag{10.1a}$$

に従う．ここで，$M$, $\boldsymbol{R}$, $\boldsymbol{F}$ は，それぞれ，剛体の質量，剛体の重心，剛体に働く力で，具体的に (1.24) 式で定義されている．一方，剛体の回転運動は，方程式 (7.14)，すなわち，

$$\frac{d\boldsymbol{L}}{dt} = \boldsymbol{N} \tag{10.1b}$$

によって記述できる．ただし，$\boldsymbol{L}$ と $\boldsymbol{N}$ は，それぞれ，剛体の角運動量と剛体に働く力のモーメントで，(7.16) 式で定義されている．それらは，(7.24) 式に与えられた軌道（公転）部分とスピン（自転）部分の和として

$$\boldsymbol{L} = \boldsymbol{L}_\text{o} + \boldsymbol{L}_\text{s}, \qquad \boldsymbol{N} = \boldsymbol{N}_\text{o} + \boldsymbol{N}_\text{s} \tag{7.20（再掲）}$$

のように表せ，それぞれが独立した方程式

$$\frac{d\boldsymbol{L}_j}{dt} = \boldsymbol{N}_j \qquad (j = \text{o}, \text{s}) \tag{7.21（再掲）}$$

に従う．

## 10.2 剛体の釣り合い

(10.1) 式より，剛体が静止状態を保つための条件が得られる．すなわち，剛体の重心が静止している条件

$$\boldsymbol{F} = 0 \tag{10.2a}$$

に加えて，剛体が回転しない条件

$$\boldsymbol{N} = 0 \tag{10.2b}$$

も成立している必要がある．そして，$\boldsymbol{F} = 0$ が成り立っている場合の第二の条件は，力のモーメント $\boldsymbol{N}$ の支点をどの点に選ぶかによらない．言い換えると，(10.2b) 式の計算は，便利あるある1点のまわりで行えばいいのである．

---

**例題 10.1**

剛体に働く力 $\boldsymbol{F}$ と力のモーメント $\boldsymbol{N}$ は，(1.24c) 式と (7.16b) 式のように表せる．それらに基づき，剛体に働く力 $\boldsymbol{F}$ が (10.2a) 式を満たすとき，条件 (10.2b) は，力のモーメント $\boldsymbol{N}$ の支点の選び方によらないことを示せ．

---

【解答】(7.16b) 式の右辺で，力のモーメントの支点を，原点から位置 $\boldsymbol{r}_0$ に変更した式は，次のように変形できる．

$$\begin{aligned}
&\int_V (\boldsymbol{r} - \boldsymbol{r}_0) \times \boldsymbol{f}(\boldsymbol{r})\, d^3r \\
&= \int_V \boldsymbol{r} \times \boldsymbol{f}(\boldsymbol{r})\, d^3r - \boldsymbol{r}_0 \times \int_V \boldsymbol{f}(\boldsymbol{r})\, d^3r \quad \text{(1.24c) 式を代入} \\
&= \int_V \boldsymbol{r} \times \boldsymbol{f}(\boldsymbol{r})\, d^3r - \boldsymbol{r}_0 \times \boldsymbol{F} \quad \text{(10.2a) 式を代入} \\
&= \int_V \boldsymbol{r} \times \boldsymbol{f}(\boldsymbol{r})\, d^3r.
\end{aligned}$$

よって，$\boldsymbol{F} = 0$ が成り立つとき，$\boldsymbol{N} = 0$ の条件は，力のモーメントの支点のとり方によらない．■

剛体の釣り合いの例として，壁に立てかけられた棒が滑り落ちないための条件を明らかにしよう．

## 10.2 剛体の釣り合い

**例題 10.2**

摩擦のある水平な地面から壁に向けて，質量が $M$ で長さが $\ell$ の均質で細い剛体棒を，地面との角度 $\theta$ で立てかける．重力加速度を $g$，棒と地面との静止摩擦係数を $\mu$ とするとき，立てかけた棒が滑り落ちずに静止するための $\theta$ の条件を求めよ．ただし，壁面は滑らかであるとする．

**【解答】** 棒に働く力は，図 10.1 のように，重力 $Mg$，地面（ground）からの垂直抗力 $F_\mathrm{g}$，地面との摩擦力（friction）$F_\mathrm{f}$，壁（wall）からの垂直抗力 $F_\mathrm{w}$ である．それらの釣り合いの式は，鉛直方向と水平方向に分けて，

$$Mg = F_\mathrm{g}, \tag{10.3a}$$
$$F_\mathrm{f} = F_\mathrm{w} \tag{10.3b}$$

と書き下せる．一方，力のモーメントの釣り合いは，棒と地面との接触点を回転中心に選ぶと，反時計回りを正として，

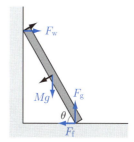

図 10.1 壁に立てかけた剛体棒．黒線が力のモーメントに寄与する力の成分．

$$\frac{\ell}{2} Mg \cos\theta - \ell F_\mathrm{w} \sin\theta = 0 \tag{10.3c}$$

と表せる．ここで，(7.19) 式より，重力による力のモーメントは，剛体棒の重心に働くと見なせることを用いた．最後に，摩擦力 $F_\mathrm{f}$ と地面からの垂直抗力 $F_\mathrm{g}$ との間に，不等式

$$F_\mathrm{f} \leq \mu F_\mathrm{g} \tag{10.4}$$

が成立する．

(10.3b) 式を (10.3c) 式に代入すると，

$$F_\mathrm{f} = \frac{1}{2} Mg \cot\theta \tag{10.5}$$

が得られる．これと (10.3a) 式を (10.4) 式に代入すると，棒が立てかけられて静止するための角度の条件が，

$$\tan\theta \geq \frac{1}{2\mu} \tag{10.6}$$

と得られる．すなわち，立てかける角度 $\theta$ をある値以上に大きくしないと，棒は滑り落ちてしまうのである．■

## 10.3 慣性モーメント

### ❶ 固定軸まわりの回転と慣性モーメント

　球や円柱などの丸く滑らかな剛体が，斜面を転がり落ちる場面を思い浮かべよう．その特徴は，ある固定軸のまわりに，剛体全体が同じ角振動数 $\omega$ [rad/s] で回転するという点にある．対応する角運動量の大きさ $L$ と回転エネルギー $E_{\mathrm{rot}}$ は，角振動数 $\omega$ を用いて，それぞれ

$$L = I\omega, \tag{10.7a}$$

$$E_{\mathrm{rot}} = \frac{1}{2}I\omega^2 \tag{10.7b}$$

と表せる（例題 10.3）．比例定数 $I\,[\mathrm{kg\cdot m^2}]$ は，**慣性モーメント**（moment of inertia）と呼ばれ，回転軸上の 1 点を原点とする座標系での体積積分

$$I \equiv \int_V \rho(\boldsymbol{r})\,r_\perp^2\,d^3r = \frac{M}{V}\int_V r_\perp^2\,d^3r \tag{10.8}$$

により計算できる．ただし，$r_\perp$ は，$\boldsymbol{r}$ の回転軸に垂直な成分の長さである．また，第二の式は，密度が一定で $\rho(\boldsymbol{r}) = \frac{M}{V}$ と表せる場合の表式である．

---

**例題 10.3**

以下の問いに答えよ．

(1) 剛体の角運動量の表式 (7.16a)，および，固定軸まわりの回転速度の表式 (8.4) を用いて，(10.7a) 式を導出せよ．

(2) 固定軸まわりの回転速度の表式 (8.4) を用いて，(10.7b) 式を導出せよ．

---

**【解答】**（1）(7.16a) 式の $\dot{\boldsymbol{r}}$ に，固定軸まわりの回転速度の式 (8.4) を代入し，ベクトル積の恒等式 (2.4c) を用いると，$\boldsymbol{L}$ が次のように書き換えられる．

$$\begin{aligned}
\boldsymbol{L} &= \int_V \rho(\boldsymbol{r})\,\boldsymbol{r} \times (\boldsymbol{\omega} \times \boldsymbol{r})\,d^3r \\
&= \int_V \rho(\boldsymbol{r})\left\{(\boldsymbol{r}\cdot\boldsymbol{r})\boldsymbol{\omega} - (\boldsymbol{r}\cdot\boldsymbol{\omega})\boldsymbol{r}\right\}d^3r.
\end{aligned} \tag{10.9}$$

この式と回転軸である $\boldsymbol{\omega}$ 方向の単位ベクトル $\boldsymbol{e}_\omega$ とのスカラー積をとると，回転軸方

## 10.3 慣性モーメント

向の角運動量の大きさ $L \equiv \boldsymbol{L} \cdot \boldsymbol{e}_\omega$ が,$\boldsymbol{r}$ と $\boldsymbol{\omega}$ のなす角 $\theta$ を用いて,次のように得られる.

$$\begin{aligned} L \equiv \boldsymbol{L} \cdot \boldsymbol{e}_\omega &= \int_V \rho(\boldsymbol{r}) \left\{ (\boldsymbol{r} \cdot \boldsymbol{r})(\boldsymbol{\omega} \cdot \boldsymbol{e}_\omega) - (\boldsymbol{r} \cdot \boldsymbol{\omega})(\boldsymbol{r} \cdot \boldsymbol{e}_\omega) \right\} d^3 r \\ &= \int_V \rho(\boldsymbol{r}) \left\{ r^2 \omega - (r\omega \cos\theta)(r\cos\theta) \right\} d^3 r \\ &= \omega \int_V \rho(\boldsymbol{r}) \, r^2 (1 - \cos^2\theta) \, d^3 r = \left\{ \int_V \rho(\boldsymbol{r}) (r\sin\theta)^2 \, d^3 r \right\} \omega \\ &= \left\{ \int_V \rho(\boldsymbol{r}) \, r_\perp^2 \, d^3 r \right\} \omega. \end{aligned}$$

(2) 固定軸まわりの剛体の回転運動のエネルギー $E_{\text{rot}}$ は,剛体の密度 $\rho(\boldsymbol{r})$ と固定軸まわりの回転速度の式 (8.4) を用いて,

$$E_{\text{rot}} = \frac{1}{2} \int_V \rho(\boldsymbol{r}) \left| \boldsymbol{\omega} \times \boldsymbol{r} \right|^2 d^3 r \tag{10.10}$$

と表せる.この式で $|\boldsymbol{\omega} \times \boldsymbol{r}|^2 = \omega^2 r^2 \sin^2\theta = \omega^2 r_\perp^2$ と書き換えると,(10.7b) 式が得られる.■

### ❷ 平行軸の定理

(10.8) 式は,また,回転軸を平行移動して重心を通るようにした場合の慣性モーメント $I_{\text{G}}$ を用いて,

$$I = I_{\text{G}} + M R_\perp^2 \tag{10.11}$$

とも表せる(例題 10.4).ただし,$R_\perp$ は剛体の重心から回転軸へ下ろした垂線の長さ,また,$M$ は剛体の質量 (1.24a) である.(10.11) 式を**平行軸の定理**という.

--- 例題 10.4 ---

(10.8) 式が (10.11) 式のように書けることを示せ.

【解答】 (10.8) 式における被積分関数の位置ベクトル $\boldsymbol{r}$ を,剛体の重心 $\boldsymbol{R}$ からの位置ベクトル $\overline{\boldsymbol{r}} \equiv \boldsymbol{r} - \boldsymbol{R}$ を用いて,

$$\boldsymbol{r} = \boldsymbol{R} + \overline{\boldsymbol{r}}$$

と表す.さらに,各々のベクトルを,$\boldsymbol{r} = \boldsymbol{r}_\perp + \boldsymbol{r}_{/\!/}$ のように,回転軸に垂直成分 $\boldsymbol{r}_\perp$

と平行成分 $r_{//}$ に分解する．すると，(10.8) 式の $r_\perp^2$ が，

$$r_\perp^2 = |\boldsymbol{r}_\perp|^2 = |\overline{\boldsymbol{r}}_\perp + \boldsymbol{R}_\perp|^2 = \overline{r}_\perp^2 + \overline{R}_\perp^2 + 2\overline{\boldsymbol{r}}_\perp \cdot \boldsymbol{R}_\perp$$

と表せる．その右辺第三項は，重心の定義から

$$\int_V \rho(\boldsymbol{r})\,\overline{\boldsymbol{r}}\,d^3r = \int_V \rho(\boldsymbol{r})\,(\boldsymbol{r} - \boldsymbol{R})\,d^3r = \boldsymbol{0}$$

が成立するので，(10.8) 式に寄与しない．従って，(10.8) 式が，次のように変形できる．

$$I = \int_V \rho(\boldsymbol{r})\,(\overline{r}_\perp^2 + R_\perp^2)\,d^3r = \int_V \rho(\boldsymbol{r})\,\overline{r}_\perp^2\,d^3r + R_\perp^2 \int_V \rho(\boldsymbol{r})\,d^3r.$$

最後の式に (1.24a) 式を代入すると，(10.11) 式が得られる．∎

### ❸ 慣性モーメントの計算例

均質な直方体 (rectangular cuboid) の場合，その一つの面に垂直で重心を通る軸まわりの慣性モーメントは，例題 2.6 の結果より，面の 2 辺の長さ $a$ と $b$ および直方体の質量 $M$ を用いて，(2.27) 式，すなわち，

$$I_G^r = \frac{M}{12}(a^2 + b^2) \tag{10.12}$$

と表せる．一方，図 10.2(a) と (b) に示した均質な円柱 (cylinder) と球 (sphere) の中心軸まわりの慣性モーメントは，それぞれ

$$I_G^c = \frac{1}{2}Ma^2, \qquad I_G^s = \frac{2}{5}Ma^2 \tag{10.13}$$

と得られる（例題 10.5）．また，図 10.2(a) で，円柱の重心を通り側面に垂直な軸まわりの慣性モーメントは，以下の (10.34) 式のように表せる（演習問題 10.1）．

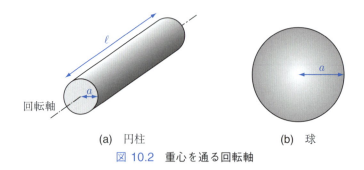

(a) 円柱　　　　　　(b) 球

図 10.2　重心を通る回転軸

## 例題 10.5

(10.8) 式を用いて次の慣性モーメントを計算し，それらが (10.13) 式のように表せることを示せ．
(1) 円柱側面に平行な中心軸まわり．
(2) 球の中心を通る軸まわり．

【解答】 (1) 円柱側面に平行な中心軸を $z$ 軸に選ぶと，円柱内の点は

$$\boldsymbol{r} = (\rho\cos\theta, \rho\sin\theta, z) \tag{10.14}$$

と表せ，そのパラメータは，

$$\rho \in [0,a], \qquad \theta \in [0,2\pi], \qquad z \in [0,\ell] \tag{10.15}$$

の範囲を動く．ただし，この例題での $\rho$ は，密度ではなく積分変数で，$r$ に対応するギリシャ文字として変数に選んでいる．(10.14) 式の表示を用いると，$z$ 軸に垂直な面の面積素 $dS$ が，公式 (2.21) により次のように求まる．

$$dS = \left|\frac{\partial \boldsymbol{r}}{\partial \rho} \times \frac{\partial \boldsymbol{r}}{\partial \theta}\right| d\rho\, d\theta = \left|\begin{pmatrix}\cos\theta\\ \sin\theta\\ 0\end{pmatrix} \times \begin{pmatrix}-\rho\sin\theta\\ \rho\cos\theta\\ 0\end{pmatrix}\right| d\rho\, d\theta$$

$$= \left|\begin{pmatrix}0\\ 0\\ \rho(\cos^2\theta + \sin^2\theta)\end{pmatrix}\right| d\rho\, d\theta = \rho\, d\rho\, d\theta. \tag{10.16a}$$

ただし，便宜上，ベクトルを縦に表示した．体積素 $d^3r$ は，$dS$ に $z$ 方向の無限小変位 $dz$ をかけた式

$$d^3 r = \rho\, d\rho\, d\theta\, dz \tag{10.16b}$$

となる．一方，回転軸から垂直方向の距離 $r_\perp$ は，(10.14) 式の表示で

$$r_\perp = \sqrt{x^2 + y^2} = \sqrt{(\rho\cos\theta)^2 + (\rho\sin\theta)^2} = \rho$$

と表せる．これらと円柱の体積 $V = \pi a^2 \ell$ を，密度一定の場合の (10.8) 式に代入し，(10.15) 式の範囲について積分すると，$I_\mathrm{G}^\mathrm{c}$ が次のように求まる．

$$I_\mathrm{G}^\mathrm{c} = \frac{M}{V}\int_V r_\perp^2\, d^3 r = \frac{M}{\pi a^2 \ell}\int_0^a \rho^3\, d\rho \int_0^{2\pi} d\theta \int_0^\ell dz = \frac{M}{\pi a^2 \ell}\frac{a^4}{4}2\pi\ell$$

$$= \frac{1}{2}Ma^2.$$

(2) $z$ 軸を回転軸に一致させ，その原点を球の中心に選ぶ．すると，球内の点は，再び (10.14) 式のように表せるが，パラメータの動く範囲が

$$z \in [-a, a], \qquad \rho \in [0, \sqrt{a^2 - z^2}], \qquad \theta \in [0, 2\pi] \qquad (10.17)$$

のように変更を受ける．一方，回転軸から垂直方向の距離 $r_\perp$ は，(10.14) 式の表示で $r_\perp = \rho$ と表せる．これと体積素の表式 (10.16b) および球の体積の表式 (2.23c) を (10.8) 式に代入し，(10.17) 式の範囲について積分を実行する．その際，$\rho$ の定義域が $z$ に依存することを考慮し，$z$ 積分を $\rho$ 積分の後に実行する．そのようにして，$I_G^s$ が次のように求まる．

$$\begin{aligned}
I_G^s &= \frac{M}{V} \int_V r_\perp^2 \, d^3r = \frac{M}{\frac{4}{3}\pi a^3} \int_0^{2\pi} d\theta \int_{-a}^{a} dz \int_0^{\sqrt{a^2-z^2}} \rho^3 \, d\rho \\
&= \frac{3M}{4\pi a^3} 2\pi \int_{-a}^{a} dz \, \frac{(a^2-z^2)^2}{4} \qquad z = as \\
&= \frac{3M}{8a^3} a^5 \int_{-1}^{1} ds \, (1-s^2)^2 = \frac{3}{8} Ma^2 \, 2 \left(1 - \frac{2}{3} + \frac{1}{5}\right) = \frac{2}{5} Ma^2. \quad \blacksquare
\end{aligned}$$

## ❹ 慣性モーメントテンソル ⬣

線形代数の基礎[5] を既知として，慣性モーメントと回転エネルギーの表式 (10.7) を一般化する．(10.9) 式の両辺の $j = x, y, z$ 成分は，

$$\begin{aligned}
L_j &= \int_V \rho(\boldsymbol{r}) \left\{ r^2 \omega_j - \left(\sum_{j'} \omega_{j'} r_{j'}\right) r_j \right\} d^3r \\
&= \left\{ \sum_{j'} \int_V \rho(\boldsymbol{r}) \left( r^2 \delta_{jj'} - r_j r_{j'} \right) d^3r \right\} \omega_{j'} \\
&\equiv \sum_{j'} I_{jj'} \omega_{j'}
\end{aligned} \qquad (10.18)$$

と表せる．ここで $I_{jj'}$ は，**クロネッカーのデルタ**

$$\delta_{jj'} \equiv \begin{cases} 1 & : \ j = j', \\ 0 & : \ j \neq j' \end{cases} \qquad (10.19)$$

を用いて，

$$I_{jj'} \equiv \int_V \left( r^2 \delta_{jj'} - r_j r_{j'} \right) \rho(\boldsymbol{r}) \, d^3r \qquad (10.20)$$

で定義されている．この $I_{jj'}$ を成分とする $3 \times 3$ 行列

## 10.3 慣性モーメント

$$\underline{I} \equiv \begin{pmatrix} I_{xx} & I_{xy} & I_{xz} \\ I_{yx} & I_{yy} & I_{yz} \\ I_{zx} & I_{zy} & I_{zz} \end{pmatrix} \tag{10.21}$$

を，**慣性モーメントテンソル**という．この行列は対称行列で，直交変換により対角形に変換できる[5]．すなわち，非対角成分がゼロとなるように座標系を選ぶことができるのである．

慣性モーメントテンソルを用いると，(10.18) 式が，ベクトルと行列[5]による簡潔な表示

$$\boldsymbol{L} = \underline{I}\,\boldsymbol{\omega} \tag{10.22a}$$

へと書き換えられる．また，回転エネルギーの式 (10.10) も，慣性モーメントテンソルを用いた形

$$E_{\rm rot} = \frac{1}{2}\boldsymbol{\omega}^{\rm T}\underline{I}\,\boldsymbol{\omega} \tag{10.22b}$$

に表せる（例題 10.6）．ここで，$\boldsymbol{\omega}^{\rm T}$ は $\boldsymbol{\omega}$ の転置を表す[5]．(10.22) 式が，固定軸まわりの回転による $\boldsymbol{L}$ と $E_{\rm rot}$ の一般形で，以前の表式 (10.7) はその一つの主軸まわりの式と見なせる．

---

**例題 10.6**

ベクトル積に関する等式 (2.4) を用いて，回転運動のエネルギー (10.10) が，(10.22b) 式のように書けることを示せ．

---

**【解答】** (10.10) 式の被積分関数における $|\boldsymbol{\omega} \times \boldsymbol{r}|^2$ は，(2.4) 式を用いて，次のように書き換えられる．

$$\begin{aligned}
|\boldsymbol{\omega} \times \boldsymbol{r}|^2 &= (\boldsymbol{\omega} \times \boldsymbol{r}) \cdot (\boldsymbol{\omega} \times \boldsymbol{r}) & \text{(2.4b) 式を用いる} \\
&= \boldsymbol{r} \cdot \{(\boldsymbol{\omega} \times \boldsymbol{r}) \times \boldsymbol{\omega}\} & \text{(2.4c) 式を用いる} \\
&= \boldsymbol{r} \cdot \{(\boldsymbol{\omega} \cdot \boldsymbol{\omega})\boldsymbol{r} - (\boldsymbol{r} \cdot \boldsymbol{\omega})\boldsymbol{\omega}\} \\
&= (\boldsymbol{\omega} \cdot \boldsymbol{\omega})\boldsymbol{r} \cdot \boldsymbol{r} - (\boldsymbol{r} \cdot \boldsymbol{\omega})^2 \\
&= \sum_{j,j'=x,y,z} \omega_j \left(r^2 \delta_{jj'} - r_j r_{j'}\right) \omega_{j'}.
\end{aligned}$$

これを (10.10) 式に代入して (10.20) 式を用いると，(10.22b) 式が得られる． ■

## 10.4 斜面を転がる剛体球

回転を伴う運動の例として，質量 $M$，半径 $a$，重心まわりの慣性モーメント $I$ を持つ剛体球が，角度 $\theta$ の斜面を滑らずに転がり落ちる場合を考察する（図 10.3 参照）．剛体には，重力 $Mg$，垂直抗力 $F_n$，摩擦力 $F_f$ の三つの力が働くものとする．回転が起こるためには，この摩擦力が不可欠である．摩擦のない道路では，自動車の車輪は回らない．

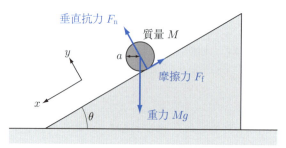

図 10.3　斜面を転がる剛体球

### 例題 10.7

図 10.3 のように，傾き $\theta$ の斜面を，質量 $M$，半径 $a$，慣性モーメント $I$ の剛体球が滑らずに転がり落ちている．重力加速度を $g$，斜面と剛体球との摩擦力を $F_f$ として，以下の問いに答えよ．

(1) 斜面に沿って下向きに $x$ 軸をとり，その方向の速度を $v$ で表す．運動方程式を書き下せ．
(2) 回転の運動方程式を書き下せ．
(3) $v$ と $\omega$ との関係を書き下せ．
(4) 時刻 0 に，斜面上方の 1 点で，剛体球を静かに放した．その位置を $x$ 軸の原点とする．時刻 $t > 0$ で剛体球が斜面上にあるとき，その速度と位置を求めよ．
(5) 時刻 0 と $t > 0$ との間で，エネルギーが保存していることを示せ．

## 10.4 斜面を転がる剛体球

**【解答】** (1) 斜面方向の運動方程式は，次のように書き下せる．

$$M\frac{dv}{dt} = Mg\sin\theta - F_{\mathrm{f}}. \tag{10.23}$$

(2) 剛体球の角運動量は

$$L = I\omega$$

と表せて，剛体球に働く力のモーメントは

$$N = aF_{\mathrm{f}}$$

と表せる．それらを回転の運動方程式

$$\frac{dL}{dt} = N$$

に代入すると，次式が得られる．

$$I\frac{d\omega}{dt} = aF_{\mathrm{f}}. \tag{10.24}$$

(3) 角振動数 $\omega$ で回転する半径 $a$ の剛体球の速さ $v$ は，次のように表せる．

$$v = a\omega. \tag{10.25}$$

(4) (10.25) 式を

$$\omega = \frac{v}{a}$$

と表して (10.24) 式に代入すると，摩擦力 $F_{\mathrm{f}}$ が

$$F_{\mathrm{f}} = \frac{I}{a^2}\frac{dv}{dt}$$

と表せる．これを (10.23) 式に代入すると，速度 $v$ についての方程式が，

$$\left(M + \frac{I}{a^2}\right)\frac{dv}{dt} = Mg\sin\theta \quad \longleftrightarrow \quad \frac{dv}{dt} = \frac{g}{1 + \dfrac{I}{Ma^2}}\sin\theta \tag{10.26}$$

と得られる．このように，剛体が転がり落ちる場合の方程式は，質点が，摩擦のない角度 $\theta$ の斜面を，有効重力 (effective gravity)

$$g_{\mathrm{eff}} = \frac{g}{1 + \dfrac{I}{Ma^2}} \tag{10.27}$$

を受けて滑り落ちる問題に等価である．

時刻 $t=0$ において静かに転がり始めた場合，$t>0$ における剛体球の速度 $v(t)$ と位置 $x(t)$ は，(10.26) 式を $t$ について積分することで，次のように求まる．

$$\begin{aligned} v(t) &= (g_{\text{eff}}\sin\theta)\,t, \\ x(t) &= \frac{1}{2}(g_{\text{eff}}\sin\theta)\,t^2. \end{aligned} \tag{10.28}$$

(5) 時刻 $t>0$ での力学的エネルギー $E(t)$ は，重心の運動エネルギー $\frac{1}{2}Mv^2$，回転の運動エネルギー $\frac{1}{2}I\omega^2$，剛体球を放した点を基準とする重力の位置エネルギー $-Mgx\sin\theta$ である．それらを足し合わせて変形すると，

$$\begin{aligned} E(t) &= \frac{1}{2}Mv^2 + \frac{1}{2}I\frac{v^2}{a^2} - Mgx\sin\theta \\ &= \frac{1}{2}M\left(1+\frac{I}{Ma^2}\right)(g_{\text{eff}}\sin\theta)^2 t^2 - Mg\sin\theta\frac{1}{2}(g_{\text{eff}}\sin\theta)\,t^2 \\ &= 0 \end{aligned} \tag{10.29}$$

が得られ，時刻 0 での値と一致することがわかる．■

(10.27) 式から，慣性モーメント $I$ が大きいほどゆっくりと転がり落ちることがわかる．この加速度の減少 $g \to g_{\text{eff}}$ は，回転運動にエネルギーが費やされるためであると理解できる．また (10.29) 式より，(10.23) 式と (10.24) 式に現れる摩擦力 $F_{\text{f}}$ は，回転を引き起こす純粋な力として働き，力学的エネルギーの損失は起こらないこともわかる．

## 10.5 剛体の単振動

剛体の運動には，慣性モーメント $I$ の値と重心の位置が重要であり，形状その他の詳細にはあらわに依存しないことが多い．この節では，その例として，剛体の微小振動を考察しよう．

#### 例題 10.8

図 10.4 のように，質量 $M$ の剛体が，重心からの距離 $R_\perp$ の軸に固定され，そのまわりで自由に摩擦なく回転するようになっている．重力加速度を $g$，固定軸まわりの剛体の慣性モーメントを $I$，鉛直下方向から反時計回りに測った剛体の傾き角を $\theta$ とする．また，鉛直上方向の単位ベクトルを $\boldsymbol{e}_z$，固定軸から剛体の重心方向への単位ベクトルを $\boldsymbol{e}_\theta$，紙面に垂直で上向きの単位ベクトルを $\boldsymbol{e}_x$ で表す．以下の問いに答えよ．

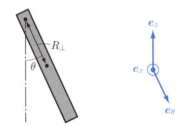

図 10.4 剛体の固定軸まわりの微小振動

(1) 回転の運動方程式を，$\theta$ を用いて表せ．
(2) 微小振動の角振動数 $\omega$ と周期 $T$ の表式を求めよ．
(3) 質量を無視できる長さ $\ell$ の糸の先に，質量 $m$ の質点をつけた単振り子の角振動数 $\omega$ と周期 $T$ を求めよ．
(4) 長さ $a$，幅 $b$ ($\ll a$)，厚さ $c$ ($\ll b$)，質量 $M$ を持つ均質な物差しを，中心軸上の端点を回転軸として微小振動させた．角振動数 $\omega$ と周期 $T$ を求めよ．ただし，均質な直方体の重心を通り，$ab$ 面に垂直な軸まわりの慣性モーメントは，(10.12) 式で与えられる．

**【解答】** (1) 回転の運動方程式 (10.1b) に，この問題における固定軸まわりの重力のモーメント $\boldsymbol{N} = R_\perp \boldsymbol{e}_\theta \times (-Mg\boldsymbol{e}_z)$ を代入すると，

$$\frac{d\boldsymbol{L}}{dt} = -MgR_\perp \boldsymbol{e}_\theta \times \boldsymbol{e}_z \qquad \textcolor{blue}{\boldsymbol{e}_\theta \times \boldsymbol{e}_z = \boldsymbol{e}_x \sin\theta}$$
$$= -MgR_\perp \boldsymbol{e}_x \sin\theta$$

と書き換えられる．右辺が $\boldsymbol{e}_x$ 成分のみを持つので，角運動量も $\boldsymbol{e}_x$ 成分のみを考慮すれば良いことがわかり，慣性モーメントを用いて，$\boldsymbol{L} = I\dot{\theta}\boldsymbol{e}_x$ と表すことにする．これを上式に代入すると，求める方程式が，

$$I\ddot{\theta} = -MgR_\perp \sin\theta \tag{10.30}$$

と得られる．

(2) $\theta \ll 1$ が成り立つ微小振動の場合には，図 4.3(b) に示すように $\sin\theta \approx \theta$ と近似でき，(10.30) 式が

$$\ddot{\theta} = -\frac{MgR_\perp}{I}\theta$$

へと書き換えられる．この方程式は，すでに考察した (4.12) 式と同じ形をしている．従って，角振動数 $\omega$ と周期 $T$ が，

$$\omega = \sqrt{\frac{MgR_\perp}{I}}, \qquad T = \frac{2\pi}{\omega} = 2\pi\sqrt{\frac{I}{MgR_\perp}} \tag{10.31}$$

と得られる．

(3) この場合の慣性モーメント $I$ は，質点の質量 $m$ に回転軸から質点までの距離の 2 乗をかけた式 $I = m\ell^2$ となる．これと $M = m$ および $R_\perp = \ell$ を (10.31) 式に代入すると，

$$\omega = \sqrt{\frac{g}{\ell}}, \qquad T = \frac{2\pi}{\omega} = 2\pi\sqrt{\frac{\ell}{g}}$$

が得られ，(4.13) 式と (4.16) 式が再現される．

(4) 重心と回転軸との距離 $R_\perp$ は，$R_\perp = \frac{a}{2}$ に等しい．一方，この問題における $ab$ 面に垂直な回転軸まわりの慣性モーメント $I$ は，重心を通る軸まわりの結果 (10.12) に平行軸の定理 (10.11) を適用し，$R_\perp = \frac{a}{2}$ を代入することで，次のように計算できる．

$$I = I_G + M\left(\frac{a}{2}\right)^2 = \frac{M}{12}(a^2 + b^2) + \frac{M}{4}a^2 = \frac{M}{3}\left(a^2 + \frac{b^2}{4}\right) \approx \frac{M}{3}a^2.$$

これと $R_\perp = \frac{a}{2}$ を (10.31) 式に代入すると，角振動数 $\omega$ と周期 $T$ が，次のように得られる．

$$\omega = \sqrt{\frac{Mg\frac{a}{2}}{\frac{1}{3}Ma^2}} = \sqrt{\frac{3g}{2a}}, \qquad T = \frac{2\pi}{\omega} = 2\pi\sqrt{\frac{2a}{3g}}. \quad \blacksquare$$

## 10.6 コマの歳差運動

コマを回すと，傾きながら高速で回転し，その回転軸が首振り運動をするのを観測できる．このような自転軸の回転現象は，**歳差運動**と呼ばれている．静止しているコマは，少しでも傾くとすぐ倒れてしまう．一方，回転するコマは，傾いた状態も安定となる．その機構を明らかにし，歳差運動の周期を求める．

---

**例題 10.9**

図 10.5 のように，質量 $M$，支点から重心までの距離 $\ell$，中心軸まわりの慣性モーメント $I$ を持つコマが，鉛直方向から角度 $\theta$ だけ傾いて角振動数 $\omega$ で高速回転すると共に，角振動数 $\Omega$ で歳差運動をしている．重力加速度を $g$，鉛直上向きの単位ベクトルを $\bm{e}_z$，コマの自転軸方向の上向き単位ベクトルを $\bm{e}_\omega$ として，以下の問いに答えよ．

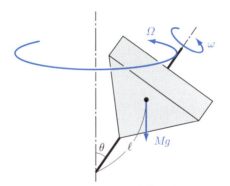

図 10.5 コマの歳差運動

(1) 回転座標系でのベクトルの時間微分は，(8.8) 式のように表せる．これと回転運動の方程式 (10.1b) を用いて，角振動数 $\Omega$ で $z$ 軸まわりを回転する座標系における，コマの角運動量 $\bm{L}$ の運動方程式を書き下せ．

(2) 角運動量 $\bm{L}$ を，角振動数 $\omega$ が一定の自転角運動量 $I\omega\bm{e}_\omega$ で置き換える近似を採用する．この近似の下での $\Omega$ の表式を求めよ．

**【解答】** (1) (8.8) 式の $\boldsymbol{\omega}$ を $\Omega\boldsymbol{e}_z$ で置き換え，$A$ を角運動量 $\boldsymbol{L}$ に選んだ式は，次のように書き換えられる．

$$\frac{d_\mathrm{r}\boldsymbol{L}}{dt} = \frac{d\boldsymbol{L}}{dt} - \Omega\boldsymbol{e}_z \times \boldsymbol{L} \quad \text{(10.1b) 式を代入}$$
$$= \boldsymbol{N} - \Omega\boldsymbol{e}_z \times \boldsymbol{L}.$$

この式に，コマの重心に働く重力のモーメント

$$\boldsymbol{N} = \ell\boldsymbol{e}_\omega \times (-Mg\boldsymbol{e}_z)$$

を代入すると

$$\frac{d_\mathrm{r}\boldsymbol{L}}{dt} = -Mg\ell\boldsymbol{e}_\omega \times \boldsymbol{e}_z - \Omega\boldsymbol{e}_z \times \boldsymbol{L} \tag{10.32}$$

を得る．

(2) $\boldsymbol{L} \approx I\omega\boldsymbol{e}_\omega$ と近似すると，回転座標系では $\boldsymbol{e}_\omega$ も静止しているので，(10.32) 式の左辺がゼロとなり，方程式

$$0 = -Mg\ell\boldsymbol{e}_\omega \times \boldsymbol{e}_z - \Omega I\omega\boldsymbol{e}_z \times \boldsymbol{e}_\omega$$
$$= (Mg\ell - \Omega I\omega)\boldsymbol{e}_z \times \boldsymbol{e}_\omega$$

を得る．ここで (2.4a) 式を用いた．これより，$\Omega$ が，

$$\Omega = \frac{Mg\ell}{I\omega} \tag{10.33}$$

と得られる．このように，慣性モーメント $I$ が大きいほど，また，自転角振動数 $\omega$ が大きいほど，歳差運動はゆっくりとしたものになる．■

以上の考察より，コマが傾いた状態で歳差運動できるのは，有限の $\boldsymbol{L}$ が存在するためで，それを保存するように周期運動が続くことを理解できる．

## 演習問題

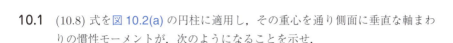

**10.1** (10.8) 式を図 10.2(a) の円柱に適用し，その重心を通り側面に垂直な軸まわりの慣性モーメントが，次のようになることを示せ．

$$I_G^{c2} = \frac{1}{12}M(3a^2 + \ell^2). \tag{10.34}$$

**10.2** 下図 (a) のように，質量が $M$ で 3 辺の長さが $a, b, c$ の均質な直方体を，面積が $ac$ の面を底面として水平な床の上に置いた．重力加速度を $g$，床面と直方体との静止摩擦係数を $\mu$ として，以下の問いに答えよ．

(1) 長さ $b$ の辺の上端に力 $F$ を水平かつ $a$ に平行に加えた．そして，力をある大きさ以上にすると，直方体が滑らずに傾き始めた．このことが起こるための条件を求めよ．

(2) その後，下図 (b) のように，力 $F$ を水平に保ちながら，その大きさをゆっくりと変化させていくと，ある角度 $\theta_c$ で直方体が回転して倒れ始めた．$\theta_c$ の表式を求めよ．また，$0 < \theta < \theta_c$ での釣り合い状態における力 $F$ の表式を，$\theta$ を用いて表せ．

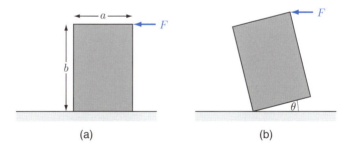

(a)          (b)

**10.3** 右図のように，質量 $M$，中心軸まわりの慣性モーメント $I$，半径 $R$ の円盤状のヨーヨーがあり，半径 $R_0$ の同心の回転軸に糸が巻かれている．重力加速度を $g$ として，ヨーヨーの加速度 $a$ と糸に働く張力 $T$ を求めよ．

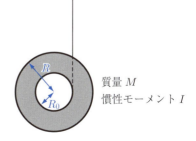

質量 $M$
慣性モーメント $I$

**10.4** 下図のように，半径 $a$ と質量 $M$ を持つ均質な剛体球を，重心を含む面内で水平に突き，剛体球に運動量 $p$ を与える．剛体球が滑らずに回転するためには，高さ $h$ をどのように選べば良いか．ただし，剛体球の中心軸まわりの慣性モーメントを $I_G = \frac{2}{5}Ma^2$ とする．

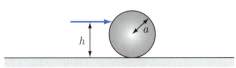

**10.5** 下図のように，半径 $a$ と質量 $M$ を持つ均質な剛体球が，速さ $v_0$ で水平面を運動して高さ $h$ の段に衝突し，角から離れず回転して段に上り，運動を続けた．座標系を図のように選び，剛体球の中心軸まわりの慣性モーメントを $I_G = \frac{2}{5}Ma^2$ として，以下の問いに答えよ．

(1) 衝突後の剛体球は，段の角まわりに回転して，段に上る．段の角まわりで剛体球が回転する際の慣性モーメント $I$ を求めよ．

(2) 段から剛体球への力は，球の接触面に垂直で球の中心方向を向くと考えられる．角運動量保存則を用いて，段の角まわりに回転し始める際の角振動数 $\omega_1$ を導出し，剛体球が段を駆け上がり始めるための $h$ の条件を求めよ．

(3) 衝突前後での力学的エネルギーの損失を求めよ．

(4) 球が段上に上がるための $v_0$ の条件を求めよ．

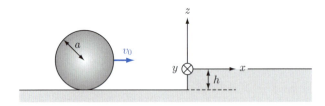

# 第11章 解析力学 1

本章では，ニュートンの運動方程式を，変分法における極値問題の解となるように書き換え，解析力学を構築する．その出発点を与える汎関数積分は，作用と呼ばれ，現代物理学の基礎となっている．解析力学により，適切な座標系を選んで運動方程式を導出し解くことが容易になる．また，エネルギー・運動量・角運動量などの保存則が，系の持つ対称性に由来することも明らかにできる．量子力学を学ぶ際には，解析力学の知識が必要不可欠となる．ここでは，まず，ラグランジュ形式の解析力学について学ぶ．

## 11.1 汎関数と変分法

関数 $f(x)$ とは，一つの値 $x$ に別のある値 $y = f(x)$ を与える対応のことである．それを拡張したのが**汎関数**で，ある関数 $y(x)$ に一つの値 $I[y]$ を与える対応を意味し，その引数である関数 $y$ は，標準的に角括弧を用いて明示される．**変分法**とは，その汎関数の極値問題を解く手法のことである．

具体例として，水平面上のある点 O から別の点 A まで直線を引き，その下に滑らかな地下トンネルを掘った後，O 側のトンネル口から質点を静かに放すことを考える（図 11.1 参照）．力学的エネルギーが保存する場合には，質点は速度 0 で A 側のトンネル口に現れる．その際にかかる時間 $T$ は，トンネルの形状に依存する．どのような曲線を選べば $T$ が最小になるであろうか？ これが，1696 年にヨハン ベルヌーイ（1667〜1748）によって提示された**最速降下曲線**問題で，変分法はこれにより始まったといわれている．

この問題の汎関数を書き下そう．O を原点として A まで直線を引き，その線上の位置を，O からの距離 $x \in [0, x_A]$ で指定する．次に，位置 $x$ でのトンネルの深さを関数 $y = y(x)$ で表す．求める汎関数 $T[y]$ は，重力加速度 $g$ を用いて，

$$T[y] = \int_0^{x_A} F(y, y')\, dx, \qquad F(y, y') \equiv \frac{\sqrt{1 + (y')^2}}{\sqrt{2gy}} \tag{11.1}$$

と得られる（例題 11.1）．ここで $y' \equiv \frac{dy}{dx}$ である．

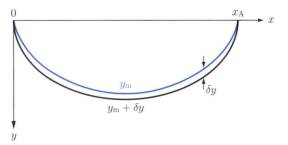

図 11.1　最速降下曲線を求める問題

### 例題 11.1

汎関数 (11.1) を導出せよ．

**【解答】** 質点の質量を $m$ とすると，位置 $x$ での質点の速さ $v = v(x)$ は，力学的エネルギー保存則

$$\frac{1}{2}mv^2 - mgy = 0 \quad \longleftrightarrow \quad v = \sqrt{2gy}$$

を満たす．一方，地表の $x$ から $x+dx$ の区間のトンネルの長さ $ds$ は，(2.14) 式を用いて，

$$\begin{aligned} ds &= \sqrt{(dx)^2 + (dy)^2} \\ &= \sqrt{1 + \left(\frac{dy}{dx}\right)^2}\, dx \\ &= \sqrt{1 + (y')^2}\, dx \end{aligned}$$

と表せる．従って，その微小区間を通過するのにかかる時間 $dt$ は，

$$dt = \frac{ds}{v} = \frac{\sqrt{1+(y')^2}\, dx}{\sqrt{2gy}}$$

と求まる．これを $x \in [0, x_\mathrm{A}]$ について積分すると，(11.1) 式が得られる．■

最速降下曲線を求めるために，汎関数 $T[y]$ が $y_\mathrm{m}(x)$ のところで最小値 (minimum) をとるものとし，そこから関数形を

$$y(x) \equiv y_\mathrm{m}(x) + \delta y(x) \tag{11.2}$$

と変化させることを考える（図 11.1 参照）．ここで，関数 $y = y(x)$ の無限小変化を $\delta y$ で表し，変数 $x$ の無限小変化 $dx$ との区別を明示する．この問題では，端点の関数

値が

$$y(0) = y(x_A) = 0$$

と固定されているので，(11.2) 式の $\delta y$ は，

$$\delta y(0) = \delta y(x_A) = 0 \tag{11.3}$$

を満たす．

(11.2) 式を (11.1) 式に代入して $T[y_m]$ を引くと，かかる時間の増加量

$$\Delta T[\delta y] \equiv T[y_m + \delta y] - T[y_m] \tag{11.4}$$

が計算できる．特に，$\delta y$ についての 1 次の変化 $\delta T$ は，

$$\delta T = \int_0^{x_A} \left( F_y - \frac{dF_{y'}}{dx} \right)\bigg|_{y=y_m} \delta y \, dx \tag{11.5}$$

と表せる（例題 11.2）．ただし，$F_y \equiv \frac{\partial F(y,y')}{\partial y}$ および $F_{y'} \equiv \frac{\partial F(y,y')}{\partial y'}$ である．

---

**例題 11.2**

汎関数 (11.1) の最小値からの 1 次の変化が，(11.5) 式のように表せることを示せ．

---

**【解答】** 以下では (11.4) 式の添字 $_m$ を省いて計算する．

$$\begin{aligned}
\Delta T[\delta y] &\equiv T[y + \delta y] - T[y] \\
&= \int_0^{x_A} \{ F(y + \delta y, y' + \delta y') - F(y, y') \} \, dx \qquad \text{$y$ と $y'$ について展開} \\
&= \int_0^{x_A} \left\{ \frac{\partial F(y,y')}{\partial y} \delta y + \frac{\partial F(y,y')}{\partial y'} \delta y' \right\} dx + (\text{2 次以上の項}) \\
&= \int_0^{x_A} (F_y \delta y + F_{y'} \delta y') \, dx + \cdots \qquad \text{$\delta y' \equiv \frac{d}{dx}\delta y$ 項について部分積分} \\
&= \left[ F_{y'} \delta y \right]_0^{x_A} + \int_0^{x_A} \left( F_y \delta y - \frac{dF_{y'}}{dx} \delta y \right) dx + \cdots \qquad \text{(11.3) 式を代入} \\
&= \int_0^{x_A} \left( F_y - \frac{dF_{y'}}{dx} \right) \delta y \, dx + \cdots. \quad \blacksquare
\end{aligned}$$

汎関数 $T[y]$ が $y = y_\mathrm{m}$ で最小となっているための必要条件は，関数の場合の必要条件 $f'(x)\,dx = 0$ に対応し，1次の変化 (11.5) が任意の $\delta y$ についてゼロとなることである．これより，$T[y]$ に最小値を与える $y = y_\mathrm{m}$ が，方程式

$$F_y - \frac{dF_{y'}}{dx} = 0 \tag{11.6}$$

を満たすことが結論づけられる．ただし，表現を簡潔にするため，$y_\mathrm{m}$ の添字 $_\mathrm{m}$ を省略した．(11.6) 式を**オイラー方程式**という．

最速降下曲線の問題に対するオイラー方程式は，(11.1) 式に与えた $F(y, y')$ の具体形を (11.6) 式に代入することにより得られる．それを解くことで，最速降下曲線が，$\theta \in [0, 2\pi]$ をパラメータとして，

$$(x, y) = \left( \frac{x_\mathrm{A}}{2\pi}(\theta - \sin\theta), \frac{x_\mathrm{A}}{2\pi}(1 - \cos\theta) \right) \tag{11.7}$$

のように得られる（演習問題 11.3）．これを描いたのが図 11.1 の $y_\mathrm{m}$ で，**サイクロイド曲線**と呼ばれている．

関数 $y(x)$ を与えれば導関数 $y'(x)$ は自動的に決まるので，汎関数積分 (11.1) の被積分関数 $F(y, y')$ に引数 $y'$ があることは理解しづらいかもしれない．しかし，汎関数積分の極値問題では，被積分関数 $F$ は $y$ に加えて導関数 $y'$ の関数として与えられ，かつ，関数 $y(x)$ は未知関数である．そして，最速降下曲線を決めるオイラー方程式 (11.6) を書き下す際には，$F$ の引数 $y$ に関する偏導関数とは独立に，$y'$ に関する偏導関数も必要となり，それらは異なる役割を担っている．これが，汎関数積分の被積分関数 $F$ を $F(y, y')$ と表す理由である．

また，変分法の表記に関して，次のことを述べておくのも有益であろう．関数 $f(x)$ に $g(x)$ を加えると $f(x) + g(x)$ が得られ，その導関数は $f'(x)$ と $g'(x)$ の和 $f'(x) + g'(x)$ である．つまり，関数の和をとることと微分演算とは独立の操作である．同様に，無限小変化 $y(x) \to y(x) + \delta y(x)$ における変分 $\delta y(x)$ は，それ自体で一つの関数であり，その $\delta$ は $\delta y$ が無限小量であることを明記しているに過ぎない．従って，$\delta y$ の微積分は $y$ の微積分と同様に実行でき，$\frac{d(\delta y)}{dx}$ を $\delta y'$ と表現している．以上より，$\delta y'(x)$ に関する部分積分が，$g'(x)$ に関する部分積分と同様に実行できることも納得できるであろう．

## 11.2 作用とラグランジアン

### ❶ ラグランジュ方程式

以上の準備の下に，ニュートンの運動方程式 (1.17) を，汎関数に関する極値問題に書き換えよう．考察するのは，力 $\boldsymbol{F}$ が保存力の場合，すなわち，$\boldsymbol{F}$ がポテンシャル $U(\boldsymbol{r})$ の勾配として $\boldsymbol{F} = -\boldsymbol{\nabla}U$ と表せる場合である．この場合のニュートンの運動方程式 (1.17) は，$\boldsymbol{a} = \ddot{\boldsymbol{r}}$ のように微分操作も明示して，

$$m\ddot{\boldsymbol{r}} = -\boldsymbol{\nabla}U \tag{11.8}$$

と書くことができる．

以下の例題 11.3 (1) で示すように，(11.8) 式は，運動の軌跡 $\boldsymbol{r}(t)$ に関する汎関数

$$\mathcal{S}[\boldsymbol{r}] \equiv \int_{t_0}^{t_1} \mathcal{L}(\boldsymbol{r}, \dot{\boldsymbol{r}})\, dt, \qquad \mathcal{L}(\boldsymbol{r}, \dot{\boldsymbol{r}}) \equiv \frac{1}{2}m\dot{\boldsymbol{r}}^2 - U(\boldsymbol{r}) \tag{11.9}$$

の極値条件 $\delta \mathcal{S} = 0$ に等価である．ただし，$\dot{\boldsymbol{r}}^2 \equiv \dot{\boldsymbol{r}} \cdot \dot{\boldsymbol{r}}$ であり，また，積分の上下端での位置 $\boldsymbol{r}(t_0)$ と $\boldsymbol{r}(t_1)$ は決まっているものとする．汎関数 $\mathcal{S}[\boldsymbol{r}]$ を**作用**（action），関数 $\mathcal{L}$ を**ラグランジアン**（Lagrangian）と呼ぶ．ラグランジアンの次元がエネルギー $(\mathrm{kg \cdot m^2/s^2})$ なので，それを時間について積分した作用は，プランク定数 (1.2) と同じ次元 $\mathrm{kg \cdot m^2/s}$ を持つ．極値条件 $\delta \mathcal{S} = 0$ は，また，$\mathcal{L}$ のみを用いて

$$\frac{d}{dt}\frac{\partial \mathcal{L}(\boldsymbol{r}, \dot{\boldsymbol{r}})}{\partial \dot{\boldsymbol{r}}} - \frac{\partial \mathcal{L}(\boldsymbol{r}, \dot{\boldsymbol{r}})}{\partial \boldsymbol{r}} = \boldsymbol{0} \tag{11.10}$$

とも表せる（例題 11.3 (2)）．これを**ラグランジュ方程式**，または，**オイラー–ラグランジュ方程式**といい，ニュートンの運動方程式に等価である（例題 11.3 (3)）．

---

**例題 11.3**

以下の問いに答えよ．

(1) ニュートンの運動方程式 (11.8) が，汎関数 (11.9) の極値条件 $\delta \mathcal{S} = 0$ と等価であることを示せ．

(2) 汎関数 (11.9) の極値条件 $\delta \mathcal{S} = 0$ を，$\mathcal{L}$ のみを用いて表すと，(11.10) 式となることを示せ．

(3) (11.10) 式を $\mathcal{L}(\boldsymbol{r}, \dot{\boldsymbol{r}}) \equiv \frac{1}{2}m\dot{\boldsymbol{r}}^2 - U(\boldsymbol{r})$ の場合について計算し，ニュートンの運動方程式 (11.8) が得られることを示せ．

## 第 11 章　解析力学 1

**【解答】**（1）運動の軌跡の無限小変化を $\delta r$ で表す．(11.8) 式と $\delta r$ とのスカラー積をとって左辺を移項すると，

$$0 = -m\ddot{\bm{r}} \cdot \delta \bm{r} - \delta \bm{r} \cdot \bm{\nabla} U$$

が得られる．この式を，端点が固定されている条件

$$\delta \bm{r}(t_0) = \delta \bm{r}(t_1) = \bm{0} \tag{11.11}$$

の下で，$t \in [t_0, t_1]$ について積分する．その積分式は，次のように変形できる．

$$\begin{aligned}
0 &= \int_{t_0}^{t_1} (-m\ddot{\bm{r}} \cdot \delta \bm{r} - \delta \bm{r} \cdot \bm{\nabla} U)\, dt \quad \color{blue}{m\ddot{\bm{r}} \cdot \delta \bm{r} \text{ 項を部分積分}} \\
&= -\left[m\dot{\bm{r}} \cdot \delta \bm{r}\right]_{t_0}^{t_1} + \int_{t_0}^{t_1} \left(m\dot{\bm{r}} \cdot \frac{d}{dt}\delta \bm{r} - \delta \bm{r} \cdot \bm{\nabla} U\right) dt \\
&\quad \color{blue}{\text{第一項は (11.11) 式よりゼロ}: \quad \frac{d}{dt}\delta \bm{r}(t) = \delta \bm{v}(t) = \delta \dot{\bm{r}}(t)} \\
&= \int_{t_0}^{t_1} \{m\dot{\bm{r}} \cdot \delta \dot{\bm{r}} - \delta \bm{r} \cdot \bm{\nabla} U(\bm{r})\}\, dt \quad \color{blue}{\text{微分の連鎖律を考慮}} \\
&= \int_{t_0}^{t_1} \delta \left\{\frac{1}{2} m\dot{\bm{r}} \cdot \dot{\bm{r}} - U(\bm{r})\right\} dt \\
&= \int_{t_0}^{t_1} \delta \mathcal{L}(\bm{r}, \dot{\bm{r}})\, dt.
\end{aligned}$$

このようにして，(11.8) 式が汎関数 (11.9) の極値問題となっていることを示せた．ちなみに，題意の証明は，(11.9) 式の変分をとることでも行うことができ，その過程は，上の証明を逆にたどることになる．

（2）汎関数 (11.9) の $\bm{r}$ を $\bm{r} + \delta \bm{r}$ に置き換え，$\delta \bm{r}$ について 1 次の項を取り出す．その過程は例題 11.2 と本質的に同じで，以下のように実行できる．

$$\begin{aligned}
\delta \mathcal{S} &= \int_{t_0}^{t_1} \left\{\frac{\partial \mathcal{L}(\bm{r}, \dot{\bm{r}})}{\partial \bm{r}} \cdot \delta \bm{r} + \frac{\partial \mathcal{L}(\bm{r}, \dot{\bm{r}})}{\partial \dot{\bm{r}}} \cdot \delta \dot{\bm{r}}\right\} dt \quad \color{blue}{\delta \dot{\bm{r}} \text{ 項について部分積分}} \\
&= \left[\frac{\partial \mathcal{L}(\bm{r}, \dot{\bm{r}})}{\partial \dot{\bm{r}}} \cdot \delta \bm{r}\right]_{t_0}^{t_1} + \int_{t_0}^{t_1} \left\{\frac{\partial \mathcal{L}(\bm{r}, \dot{\bm{r}})}{\partial \bm{r}} \cdot \delta \bm{r} - \delta \bm{r} \cdot \frac{d}{dt}\frac{\partial \mathcal{L}(\bm{r}, \dot{\bm{r}})}{\partial \dot{\bm{r}}}\right\} dt \\
&\quad \color{blue}{\text{第一項は (11.11) 式よりゼロ}} \\
&= \int_{t_0}^{t_1} \left\{\frac{\partial \mathcal{L}(\bm{r}, \dot{\bm{r}})}{\partial \bm{r}} - \frac{d}{dt}\frac{\partial \mathcal{L}(\bm{r}, \dot{\bm{r}})}{\partial \dot{\bm{r}}}\right\} \cdot \delta \bm{r}\, dt.
\end{aligned}$$

極値条件 $\delta \mathcal{S} = 0$ が任意の $\delta \bm{r}$ について成り立つための必要十分条件は，(11.10) 式が成立していることである．

（3）ラグランジアンが

## 11.2 作用とラグランジアン

$$\mathcal{L}(\boldsymbol{r},\dot{\boldsymbol{r}}) \equiv \frac{1}{2}m\dot{\boldsymbol{r}}^2 - U(\boldsymbol{r})$$

で与えられるとき，その $\boldsymbol{r}$ と $\dot{\boldsymbol{r}}$ についての偏微分は，次のように実行できる．

$$\frac{\partial \mathcal{L}(\boldsymbol{r},\dot{\boldsymbol{r}})}{\partial \dot{\boldsymbol{r}}} = \frac{\partial}{\partial \dot{\boldsymbol{r}}}\left(\frac{1}{2}m\dot{\boldsymbol{r}}^2\right) = m\dot{\boldsymbol{r}},$$

$$\frac{\partial \mathcal{L}(\boldsymbol{r},\dot{\boldsymbol{r}})}{\partial \boldsymbol{r}} = -\frac{\partial U(\boldsymbol{r})}{\partial \boldsymbol{r}} = -\boldsymbol{\nabla} U(\boldsymbol{r}).$$

これらをラグランジュ方程式 (11.10) に代入すると，

$$0 = \frac{d}{dt}\frac{\partial \mathcal{L}(\boldsymbol{r},\dot{\boldsymbol{r}})}{\partial \dot{\boldsymbol{r}}} - \frac{\partial \mathcal{L}(\boldsymbol{r},\dot{\boldsymbol{r}})}{\partial \boldsymbol{r}} = \frac{d}{dt}m\dot{\boldsymbol{r}} + \boldsymbol{\nabla}U(\boldsymbol{r}) = m\ddot{\boldsymbol{r}} + \boldsymbol{\nabla}U(\boldsymbol{r})$$

と変形でき，ニュートンの運動方程式 (11.8) が再現される．■

以上のように，作用 (11.9) に関する極値条件 $\delta \mathcal{S} = 0$ から，物体の従う運動方程式，つまり，実現される軌跡を決める方程式が得られる．これを，**ハミルトンの原理**，**最小作用の原理**，あるいは，**停留作用の原理**という．なお，例題 11.3 (1) の導出からも明らかなように，$\delta \mathcal{S} = 0$ から決まる軌跡は，汎関数積分 (11.9) に停留値を与えることは確かであるが，それが最小値であるとは断言できない．つまり，「停留作用の原理」の呼称が，より適切に $\delta \mathcal{S} = 0$ の事実を表している．また，停留条件 $\delta \mathcal{S} = 0$ からのラグランジュ方程式 (11.10) の導出は，例えばポテンシャルが $U(\boldsymbol{r},t)$ と時間依存する場合のように，ラグランジアン $\mathcal{L}$ にあらわな時間依存性 $\mathcal{L}(\boldsymbol{r},\dot{\boldsymbol{r}},t)$ があっても，そのまま成り立つことを指摘しておく．

物理学に現れる方程式は，停留作用の原理で表現できることが多い．電磁気学や量子力学の基礎方程式も，停留作用の原理に従って導くことができる．初期に発見され，その後の物理学の発展に大きく寄与した変分原理としては，フェルマー（1607〜1665）による幾何光学に関する**フェルマーの原理**（1661）がある．

### ❷ コリオリ力のラグランジアン

力 $\boldsymbol{F}$ が速度 $\boldsymbol{v}$ に依存し，$\boldsymbol{F} = -\boldsymbol{\nabla}U(\boldsymbol{r})$ とは表せないような場合にも，ラグランジアンが構成できることがある．その例として，**コリオリ力** (8.14) を取り上げる．

---
**例題 11.4**

地表の上空にある質量 $m$ の物体に働くコリオリ力は，地球の自転角速度 $\boldsymbol{\Omega}$ [rad/s]，および，地球と共に回転する座標系で見た物体の速度 $\dot{\boldsymbol{r}}$ [m/s] を用いて，$\boldsymbol{F}_{\mathrm{Cor}} = -2m\boldsymbol{\Omega} \times \dot{\boldsymbol{r}}$ と表せる．このコリオリ力に対するラグランジアン $\mathcal{L}_{\mathrm{Cor}}$ を，例題 11.3 (1) の方法で構成せよ．

**【解答】** $F_{\text{Cor}}$ と運動の軌跡の無限小変化 $\delta r$ とのスカラー積をとり，$t \in [t_0, t_1]$ について積分する．その表式は，端点固定の条件 $\delta r(t_0) = \delta r(t_1) = \mathbf{0}$ の下で，次のように書き換えられる．

$$\int_{t_0}^{t_1} F_{\text{Cor}} \cdot \delta r \, dt$$

$$= -2m \int_{t_0}^{t_1} (\mathbf{\Omega} \times \dot{r}) \cdot \delta r \, dt \qquad \text{微分公式 } fg' = (fg)' - f'g$$

$$= -2m \int_{t_0}^{t_1} [\delta\{(\mathbf{\Omega} \times \dot{r}) \cdot r\} - (\mathbf{\Omega} \times \delta\dot{r}) \cdot r] \, dt \qquad \delta\dot{r} \text{ 項について部分積分}$$

$$= 2m \left[(\mathbf{\Omega} \times \delta r) \cdot r\right]_{t=t_0}^{t_1} - 2m \int_{t_0}^{t_1} [\delta\{(\mathbf{\Omega} \times \dot{r}) \cdot r\} + (\mathbf{\Omega} \times \delta r) \cdot \dot{r}] \, dt$$

端点固定条件 $\delta r(t_0) = \delta r(t_1) = \mathbf{0}$ と (2.4b) 式を用いる

$$= -2m \int_{t_0}^{t_1} [\delta\{(\mathbf{\Omega} \times \dot{r}) \cdot r\} + (\dot{r} \times \mathbf{\Omega}) \cdot \delta r] \, dt \qquad \text{(2.4a) 式を用いる}$$

$$= \int_{t_0}^{t_1} [-2m \, \delta\{(\mathbf{\Omega} \times \dot{r}) \cdot r\} - F_{\text{Cor}} \cdot \delta r] \, dt.$$

最右辺の $F_{\text{Cor}}$ 項を最左辺に移項して 2 で割ると，次式が得られる．

$$\int_{t_0}^{t_1} F_{\text{Cor}} \cdot \delta r \, dt = -m \int_{t_0}^{t_1} \delta\{(\mathbf{\Omega} \times \dot{r}) \cdot r\} \, dt \equiv \int_{t_0}^{t_1} \delta \mathcal{L}_{\text{Cor}}(r, \dot{r}) \, dt$$

これより，コリオリ力に対するラグランジアン $\mathcal{L}_{\text{Cor}}$ が，次のように求まる．

$$\mathcal{L}_{\text{Cor}}(r, \dot{r}) = -m(\mathbf{\Omega} \times \dot{r}) \cdot r. \quad \blacksquare$$

上の $\mathcal{L}_{\text{Cor}}$ は，(2.4) 式を用いて，角運動量 $L = r \times m\dot{r}$ による表式

$$\mathcal{L}_{\text{Cor}}(r, \dot{r}) = m\mathbf{\Omega} \cdot (r \times \dot{r}) = \mathbf{\Omega} \cdot L \tag{11.12}$$

へと書き換えられる．ちなみに，$\mathcal{L}_{\text{Cor}}$ が構成できたのは，コリオリ力 $F_{\text{Cor}}$ が速度 $\dot{r}$ に垂直で，物体に仕事をせず，摩擦が生じないためである．

より一般的に，遠心力，コリオリ力，オイラー力を含むラグランジアンは，以下の (11.22) 式で与えられる（演習問題 11.4）．

## 11.3 ラグランジュ方程式の具体例

ニュートンの運動方程式は，ベクトル関数についての方程式であり，座標変換を行う場合には，粒子数を $n$ として，$3n$ 個の成分について実行する必要がある．また，それ以前に，各々の粒子に働く力を明らかにする必要がある．一方，ラグランジアンはスカラー量なので，書き下して座標変換すべき表現が一つのみとなる．また，端点固定条件は，元の変数から変換後の変数へと受け継がれるので，変換後の変数に関してラグランジュ方程式が成立することも保証される．従って，運動方程式導出の手間が大幅に簡略化されるのである．以上の事実を具体例で見ていこう．

### ❶ 単振り子

まず，4.1 節❷の単振り子を再び考察する．図 4.3(a) における単振り子の支点を原点に選ぶと，振動の軌道に沿った質点の位置 $x$ は，図の振動角 $\theta$ [rad] と糸の長さ $\ell$ を用いて，

$$x = \ell\theta$$

と表せる．一方，質点のポテンシャルエネルギーは，$\theta$ を用いて

$$-mg\ell\cos\theta$$

と書くことができる．ラグランジアンは，質点の運動エネルギーからポテンシャルエネルギーを引くことで，次のように書き下せる．

$$\mathcal{L} = \frac{1}{2}m\dot{x}^2 + mg\ell\cos\frac{x}{\ell} = \frac{1}{2}m\ell^2\dot{\theta}^2 + mg\ell\cos\theta. \tag{11.13}$$

第一の表式は $\mathcal{L} = \mathcal{L}(x,\dot{x})$，第二の表式は $\mathcal{L} = \mathcal{L}(\theta,\dot{\theta})$ と見なすことができる．対応するラグランジュ方程式 (11.10) は，$(\theta,\dot{\theta})$ を独立変数に選んで，

$$\begin{aligned}
0 &= \frac{d}{dt}\frac{\partial\mathcal{L}(\theta,\dot{\theta})}{\partial\dot{\theta}} - \frac{\partial\mathcal{L}(\theta,\dot{\theta})}{\partial\theta} = \frac{d}{dt}m\ell^2\dot{\theta} + mg\ell\sin\theta \\
&= m\ell^2(\ddot{\theta} + \omega^2\sin\theta), \qquad \omega \equiv \sqrt{\frac{g}{\ell}}
\end{aligned} \tag{11.14}$$

と書き換えられる．$|\theta| \ll 1$ のとき $\sin\theta \approx \theta$ であるので，(4.12) 式が得られる．

## ❷ 単振り子と円錐振り子

前項で扱った単振り子は，初期条件を変えることにより，2 次元的な周期運動も行えるようになる．このことを明らかにしよう．

---

**例題 11.5**

天井の梁（はり）から質量 $m$ の質点を長さ $\ell$ の糸で吊り下げ，微小振動させる．振り子の支点を原点として鉛直上方向に $z$ 軸を，それに垂直方向に $xy$ 平面をとる．以下の問いに答えよ．

(1) 質点の位置座標は，球座標を用いて

$$\boldsymbol{r} = (\ell\sin\theta\cos\varphi, \ell\sin\theta\sin\varphi, -\ell\cos\theta) \tag{11.15}$$

と表せる．ただし，$\theta \in [0, \pi]$ および $\varphi \in [0, 2\pi]$ である．微小振動する質点のラグランジアン $\mathcal{L}(\theta, \varphi, \dot\theta, \dot\varphi)$ を書き下せ．ただし，$|\theta| \ll 1$ のとき，

$$\sin\theta \approx \theta \qquad \text{および} \qquad \cos\theta \approx 1 - \frac{1}{2}\theta^2$$

と近似できる．

(2) $|\theta| \ll 1$ の場合について，角運動量の $z$ 成分 $L_z$ の表式を球座標で表せ．

(3) ラグランジュ方程式を書き下せ．また，$\varphi$ 方向の方程式が $L_z$ で表せることを示し，その意味を明らかにせよ．

(4) $\theta$ のラグランジュ方程式に $m\ell^2\dot\theta$ をかけて積分し，エネルギーの表式を求めよ．

---

【解答】(1) $\boldsymbol{r}$ を縦ベクトル表示すると，その時間微分が，積の微分公式を用いて，

$$\boldsymbol{r} = \ell\begin{pmatrix}\sin\theta\cos\varphi \\ \sin\theta\sin\varphi \\ -\cos\theta\end{pmatrix}, \quad \dot{\boldsymbol{r}} = \ell\dot\theta\begin{pmatrix}\cos\theta\cos\varphi \\ \cos\theta\sin\varphi \\ \sin\theta\end{pmatrix} + \ell\dot\varphi\begin{pmatrix}-\sin\theta\sin\varphi \\ \sin\theta\cos\varphi \\ 0\end{pmatrix} \tag{11.16a}$$

と計算できる．$\dot{\boldsymbol{r}}$ の式の右辺に現れる二つのベクトルは直交しているので，質点の運動エネルギーが，

$$\frac{1}{2}m\dot{\boldsymbol{r}}^2 = \frac{1}{2}m\ell^2\left(\dot\theta^2 + \dot\varphi^2\sin^2\theta\right) \tag{11.16b}$$

と得られる．ポテンシャルエネルギーは

$$mgz = -mg\ell\cos\theta = -m\ell^2\omega^2\cos\theta, \qquad \omega \equiv \sqrt{\frac{g}{\ell}} \tag{11.16c}$$

## 11.3 ラグランジュ方程式の具体例

と表せる. 運動エネルギー (11.16b) からポテンシャルエネルギー (11.16c) を引くと, 質点のラグランジアンが, 次のように求まる.

$$\mathcal{L} = m\ell^2 \left\{ \frac{1}{2}(\dot{\theta}^2 + \dot{\varphi}^2 \sin^2\theta) + \omega^2 \cos\theta \right\}$$
$$\approx m\ell^2 \left\{ \frac{1}{2}(\dot{\theta}^2 + \dot{\varphi}^2 \theta^2) + \omega^2 \left(1 - \frac{1}{2}\theta^2\right) \right\}. \tag{11.16d}$$

(2) (11.16a) 式より, 角運動量の $z$ 成分が, 次のように得られる.

$$L_z = m(x\dot{y} - y\dot{x})$$
$$= m\ell^2 \{\dot{\theta} \sin\theta \cos\theta (\cos\varphi \sin\varphi - \sin\varphi \cos\varphi) + \dot{\varphi} \sin^2\theta (\cos^2\varphi + \sin^2\varphi)\}$$
$$= m\ell^2 \dot{\varphi} \sin^2\theta \approx m\ell^2 \theta^2 \dot{\varphi}. \tag{11.16e}$$

(3) 次のように得られる.

$$0 = \frac{1}{m\ell^2} \left( \frac{d}{dt} \frac{\partial \mathcal{L}}{\partial \dot{\theta}} - \frac{\partial \mathcal{L}}{\partial \theta} \right) = \ddot{\theta} + \omega^2 \theta - \dot{\varphi}^2 \theta, \tag{11.16f}$$

$$0 = \frac{1}{m\ell^2} \left( \frac{d}{dt} \frac{\partial \mathcal{L}}{\partial \dot{\varphi}} - \frac{\partial \mathcal{L}}{\partial \varphi} \right) = \frac{d}{dt}(\dot{\varphi}\theta^2) = \frac{1}{m\ell^2} \frac{dL_z}{dt}. \tag{11.16g}$$

これより, $L_z$ は保存することがわかる.

(4) (11.16e) 式より

$$\dot{\varphi} = \frac{L_z}{m\ell^2 \theta^2}$$

と表し, (11.16f) 式に代入して $m\ell^2 \dot{\theta}$ をかけると, 次式となる.

$$0 = m\ell^2 \dot{\theta} \left( \ddot{\theta} + \omega^2 \theta - \frac{L_z^2}{m^2 \ell^4 \theta^3} \right). \tag{11.16h}$$

この式は容易に不定積分でき, $E$ を積分定数として,

$$E = \frac{1}{2}m\ell^2 \dot{\theta}^2 + \frac{1}{2}m\ell^2 \omega^2 \theta^2 + \frac{L_z^2}{2m\ell^2 \theta^2} \tag{11.16i}$$

が得られる. ■

(11.16i) 式のエネルギーは, 変数を置き換えれば, 演習問題 9.2 で扱ったエネルギーと全く同じである. 従って, 質点は一般に楕円軌道あるいは直線軌道を描くことになる. その区別を与えるのが, (11.16h) 式の $L_z$ で, その値は初期条件により決まる. 特に, 軌道が円を描くように初期速度を与えた振り子を, **円錐振り子**という (演習問題 9.2 (6) 参照).

### ❸ フーコーの振り子

演習問題 8.3 で扱ったフーコーの振り子を，ラグランジュ形式で考察する．

#### 例題 11.6

北緯 $\Theta$ [rad] の地点において，天井の梁から質量 $m$ の質点を長さ $\ell$ の糸で吊り下げ，鉛直面内で微小振動させる．単振り子の支点を原点として，鉛直上方向に $z$ 軸を，それに垂直方向に $xy$ 平面をとり，$x$ 軸の方向は経線に平行かつ北向きに選ぶ．例題 11.5 の結果も参考にして，以下の問いに答えよ．

(1) この座標系における地球の自転角速度 $\boldsymbol{\Omega}$ の表式を求めよ．
(2) 質点に働くコリオリ力のラグランジアン (11.12) を，球座標 (11.15) を用いて表せ．
(3) ラグランジュ方程式に対する $\mathcal{L}_{\mathrm{Cor}}$ からの追加項

$$\frac{1}{m\ell^2}\left(\frac{d}{dt}\frac{\partial \mathcal{L}_{\mathrm{Cor}}}{\partial \dot{u}} - \frac{\partial \mathcal{L}_{\mathrm{Cor}}}{\partial u}\right) \quad (u = \theta, \varphi)$$

を，$|\theta| \ll 1$ について展開し，最低次の表式を求めよ．

(4) (11.16f) 式と (11.16g) 式に (3) の結果を加えて，コリオリ力を考慮したラグランジュ方程式を書き下せ．
(5) 振動面が角振動数

$$\Omega_{\mathrm{s}} \equiv \Omega \sin \Theta$$

で回転する解があることを示せ．

**【解答】** (1) $\boldsymbol{\Omega} = (\Omega \cos \Theta, 0, \Omega \sin \Theta) \equiv (\Omega_{\mathrm{c}}, 0, \Omega_{\mathrm{s}})$.
(2) 角運動量

$$\boldsymbol{L} = \boldsymbol{r} \times m\dot{\boldsymbol{r}}$$

の球座標表示は，(11.16a) 式を用いて，

$$\boldsymbol{L} = m\ell^2 \dot{\theta}\begin{pmatrix} \sin\varphi \\ -\cos\varphi \\ 0 \end{pmatrix} + m\ell^2 \dot{\varphi}\begin{pmatrix} \cos\theta \sin\theta \cos\varphi \\ \cos\theta \sin\theta \sin\varphi \\ \sin^2\theta \end{pmatrix}$$

と書き下せる．これより，コリオリ力のラグランジアンが，

$$\mathcal{L}_{\mathrm{Cor}} = \boldsymbol{\Omega} \cdot \boldsymbol{L}$$
$$= m\ell^2\{\Omega_{\mathrm{c}}(\dot{\theta}\sin\varphi + \dot{\varphi}\cos\theta\sin\theta\cos\varphi) + \Omega_{\mathrm{s}}\dot{\varphi}\sin^2\theta\} \tag{11.17a}$$

と得られる．

## 11.3 ラグランジュ方程式の具体例

(3) 以下のように計算できる．

$$\frac{1}{m\ell^2}\left(\frac{d}{dt}\frac{\partial \mathcal{L}_{\text{Cor}}}{\partial \dot{\theta}} - \frac{\partial \mathcal{L}_{\text{Cor}}}{\partial \theta}\right) = \frac{d}{dt}(\Omega_{\text{c}}\sin\varphi) - \Omega_{\text{c}}\dot{\varphi}\cos\varphi\cos 2\theta - \Omega_{\text{s}}\dot{\varphi}\sin 2\theta$$
$$= \Omega_{\text{c}}\dot{\varphi}\cos\varphi\,(1-\cos 2\theta) - \Omega_{\text{s}}\dot{\varphi}\sin 2\theta$$
$$\approx -2\Omega_{\text{s}}\dot{\varphi}\,\theta, \tag{11.17b}$$

$$\frac{1}{m\ell^2}\left(\frac{d}{dt}\frac{\partial \mathcal{L}_{\text{Cor}}}{\partial \dot{\varphi}} - \frac{\partial \mathcal{L}_{\text{Cor}}}{\partial \varphi}\right) = \frac{d}{dt}\left(\Omega_{\text{s}}\sin^2\theta + \frac{\Omega_{\text{c}}}{2}\sin 2\theta\cos\varphi\right)$$
$$- \Omega_{\text{c}}\left(\dot{\theta}\cos\varphi - \frac{\dot{\varphi}}{2}\sin 2\theta\sin\varphi\right)$$
$$= \frac{d}{dt}\left(\Omega_{\text{s}}\sin^2\theta\right) - \Omega_{\text{c}}\dot{\theta}(1-\cos 2\theta)\cos\varphi$$
$$\approx \frac{d}{dt}\left(\Omega_{\text{s}}\theta^2\right). \tag{11.17c}$$

(4) (11.16f) 式と (11.16g) 式に，(11.17b) 式と (11.17c) 式の寄与を加えると，

$$\ddot{\theta} + \omega^2\theta - (\dot{\varphi}^2 + 2\Omega_{\text{s}}\dot{\varphi})\,\theta = 0, \tag{11.17d}$$

$$\frac{d}{dt}\{(\dot{\varphi} + \Omega_{\text{s}})\,\theta^2\} = 0 \tag{11.17e}$$

が得られる．

(5) (11.17e) 式には，

$$\dot{\varphi} = -\Omega_{\text{s}}$$

の解が存在する．これは，単振り子の振動面が角振動数 $\Omega_{\text{s}}$ で回転する**フーコーの振り子**を表す解である．また，

$$\dot{\varphi} = -\Omega_{\text{s}}$$

を (11.17d) 式に代入すると，

$$\ddot{\theta} + (\omega^2 + \Omega_{\text{s}}^2)\theta = 0$$

が得られ，単振動の角振動数が $\omega$ から

$$\sqrt{\omega^2 + \Omega_{\text{s}}^2}$$

へと変化することがわかる．これらの結果は，演習問題 8.3 を解いた結果と一致する．■

### ❹ 二重振り子

解析力学を用いると，複数の物体からなる系の運動方程式を，一つのラグランジアンから出発して書き下すことができる．この例を以下の例題 11.7 で示そう．ただし，その (5) と (6) では，線形代数の基礎[5] を既知としている．

---

**例題 11.7**

図 11.2 のような二重振り子がある．重力加速度を $g$ で表し，糸は弛まないものとして，以下の問いに答えよ．

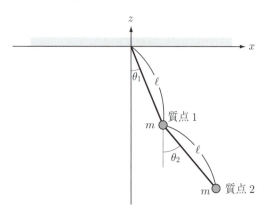

図 11.2　二重振り子

(1) 図のように $xz$ 座標を選ぶ．質点 $j=1,2$ の座標 $(x_j, z_j)$ を $\theta_1$ と $\theta_2$ を用いて表せ．

(2) ラグランジアン $\mathcal{L}$ を，$\theta_1$ と $\theta_2$ を独立変数として書き下せ．

(3) $|\theta_1|, |\theta_2| \ll 1$ が成り立つ微小振動について，$\mathcal{L}$ の近似式を，$\theta_j$ と $\dot{\theta}_j$ についての 2 次関数の形に求めよ．ただし，$|\theta| \ll 1$ のとき，$\cos\theta \approx 1 - \frac{1}{2}\theta^2$ が成り立つ．

(4) 微小振動の場合のラグランジュ方程式を書き下せ．

(5) (4) のラグランジュ方程式を解いて，固有角振動数を求めよ．

(6) 一般解を実数の形に求めよ．

---

【解答】　(1)　$(x_1, z_1) = (\ell\sin\theta_1, -\ell\cos\theta_1)$,

$\qquad (x_2, z_2) = (\ell\sin\theta_1 + \ell\sin\theta_2, -\ell\cos\theta_1 - \ell\cos\theta_2)$.

(2)　$xz$ 表示でのラグランジアンは，各質点について運動エネルギーからポテンシャ

## 11.3 ラグランジュ方程式の具体例

ルエネルギーを差し引き，その結果を足し合わせて構成できる．その後，$\theta$ 表示に移ると，以下のように変形できる．

$$\begin{aligned}\mathcal{L} &= \frac{1}{2}m(\dot{x}_1^2 + \dot{z}_1^2) + \frac{1}{2}m(\dot{x}_2^2 + \dot{z}_2^2) - mgz_1 - mgz_2 \\ &= \frac{1}{2}m\ell^2\{(\dot{\theta}_1\cos\theta_1)^2 + (\dot{\theta}_1\sin\theta_1)^2\} \\ &\quad + \frac{1}{2}m\ell^2\{(\dot{\theta}_1\cos\theta_1 + \dot{\theta}_2\cos\theta_2)^2 + (\dot{\theta}_1\sin\theta_1 + \dot{\theta}_2\sin\theta_2)^2\} \\ &\quad + mg\ell\cos\theta_1 + mg\ell(\cos\theta_1 + \cos\theta_2) \\ &= \frac{1}{2}m\ell^2\{2\dot{\theta}_1^2 + \dot{\theta}_2^2 + 2\dot{\theta}_1\dot{\theta}_2\cos(\theta_1 - \theta_2)\} + mg\ell(2\cos\theta_1 + \cos\theta_2).\end{aligned}$$

(3) 微小振動の場合には，(2) の結果において，$\cos(\theta_1 - \theta_2) \approx 1$ および $\cos\theta_j \approx 1 - \frac{1}{2}\theta_j^2$ と近似できる．対応する $\mathcal{L}$ は，次のように得られる．

$$\mathcal{L} \approx \frac{1}{2}m\ell^2(2\dot{\theta}_1^2 + \dot{\theta}_2^2 + 2\dot{\theta}_1\dot{\theta}_2) + mg\ell\left(3 - \theta_1^2 - \frac{1}{2}\theta_2^2\right).$$

(4) $\theta_1$ と $\theta_2$ の運動方程式は，

$$\begin{aligned}0 &= \frac{d}{dt}\frac{\partial \mathcal{L}}{\partial \dot{\theta}_1} - \frac{\partial \mathcal{L}}{\partial \theta_1} = m\ell^2\left(2\ddot{\theta}_1 + \ddot{\theta}_2\right) + 2mg\ell\theta_1, \\ 0 &= \frac{d}{dt}\frac{\partial \mathcal{L}}{\partial \dot{\theta}_2} - \frac{\partial \mathcal{L}}{\partial \theta_2} = m\ell^2\left(\ddot{\theta}_1 + \ddot{\theta}_2\right) + mg\ell\theta_2\end{aligned}$$

と得られる．すなわち，$\omega_0 \equiv \sqrt{\frac{g}{\ell}}$ を用いて，以下のように表せる．

$$\ddot{\theta}_1 + \frac{1}{2}\ddot{\theta}_2 + \omega_0^2\theta_1 = 0, \qquad \ddot{\theta}_1 + \ddot{\theta}_2 + \omega_0^2\theta_2 = 0.$$

(5) (4) の結果を行列形式で表すと，次のようになる．

$$\begin{pmatrix} 1 & \frac{1}{2} \\ 1 & 1 \end{pmatrix}\begin{pmatrix} \ddot{\theta}_1 \\ \ddot{\theta}_2 \end{pmatrix} = -\omega_0^2\begin{pmatrix} \theta_1 \\ \theta_2 \end{pmatrix}, \qquad \omega_0 \equiv \sqrt{\frac{g}{\ell}}.$$

4.1 節❸における線形常微分方程式の解法に従い，$\theta_j = A_j e^{i\omega t}$ と置いて (4) の方程式に代入すると，時間微分 $\frac{d}{dt}$ が定数 $i\omega$ に置き換わり，

$$\begin{pmatrix} -\omega^2 + \omega_0^2 & -\frac{1}{2}\omega^2 \\ -\omega^2 & -\omega^2 + \omega_0^2 \end{pmatrix}\begin{pmatrix} A_1 \\ A_2 \end{pmatrix} = \begin{pmatrix} 0 \\ 0 \end{pmatrix} \qquad (11.18)$$

を得る．この方程式が有限な解を持つための必要十分条件は，左辺の行列の行列式がゼロとなること，すなわち，

$$0 = \det\begin{pmatrix} -\omega^2 + \omega_0^2 & -\frac{1}{2}\omega^2 \\ -\omega^2 & -\omega^2 + \omega_0^2 \end{pmatrix} = \frac{1}{2}\omega^4 - 2\omega_0^2\omega^2 + \omega_0^4$$

が成り立つことである．これより，二つの解 $\omega_\pm > 0$ が，次のように得られる．

$$\omega_\pm = \sqrt{2 \pm \sqrt{2}}\,\omega_0.$$

(6) 固有ベクトルは，(11.18) 式の $\omega^2$ を $\omega_\pm^2$ で置き換えた式の 1 行目，あるいは 2 行目の方程式から求められる．それらは等価で，2 行目の方程式は，$\omega_0^2$ で割ることにより，

$$0 = -(2 \pm \sqrt{2})A_1 - (1 \pm \sqrt{2})A_2 = -(1 \pm \sqrt{2})(\pm\sqrt{2}\,A_1 + A_2)$$

と表せる．ただし，複号同順である．これより，$\omega_\pm$ に属する固有ベクトルが，$A \equiv A_1$ を定数として

$$\boldsymbol{A}_\pm = A\begin{pmatrix} 1 \\ \mp\sqrt{2} \end{pmatrix}$$

と得られる．すなわち，質点 $m_1$ と $m_2$ の固有振動は，小さい固有角振動数 $\omega_-$ の場合が同位相（$A_2 = \sqrt{2}\,A_1$），大きい固有角振動数 $\omega_+$ の場合が逆位相（$A_2 = -\sqrt{2}\,A_1$）となる．方程式の基本解は $e^{\pm i\omega_\sigma t}$（$\sigma = \pm$）の四つであるが，それらの代わりに，実数の基本解 $(\cos\omega_\sigma t, \sin\omega_\sigma t)$ を選ぶこともできる．一般解は，四つの積分定数 $(A_\sigma, B_\sigma)$ を用いて，次のように表せる．

$$\begin{pmatrix} \theta_1 \\ \theta_2 \end{pmatrix} = \sum_{\sigma=\pm}(A_\sigma \cos\omega_\sigma t + B_\sigma \sin\omega_\sigma t)\begin{pmatrix} 1 \\ -\sigma\sqrt{2} \end{pmatrix}. \quad\blacksquare$$

## ❺ 万有引力による運動

図 9.1 における惑星 A の運動を解析力学で再考察する．そのエネルギーは，恒星 O を原点に選んだとき，(9.4) 式で与えられる．対応するラグランジアンは，(9.4) 式で右辺第二項（ポテンシャルエネルギー項）の符号を入れ換えた表式

$$\mathcal{L}(\boldsymbol{r}, \dot{\boldsymbol{r}}) = \frac{1}{2}m\dot{\boldsymbol{r}}^2 + \frac{GmM}{r} \tag{11.19}$$

となる．この式に (7.12) 式を代入すると，極座標表示での万有引力場のラグランジアンが，

$$\mathcal{L}(r, \dot{r}, \dot{\theta}) = \frac{1}{2}m\dot{r}^2 + \frac{1}{2}mr^2\dot{\theta}^2 + \frac{GmM}{r} \tag{11.20}$$

と得られる．ただし，(7.12) 式の右辺第二項は $\dot{\theta}$ を用いて表した．

## 11.3 ラグランジュ方程式の具体例

**例題 11.8**

万有引力場のラグランジアン (11.20) について,以下の問いに答えよ.
(1) $r$ と $\theta$ についてのラグランジュ方程式を書き下せ.
(2) 角運動量 $L = mr^2\dot{\theta}$ が保存することを示せ.
(3) (1) で得た $r$ についての方程式を不定積分し,(9.7) 式で表された $E$ が保存することを示せ.

【解答】 (1) $r$ と $\theta$ についてのラグランジュ方程式は,それぞれ,次のように得られる.

$$0 = \frac{d}{dt}\frac{\partial \mathcal{L}}{\partial \dot{r}} - \frac{\partial \mathcal{L}}{\partial r} = \frac{d}{dt}m\dot{r} - mr\dot{\theta}^2 + \frac{GmM}{r^2}, \tag{11.21a}$$

$$0 = \frac{d}{dt}\frac{\partial \mathcal{L}}{\partial \dot{\theta}} - \frac{\partial \mathcal{L}}{\partial \theta} = \frac{d}{dt}mr^2\dot{\theta}. \tag{11.21b}$$

(2) (11.21b) 式より,$L \equiv mr^2\dot{\theta}$ が

$$\frac{dL}{dt} = 0$$

を満たし,時間変化しないことがわかる.

(3) (11.21a) 式の $\dot{\theta}$ を,(2) で得られた保存量 $L$ で表した後,$\dot{r}$ をかけると

$$0 = \dot{r}\frac{d}{dt}m\dot{r} + \dot{r}\left(-\frac{L^2}{mr^3} + \frac{GmM}{r^2}\right)$$

$$= \frac{d}{dt}\left(\frac{1}{2}m\dot{r}^2 + \frac{L^2}{2mr^2} - \frac{GmM}{r}\right)$$

が得られる.この式は容易に不定積分でき,その結果は,$E$ を積分定数として,

$$E = \frac{1}{2}m\dot{r}^2 + \frac{L^2}{2mr^2} - \frac{GmM}{r}$$

と表せる.これは,(9.7) 式に一致する. ■

このようにして,極座標表示した万有引力場のラグランジアンから,$r$ と $\theta$ についてのラグランジュ方程式を書き下すことにより,(9.7) 式が再現された.この後の解法は,第 9 章の例題 9.2 以降に詳述したとおりである.

## 演習問題

**11.1** 演習問題 4.2 の系について，ラグランジアンとラグランジュ方程式を書き下せ．

**11.2** 図 10.3 のように，傾き $\theta$ の斜面を，質量 $M$，半径 $a$，慣性モーメント $I$ の剛体球が滑らずに転がり落ちている．重力加速度を $g$ として，以下の問いに答えよ．

(1) 斜面に沿って下る方向に $x$ 軸をとる．球の回転運動も考慮して，この系のラグランジアン $\mathcal{L}(x, \dot{x})$ を書き下せ．

(2) ラグランジュ方程式を書き下せ．

(3) 時刻 0 に，斜面上方の 1 点で，剛体球を静かに放した．その位置を $x$ 軸の原点とする．時刻 $t > 0$ で剛体球が斜面上にあるとき，その速度と位置を求めよ．

**11.3** 汎関数 (11.1) について，以下の問いに答えよ．

(1) オイラー方程式 (11.6) を具体的に書き下せ．

(2) そのオイラー方程式を解いて，最速降下曲線がサイクロイド曲線 (11.7) となることを示せ．

(3) 重力加速度を $g = 9.8\,\mathrm{m/s^2}$ とし，$x_\mathrm{A}$ が東京–大阪間の直線距離 $400\,\mathrm{km}$ の場合について，最速降下曲線でかかる時間を，有効数字 2 桁で求めよ．

**11.4** ラグランジアン

$$\mathcal{L}(\bm{r}, \dot{\bm{r}}) \equiv \frac{1}{2}m(\dot{\bm{r}} + \bm{\omega} \times \bm{r})^2 - U(\bm{r}) \tag{11.22}$$

で記述される質量 $m$ の物体がある．対応するラグランジュ方程式を導き，(8.11) 式の遠心力，コリオリ力，オイラー力が現れることを示せ．

# 第12章 解析力学2

前章に引き続いて,解析力学をより深く学ぶ.取り上げる話題は,ハミルトン形式の解析力学,対称性と保存則に関するネーターの定理,相対論的力学である.

## 12.1 作用とハミルトニアン

作用 (11.9) の被積分関数であるラグランジアン $\mathcal{L}(\boldsymbol{r}, \dot{\boldsymbol{r}})$ は,位置 $\boldsymbol{r}$ と速度 $\dot{\boldsymbol{r}}$ の関数である.その変数 $\dot{\boldsymbol{r}}$ を運動量 $\boldsymbol{p}$ に取り換えて,位置 $\boldsymbol{r}$ と運動量 $\boldsymbol{p}$ の関数であるハミルトニアン $\mathcal{H}(\boldsymbol{r}, \boldsymbol{p})$ を導こう.以下で見るように,この $\mathcal{H}$ は,エネルギーという意味を持つ関数である.また,力学から量子力学への移行に際して,基本的な役割を担うことになる.

まず,ラグランジアンを速度 $\dot{\boldsymbol{r}}$ で

$$\boldsymbol{p} \equiv \frac{\partial \mathcal{L}(\boldsymbol{r}, \dot{\boldsymbol{r}})}{\partial \dot{\boldsymbol{r}}} \tag{12.1a}$$

と微分し,**運動量** $\boldsymbol{p}$ を定義する.(11.9) 式の $\mathcal{L}$ について (12.1a) 式の微分を実行すると,既知の結果

$$\boldsymbol{p} = m\boldsymbol{v}$$

が得られ,(12.1a) 式の定義が妥当であることがわかる.(12.1a) 式は,**一般化運動量**とも呼ばれ,より複雑な系についても成り立つ運動量の定義式となっている(12.3節❷参照).次に,この運動量 $\boldsymbol{p}$,速度 $\dot{\boldsymbol{r}}$,および,ラグランジアン $\mathcal{L}(\boldsymbol{r}, \dot{\boldsymbol{r}})$ を用いて,位置 $\boldsymbol{r}$ と運動量 $\boldsymbol{p}$ の関数である**ハミルトニアン**

$$\mathcal{H}(\boldsymbol{r}, \boldsymbol{p}) \equiv \boldsymbol{p} \cdot \dot{\boldsymbol{r}} - \mathcal{L}(\boldsymbol{r}, \dot{\boldsymbol{r}}) \tag{12.1b}$$

を定義する.(12.1) 式は,関数 $\mathcal{L}(\boldsymbol{r}, \dot{\boldsymbol{r}})$ の変数 $\dot{\boldsymbol{r}}$ を,$\mathcal{L}$ の $\dot{\boldsymbol{r}}$ に関する微分係数 $\boldsymbol{p}$ に取り換える操作で,数学において**ルジャンドル変換**と呼ばれている.実際,(12.1a) 式により $\dot{\boldsymbol{r}}$ は $\boldsymbol{p}$ の関数として表せるので,それを (12.1b) 式に代入した右辺は,$\dot{\boldsymbol{r}}$ が消去されて $\boldsymbol{p}$ の関数と見なせる.ルジャンドル変換は,物理学の他の分野でもよく用いられる.例えば,熱力学では,内部エネルギーからのルジャンドル変換により,ヘルムホルツ自由エネルギーなどの一連の熱力学ポテンシャルが導かれる.

そのようにして得られた (12.1b) 式は，一般的に，$(\boldsymbol{r}, \boldsymbol{p})$ の関数としての**エネルギー**を表す．例えば，(11.9) 式の $\mathcal{L}(\boldsymbol{r}, \dot{\boldsymbol{r}})$ 式からハミルトニアン (12.1b) を構成すると，

$$\mathcal{H}(\boldsymbol{r}, \boldsymbol{p}) = \frac{\boldsymbol{p}^2}{2m} + U(\boldsymbol{r}) \tag{12.2}$$

が得られ（例題 12.1 (1)），確かに力学的エネルギーとなっている．(12.1b) 式を用いて作用 (11.9) をハミルトニアンで表すと，

$$\mathcal{S}[\boldsymbol{r}, \boldsymbol{p}] \equiv \int_{t_0}^{t_1} \{\boldsymbol{p} \cdot \dot{\boldsymbol{r}} - \mathcal{H}(\boldsymbol{r}, \boldsymbol{p})\} dt \tag{12.3}$$

となる．ここで，作用 $\mathcal{S}$ の変数に $\boldsymbol{p}$ を加えたのは，$\boldsymbol{r}$ とは独立した変数と見なすことを明示するためである．(12.3) 式に，端点固定条件 (11.11) を課し，停留作用の原理

$$\delta\mathcal{S} = 0$$

を要請すると，ハミルトン方程式（正準方程式）

$$\dot{\boldsymbol{r}} = \frac{\partial \mathcal{H}(\boldsymbol{r}, \boldsymbol{p})}{\partial \boldsymbol{p}}, \tag{12.4a}$$

$$\dot{\boldsymbol{p}} = -\frac{\partial \mathcal{H}(\boldsymbol{r}, \boldsymbol{p})}{\partial \boldsymbol{r}} \tag{12.4b}$$

が得られる（例題 12.1 (2)）．そして，それらの右辺に (12.2) 式を代入すると，運動量と速度の関係 $\boldsymbol{p} = m\dot{\boldsymbol{r}}$，および，ニュートンの運動方程式 (11.8) が再現される（例題 12.1 (3)）．

---

**例題 12.1**

以下の問いに答えよ．

(1) (11.9) 式の $\mathcal{L}$ 式から，ルジャンドル変換 (12.1) の手続きによりハミルトニアン $\mathcal{H}$ を構成すると，(12.2) 式が得られることを示せ．

(2) 端点固定 (11.11) の下での汎関数 (12.3) の極値条件から，ハミルトン方程式 (12.4) が得られることを示せ．

(3) ハミルトン方程式 (12.4) に (12.2) 式を代入すると，運動量と速度の関係 $\boldsymbol{p} = m\dot{\boldsymbol{r}}$，および，ニュートンの運動方程式 (11.8) が得られることを示せ．

## 12.1 作用とハミルトニアン

**【解答】** (1) (12.1a) 式に (11.9) 式の $\mathcal{L}(\boldsymbol{r},\dot{\boldsymbol{r}})$ を代入すると，

$$\boldsymbol{p} = \frac{\partial}{\partial \dot{\boldsymbol{r}}}\left\{\frac{1}{2}m\dot{\boldsymbol{r}}^2 - U(\boldsymbol{r})\right\} = m\dot{\boldsymbol{r}}$$

が得られる．これと (11.9) 式の $\mathcal{L}(\boldsymbol{r},\dot{\boldsymbol{r}})$ を (12.1b) 式に代入すると，$\mathcal{H}(\boldsymbol{r},\boldsymbol{p})$ が次のように得られる．

$$\begin{aligned}\mathcal{H}(\boldsymbol{r},\boldsymbol{p}) &= \boldsymbol{p}\cdot\dot{\boldsymbol{r}} - \left\{\frac{1}{2}m\dot{\boldsymbol{r}}^2 - U(\boldsymbol{r})\right\} \qquad \dot{\boldsymbol{r}} = \frac{\boldsymbol{p}}{m}\\ &= \boldsymbol{p}\cdot\frac{\boldsymbol{p}}{m} - \left\{\frac{1}{2}m\left(\frac{\boldsymbol{p}}{m}\right)^2 - U(\boldsymbol{r})\right\}\\ &= \frac{\boldsymbol{p}^2}{2m} + U(\boldsymbol{r}).\end{aligned}$$

(2) 作用 (12.3) の第 1 変分 $\delta\mathcal{S}$ の表式は，(12.3) 式で $(\boldsymbol{r},\boldsymbol{p})$ を $(\boldsymbol{r}+\delta\boldsymbol{r},\boldsymbol{p}+\delta\boldsymbol{p})$ で置き換え，$(\delta\boldsymbol{r},\delta\boldsymbol{p})$ について 1 次の項を取り出すことで得られ，さらに次のように変形できる．

$$\begin{aligned}&\delta\mathcal{S}[\boldsymbol{r},\boldsymbol{p}]\\ &= \int_{t_0}^{t_1}\delta\{\boldsymbol{p}\cdot\dot{\boldsymbol{r}} - \mathcal{H}(\boldsymbol{r},\boldsymbol{p})\}\,dt \quad \text{積の微分公式}\\ &= \int_{t_0}^{t_1}\left\{\dot{\boldsymbol{r}}\cdot\delta\boldsymbol{p} + \boldsymbol{p}\cdot\delta\dot{\boldsymbol{r}} - \frac{\partial\mathcal{H}(\boldsymbol{r},\boldsymbol{p})}{\partial\boldsymbol{r}}\cdot\delta\boldsymbol{r} - \frac{\partial\mathcal{H}(\boldsymbol{r},\boldsymbol{p})}{\partial\boldsymbol{p}}\cdot\delta\boldsymbol{p}\right\}dt\\ &\qquad\qquad\qquad\qquad \boldsymbol{p}\cdot\delta\dot{\boldsymbol{r}} \text{ 項について部分積分}\\ &= \Big[\boldsymbol{p}\cdot\delta\boldsymbol{r}\Big]_{t_0}^{t_1} + \int_{t_0}^{t_1}\left\{\dot{\boldsymbol{r}}\cdot\delta\boldsymbol{p} - \dot{\boldsymbol{p}}\cdot\delta\boldsymbol{r} - \frac{\partial\mathcal{H}(\boldsymbol{r},\boldsymbol{p})}{\partial\boldsymbol{r}}\cdot\delta\boldsymbol{r} - \frac{\partial\mathcal{H}(\boldsymbol{r},\boldsymbol{p})}{\partial\boldsymbol{p}}\cdot\delta\boldsymbol{p}\right\}dt\\ &\qquad\qquad\qquad (11.11) \text{ 式より第一項はゼロ}\\ &= \int_{t_0}^{t_1}\left[\left\{\dot{\boldsymbol{r}} - \frac{\partial\mathcal{H}(\boldsymbol{r},\boldsymbol{p})}{\partial\boldsymbol{p}}\right\}\cdot\delta\boldsymbol{p} - \left\{\dot{\boldsymbol{p}} + \frac{\partial\mathcal{H}(\boldsymbol{r},\boldsymbol{p})}{\partial\boldsymbol{r}}\right\}\cdot\delta\boldsymbol{r}\right]dt.\end{aligned}$$

この $\delta\mathcal{S}[\boldsymbol{r},\boldsymbol{p}]$ が，任意の $(\delta\boldsymbol{r},\delta\boldsymbol{p})$ についてゼロとなるための必要十分条件は，ハミルトン方程式 (12.4) が成立することである．

(3) ハミルトン方程式 (12.4) に (12.2) 式を代入すると，

$$\dot{\boldsymbol{r}} = \frac{\partial}{\partial\boldsymbol{p}}\left\{\frac{\boldsymbol{p}^2}{2m} + U(\boldsymbol{r})\right\} = \frac{\boldsymbol{p}}{m},$$

$$\dot{\boldsymbol{p}} = -\frac{\partial}{\partial\boldsymbol{r}}\left\{\frac{\boldsymbol{p}^2}{2m} + U(\boldsymbol{r})\right\} = -\boldsymbol{\nabla}U(\boldsymbol{r})$$

が得られ，それぞれ，$\boldsymbol{p} = m\dot{\boldsymbol{r}}$ および (11.8) 式となっている． ∎

ちなみに，ハミルトン方程式 (12.4) は，熱力学でよく用いられる手続きである「$\mathcal{H}(\boldsymbol{r},\boldsymbol{p})$ と (12.1b) 式の全微分を比較する」方法によっても導出できる（演習問題 12.1）．また，(12.4) 式より，$(\boldsymbol{r},\boldsymbol{p},t)$ を独立変数とする一般の物理量 $\varPhi(\boldsymbol{r},\boldsymbol{p},t)$ が，**ポアソン括弧式**

$$\{\varPhi,\mathcal{H}\} \equiv \frac{\partial \varPhi}{\partial \boldsymbol{r}}\cdot\frac{\partial \mathcal{H}}{\partial \boldsymbol{p}} - \frac{\partial \varPhi}{\partial \boldsymbol{p}}\cdot\frac{\partial \mathcal{H}}{\partial \boldsymbol{r}} \tag{12.5}$$

を用いた方程式

$$\frac{d\varPhi}{dt} = \frac{\partial \varPhi}{\partial t} + \{\varPhi,\mathcal{H}\} \tag{12.6}$$

に従うことも証明できる（演習問題 12.2）．特に，$\varPhi$ としてハミルトニアン $\mathcal{H}(\boldsymbol{r},\boldsymbol{p},t)$ を選ぶと，

$$\frac{d\mathcal{H}(\boldsymbol{r},\boldsymbol{p},t)}{dt} = \frac{\partial \mathcal{H}(\boldsymbol{r},\boldsymbol{p},t)}{\partial t} \tag{12.7}$$

が得られる．これより，ハミルトニアンがあらわに時間に依存しない場合，すなわち，$\mathcal{H}(\boldsymbol{r},\boldsymbol{p})$ と書ける場合には，

$$\frac{d\mathcal{H}(\boldsymbol{r},\boldsymbol{p})}{dt} = 0$$

が成立すること，すなわち，**エネルギー保存則**が成立することを結論づけられる．

## 12.2 対称性と保存則

汎関数積分を出発点とする解析力学では，運動方程式を簡略化できるだけでなく，対称性と保存則の関係も明らかにできる．エミー ネーター（1882〜1935）によって証明されたこの関係は，**ネーターの定理**として知られている．

### ❶ エネルギー保存則

ラグランジアンが時間にあらわに依存せず，$\mathcal{L}(\boldsymbol{r}, \dot{\boldsymbol{r}})$ と書ける場合を考察する．すると，時間の並進を表す変換

$$\tau \equiv t + \delta t, \tag{12.8a}$$

$$\boldsymbol{\rho}(\tau) \equiv \boldsymbol{r}(t) = \boldsymbol{r}(\tau - \delta t) \tag{12.8b}$$

の下で，作用 (11.9) はその形を変えない．このことは次のように示せる．

$$\int_{t_0}^{t_1} \mathcal{L}(\boldsymbol{r}(t), \dot{\boldsymbol{r}}(t))\, dt \qquad \text{変数変換 } t \to \tau$$

$$= \int_{t_0+\delta t}^{t_1+\delta t} \mathcal{L}(\boldsymbol{r}(\tau - \delta t), \dot{\boldsymbol{r}}(\tau - \delta t))\, d\tau \qquad \boldsymbol{r}(\tau - \delta t) = \boldsymbol{\rho}(\tau)$$

$$= \int_{\tau_0}^{\tau_1} \mathcal{L}(\boldsymbol{\rho}(\tau), \dot{\boldsymbol{\rho}}(\tau))\, d\tau. \tag{12.9}$$

すなわち，最初と最後は表式が同じで，単なる変数の置き換え $(\boldsymbol{r}, t) \leftrightarrow (\boldsymbol{\rho}, \tau)$ で結ばれ，両者の差はゼロである．その表式を $\delta t$ について展開し，$\delta t$ が無限小の場合を考えて 1 次の項のみを残すと，次のように書き換えられる．

$$0 = \int_{\tau_0}^{\tau_1} \mathcal{L}(\boldsymbol{\rho}(\tau), \dot{\boldsymbol{\rho}}(\tau))\, d\tau - \int_{t_0}^{t_1} \mathcal{L}(\boldsymbol{r}(t), \dot{\boldsymbol{r}}(t))\, dt$$

$$= \int_{t_0+\delta t}^{t_1+\delta t} \mathcal{L}(\boldsymbol{r}(\tau - \delta t), \dot{\boldsymbol{r}}(\tau - \delta t))\, d\tau - \int_{t_0}^{t_1} \mathcal{L}(\boldsymbol{r}(t), \dot{\boldsymbol{r}}(t))\, dt$$

積分上下限の $\delta t$，および，被積分関数内の $\delta t$ について展開

$$= \left[ \mathcal{L}(\boldsymbol{r}, \dot{\boldsymbol{r}}) \right]_{t_0}^{t_1} \delta t - \int_{t_0}^{t_1} \left\{ \frac{\partial \mathcal{L}(\boldsymbol{r}, \dot{\boldsymbol{r}})}{\partial \boldsymbol{r}} \cdot \dot{\boldsymbol{r}} + \frac{\partial \mathcal{L}(\boldsymbol{r}, \dot{\boldsymbol{r}})}{\partial \dot{\boldsymbol{r}}} \cdot \ddot{\boldsymbol{r}} \right\} \delta t\, d\tau$$

$\boldsymbol{r}(\tau) = \boldsymbol{r}$ と略記した： $\ddot{\boldsymbol{r}}$ 項について部分積分

$$= \left[ \mathcal{L}(\boldsymbol{r}, \dot{\boldsymbol{r}}) - \frac{\partial \mathcal{L}(\boldsymbol{r}, \dot{\boldsymbol{r}})}{\partial \dot{\boldsymbol{r}}} \cdot \dot{\boldsymbol{r}} \right]_{t_0}^{t_1} \delta t - \int_{t_0}^{t_1} \left\{ \frac{\partial \mathcal{L}(\boldsymbol{r}, \dot{\boldsymbol{r}})}{\partial \boldsymbol{r}} - \frac{d}{dt} \frac{\partial \mathcal{L}(\boldsymbol{r}, \dot{\boldsymbol{r}})}{\partial \dot{\boldsymbol{r}}} \right\} \cdot \dot{\boldsymbol{r}}\, \delta t\, d\tau$$

### 第 12 章　解析力学 2

(11.10) 式と (12.1) 式を代入

$$= \left[-\mathcal{H}(\boldsymbol{r},\boldsymbol{p})\right]_{t_0}^{t_1} \delta t.$$

これより，$\mathcal{H}(\boldsymbol{r},\boldsymbol{p})$ が $t=t_0,t_1$ で同じ値を持つこと，すなわち，$\mathcal{H}(\boldsymbol{r},\boldsymbol{p})$ が保存することが明らかになった．このように，**エネルギー保存則**は，時間並進操作 (12.8) の下での作用の不変性，すなわち，系が時間並進対称性を持つことに由来する．

### ❷ 運動量保存則

作用 (11.9) が，定ベクトル $\delta\boldsymbol{r}$ を用いた空間の並進を表す変換

$$\boldsymbol{\rho}(t) \equiv \boldsymbol{r}(t) + \delta\boldsymbol{r} \tag{12.10}$$

の下で，その形を変えない場合を考察する．$\delta\dot{\boldsymbol{r}}=\boldsymbol{0}$ を考慮してその主張を書き下し，$\delta\boldsymbol{r}$ が無限小の極限に移ると，次のように変形できる．

$$0 = \int_{t_0}^{t_1} \mathcal{L}(\boldsymbol{\rho},\dot{\boldsymbol{\rho}})\, dt - \int_{t_0}^{t_1} \mathcal{L}(\boldsymbol{r},\dot{\boldsymbol{r}})\, dt = \int_{t_0}^{t_1} \{\mathcal{L}(\boldsymbol{r}+\delta\boldsymbol{r},\dot{\boldsymbol{r}}) - \mathcal{L}(\boldsymbol{r},\dot{\boldsymbol{r}})\}\, dt$$

$$= \int_{t_0}^{t_1} \frac{\partial \mathcal{L}(\boldsymbol{r},\dot{\boldsymbol{r}})}{\partial \boldsymbol{r}}\, dt \cdot \delta\boldsymbol{r} \quad \color{blue}{\text{被積分関数から}\ \frac{d}{dt}\frac{\partial \mathcal{L}(\boldsymbol{r},\dot{\boldsymbol{r}})}{\partial \dot{\boldsymbol{r}}}\ \text{を引いて足す}}$$

$$= \int_{t_0}^{t_1} \left\{ \frac{\partial \mathcal{L}(\boldsymbol{r},\dot{\boldsymbol{r}})}{\partial \boldsymbol{r}} - \frac{d}{dt}\frac{\partial \mathcal{L}(\boldsymbol{r},\dot{\boldsymbol{r}})}{\partial \dot{\boldsymbol{r}}} + \frac{d}{dt}\frac{\partial \mathcal{L}(\boldsymbol{r},\dot{\boldsymbol{r}})}{\partial \dot{\boldsymbol{r}}} \right\} dt \cdot \delta\boldsymbol{r}$$

$$= \int_{t_0}^{t_1} \left\{ \frac{\partial \mathcal{L}(\boldsymbol{r},\dot{\boldsymbol{r}})}{\partial \boldsymbol{r}} - \frac{d}{dt}\frac{\partial \mathcal{L}(\boldsymbol{r},\dot{\boldsymbol{r}})}{\partial \dot{\boldsymbol{r}}} \right\} dt \cdot \delta\boldsymbol{r} + \left[\frac{\partial \mathcal{L}(\boldsymbol{r},\dot{\boldsymbol{r}})}{\partial \dot{\boldsymbol{r}}}\right]_{t_0}^{t_1} \cdot \delta\boldsymbol{r}$$

(11.10) 式と (12.1a) 式を代入

$$= \left[\boldsymbol{p}\right]_{t_0}^{t_1} \cdot \delta\boldsymbol{r}.$$

これより，$\boldsymbol{p}$ が $t=t_0,t_1$ で同じ値を持つこと，すなわち，$\boldsymbol{p}$ が保存することが明らかになった．このように，**運動量保存則**は，空間並進操作 (12.10) の下での作用の不変性，すなわち，系が空間並進対称性を持つことに由来する．

変換 (12.10) により不変となるラグランジアンの典型例としては，$\mathcal{L}=\frac{1}{2}m\dot{\boldsymbol{r}}^2$ のように，$\mathcal{L}$ が速度 $\dot{\boldsymbol{r}}$ のみに依存する場合が挙げられる．その場合のラグランジュ方程式 (11.10) は，(12.1a) 式も用いて

$$\boldsymbol{0} = \frac{d}{dt}\frac{\partial \mathcal{L}(\boldsymbol{r},\dot{\boldsymbol{r}})}{\partial \dot{\boldsymbol{r}}} = \frac{d\boldsymbol{p}}{dt}$$

と表せ，より直接的に運動量保存則の成立が確認できる．

## 12.2 対称性と保存則

### ❸ 角運動量保存則

ラグランジアンが空間的に等方的で，回転に対して不変である場合を考察する．例えば (11.19) 式は，運動エネルギーがスカラー積で表され，ポテンシャルも原点からの距離 $r$ のみに依存するので，原点まわりの回転に対して不変である．回転操作は，一般に，回転行列 $\underline{R}$ を用いて，

$$\boldsymbol{\rho} = \underline{R}\boldsymbol{r} = \boldsymbol{r} + \delta\boldsymbol{\theta} \times \boldsymbol{r} + \cdots \tag{12.11}$$

と表せる．ここで，$\delta\boldsymbol{\theta}$ は回転ベクトルで，第二の表式は，回転角 $\delta\theta \equiv |\delta\boldsymbol{\theta}|$ に関する展開式である．例えば，$z$ 軸まわりの角度 $\delta\theta$ の回転行列は，

$$\underline{R} = \begin{pmatrix} \cos\delta\theta & -\sin\delta\theta & 0 \\ \sin\delta\theta & \cos\delta\theta & 0 \\ 0 & 0 & 1 \end{pmatrix} = \begin{pmatrix} 1 & -\delta\theta & 0 \\ \delta\theta & 1 & 0 \\ 0 & 0 & 1 \end{pmatrix} + (\delta\theta \text{ の 2 次以上の項})$$

と表すことができ，$\delta\boldsymbol{\theta} = \boldsymbol{e}_z \delta\theta$ と選ぶことで (12.11) 式の展開を再現できる．

回転変換 (12.11) による作用 (11.9) の不変性を，$\delta\boldsymbol{\theta}$ が定ベクトルであることを考慮して書き下し，$\delta\boldsymbol{\theta}$ が無限小の極限に移ると，次のように変形できる．

$$
\begin{aligned}
0 &= \int_{t_0}^{t_1} \mathcal{L}(\boldsymbol{\rho}, \dot{\boldsymbol{\rho}})\,dt - \int_{t_0}^{t_1} \mathcal{L}(\boldsymbol{r}, \dot{\boldsymbol{r}})\,dt \\
&= \int_{t_0}^{t_1} \{\mathcal{L}(\boldsymbol{r} + \delta\boldsymbol{\theta} \times \boldsymbol{r}, \dot{\boldsymbol{r}} + \delta\boldsymbol{\theta} \times \dot{\boldsymbol{r}}) - \mathcal{L}(\boldsymbol{r}, \dot{\boldsymbol{r}})\}\,dt \\
&= \int_{t_0}^{t_1} \left\{ \frac{\partial \mathcal{L}(\boldsymbol{r}, \dot{\boldsymbol{r}})}{\partial \boldsymbol{r}} \cdot (\delta\boldsymbol{\theta} \times \boldsymbol{r}) + \frac{\partial \mathcal{L}(\boldsymbol{r}, \dot{\boldsymbol{r}})}{\partial \dot{\boldsymbol{r}}} \cdot (\delta\boldsymbol{\theta} \times \dot{\boldsymbol{r}}) \right\} dt
\end{aligned}
$$

$\delta\boldsymbol{\theta} \times \dot{\boldsymbol{r}}$ 項について部分積分

$$= \left[ \frac{\partial \mathcal{L}(\boldsymbol{r}, \dot{\boldsymbol{r}})}{\partial \dot{\boldsymbol{r}}} \cdot (\delta\boldsymbol{\theta} \times \boldsymbol{r}) \right]_{t_0}^{t_1} + \int_{t_0}^{t_1} \left\{ \frac{\partial \mathcal{L}(\boldsymbol{r}, \dot{\boldsymbol{r}})}{\partial \boldsymbol{r}} - \frac{d}{dt}\frac{\partial \mathcal{L}(\boldsymbol{r}, \dot{\boldsymbol{r}})}{\partial \dot{\boldsymbol{r}}} \right\} \cdot (\delta\boldsymbol{\theta} \times \boldsymbol{r})\,dt$$

(11.10) 式と (12.1a) 式を代入し，(2.4b) 式を用いる

$$= \left[ \boldsymbol{r} \times \boldsymbol{p} \right]_{t_0}^{t_1} \cdot \delta\boldsymbol{\theta}.$$

これより，$\boldsymbol{L} \equiv \boldsymbol{r} \times \boldsymbol{p}$ が $t = t_0, t_1$ で同じ値を持つこと，すなわち，$\boldsymbol{L}$ が保存することが明らかになった．このように，**角運動量保存則**は，空間回転操作 (12.11) の下での作用の不変性，すなわち，系が空間回転対称性を持つことに由来する．

## 12.3　相対論的力学

　現代物理学の柱の一つとして，19 世紀に発展・成立した電磁気学が挙げられる．その基礎は，ジェームズ クラーク マクスウェル（1831〜1879）により書き下された**マクスウェル方程式**[2]である（1861 年）．彼は，それに基づいて，電磁場の波動が光速で伝わることを発見し（1862 年），光が電磁波の一種であることを明らかにした．その後，ハインリヒ ルドルフ ヘルツ（1857〜1894）により，電磁波の放射が実験的に行われ（1888 年），マクスウェル方程式が正しいことも確立されていく．そして，ヘンドリック アントーン ローレンツ（1853〜1928）が，マクスウェル方程式は**ガリレイ不変性**に従わず，それに代わって，**ローレンツ変換の下での不変性**，すなわち，**ローレンツ不変性**[2]を持つことを明らかにした（1904 年）．このローレンツ不変性を，物理学全般における基本原理として採用することで生まれたのが，アルベルト アインシュタイン（1879〜1955）の**相対性理論**（1905 年）である[1]．それによると，ガリレイ変換に従うニュートン力学も，ローレンツ不変性を持つように修正・変更されなければならない．

　ニュートンの運動方程式を不変に保つガリレイ変換 (1.27) では，どちらの座標系で見ても，物体の長さは同じである．例えば，バスの中に長さ $\ell$ の棒があり，その端点が，バスと共に動く座標系で，位置ベクトル $\boldsymbol{r}_{\mathrm{b}1}$ と $\boldsymbol{r}_{\mathrm{b}2}$ で表されるものとする．それらの位置ベクトルは，静止座標系で $\boldsymbol{r}_j = \boldsymbol{r}_{\mathrm{b}j} + \boldsymbol{v}_0 t$ $(j=1,2)$ と表されるので，

$$\begin{aligned}\ell &\equiv |\boldsymbol{r}_{\mathrm{b}1} - \boldsymbol{r}_{\mathrm{b}2}| \\ &= |\boldsymbol{r}_1 - \boldsymbol{r}_2| \\ &= \sqrt{(x_1-x_2)^2 + (y_1-y_2)^2 + (z_1-z_2)^2}\end{aligned} \quad (12.12)$$

が成立し，どちらの座標系で見ても長さ $\ell$ は同じである．

　一方，マクスウェル方程式を不変に保つローレンツ変換の下での不変量は，(12.12) 式の $\ell^2$ が，時間 $t$ も含めた組み合わせ

$$(x_1-x_2)^2 + (y_1-y_2)^2 + (z_1-z_2)^2 - c^2(t_1-t_2)^2 \equiv -c^2(\Delta\tau)^2 \quad (12.13)$$

へと置き換わり，その中の光速 $c$ は，二つの座標系で同じ値 (1.1) を持つ（**光速度不変の原理**）．従って，ローレンツ不変性を力学にも要請すると，作用 (11.9) も修正されなければならないことになる．

## 12.3 相対論的力学

### ❶ 相対論的自由粒子

まず，質量 $m$ の粒子が力を受けずに自由に運動する場合，すなわち，相対論的自由粒子の運動を考察する．その作用を書き下すために，(12.13) 式の無限小極限

$$c\,d\tau \equiv \sqrt{(c\,dt)^2 - (dx)^2 - (dy)^2 - (dz)^2} \tag{12.14}$$

に着目する．この $c\,d\tau$ は，3 次元空間における線素 (2.14) の拡張になっており，時間を特別な 1 座標として含む 4 次元空間，すなわち，**ミンコフスキー空間**における**線素**を表す．時間の次元を持つ $\tau$ は，**固有時**と呼ばれている．(12.14) 式を用いて，ローレンツ不変性を持つ作用を，

$$\mathcal{S}_0[\boldsymbol{r}] = A \int_{\tau_0}^{\tau_1} d\tau \tag{12.15}$$

の形に表す．ここで $A$ は定数で，作用の次元が $\mathrm{kg \cdot m^2/s}$，時間の次元が s なので，$A$ はエネルギーの次元 $\mathrm{kg \cdot m^2/s^2}$ を持つことになる．次に，(12.15) 式の独立変数を $\tau$ から $t$ に変更すると，

$$\mathcal{S}_0[\boldsymbol{r}] = A \int_{t_0}^{t_1} \frac{d\tau}{dt}\,dt = A \int_{t_0}^{t_1} \sqrt{1 - \frac{\dot{\boldsymbol{r}}^2}{c^2}}\,dt \approx A \int_{t_0}^{t_1} \left(1 - \frac{\dot{\boldsymbol{r}}^2}{2c^2}\right) dt \tag{12.16}$$

と書き換えられる．最後の近似式は，物体の速さ $|\dot{\boldsymbol{r}}|$ が光速 $c$ よりもはるかに小さい場合の表式で，その導出には，$|x| \ll 1$ における展開式 $(1-x)^{\frac{1}{2}} \approx 1 - \frac{1}{2}x$ を用いた．被積分関数の第二項は，(11.9) 式の運動エネルギーと同じ形をしており，両者が一致することを要請すると，定数 $A$ が

$$-\frac{A}{c^2} = m \quad \longleftrightarrow \quad A = -mc^2$$

と決定できる．以上より，相対論的自由粒子に対する作用が，

$$\mathcal{S}_0[\boldsymbol{r}] = -mc^2 \int_{\tau_0}^{\tau_1} d\tau = \int_{t_0}^{t_1} \mathcal{L}_0(\dot{\boldsymbol{r}})\,dt \tag{12.17}$$

と得られ，そのラグランジアンは

$$\mathcal{L}_0(\dot{\boldsymbol{r}}) \equiv -mc^2 \sqrt{1 - \frac{\dot{\boldsymbol{r}}^2}{c^2}} \tag{12.18}$$

と表せる．根号の中の速度比 $\frac{|\dot{\boldsymbol{r}}|}{c}$ には，しばしば，新たな記号

$$\beta \equiv \frac{|\dot{\boldsymbol{r}}|}{c} \tag{12.19}$$

が与えられ，通常は 1 よりはるかに小さい数となる．対応する運動量とハミルトニアンは，(12.1) 式の手続きにより，

$$\bm{p} = \frac{\partial \mathcal{L}_0(\dot{\bm{r}})}{\partial \dot{\bm{r}}} = \frac{m\dot{\bm{r}}}{\sqrt{1-\beta^2}}, \tag{12.20}$$

$$\mathcal{H}_0 = \dot{\bm{r}}\cdot\bm{p} - \mathcal{L}_0 = \frac{mc^2}{\sqrt{1-\beta^2}} \approx mc^2 + \frac{1}{2}m\dot{\bm{r}}^2 \tag{12.21}$$

と得られる．すなわち，質量 $m$ を持つ相対論的自由粒子が，運動エネルギー $\frac{1}{2}m\dot{\bm{r}}^2$ に加えて，**静止エネルギー** $mc^2$ を持つことが明らかになった．

### ❷ 相対論的荷電粒子

次に，力の影響を受ける相対論的粒子として，質量 $m$ と電荷 $e$ を持つ荷電粒子が，電磁場中を運動する場合を考察する．そのラグランジアン $\mathcal{L}(\bm{r},\dot{\bm{r}})$ は，自由粒子のラグランジアン (12.18) に，電磁場との相互作用項をつけ加えた形

$$\mathcal{L}(\bm{r},\dot{\bm{r}},t) = -mc^2\sqrt{1-\frac{\dot{\bm{r}}^2}{c^2}} - e\phi(\bm{r},t) + e\dot{\bm{r}}\cdot\bm{A}(\bm{r},t) \tag{12.22}$$

に表せる [2]．ここで，$\phi$ と $\bm{A}$ は**電磁ポテンシャル**である．対応するラグランジュ方程式は，

$$\bm{E} = -\bm{\nabla}\phi - \frac{\partial \bm{A}}{\partial t}, \qquad \bm{B} = \bm{\nabla}\times\bm{A} \tag{12.23}$$

で定義された**電場** $\bm{E}$ と**磁束密度** $\bm{B}$，および，

$$\bm{u} \equiv \frac{\dot{\bm{r}}}{\sqrt{1-\beta^2}} \tag{12.24}$$

を用いた形

$$m\frac{d\bm{u}}{dt} = e\bm{E} + e\bm{v}\times\bm{B} \tag{12.25}$$

に得られる（例題 12.2 (1)）．(12.25) 式の右辺を**ローレンツ力**という．対応するハミルトニアンは，(12.22) 式から得られる**一般化運動量**

$$\bm{p} \equiv \frac{\partial \mathcal{L}(\bm{r},\dot{\bm{r}},t)}{\partial \dot{\bm{r}}} = m\bm{u} + e\bm{A} \tag{12.26}$$

を独立変数として，

$$\mathcal{H} = c\sqrt{m^2c^2 + (\bm{p}-e\bm{A})^2} + e\phi \tag{12.27}$$

と表せる（例題 12.2 (2)）．

## 例題 12.2

ラグランジアン (12.22) について，以下の問いに答えよ．
(1) ラグランジュ方程式が (12.25) 式となることを示せ．
(2) ハミルトニアンが (12.27) 式となることを示せ．

【解答】(1) (12.22) 式の $\dot{\boldsymbol{r}}$ と $r_j$ ($j=x,y,z$) に関する偏微分は，それぞれ，(12.26) 式，および，次式のように得られる．

$$\frac{\partial \mathcal{L}}{\partial r_j} = -e\frac{\partial \phi}{\partial r_j} + e\dot{\boldsymbol{r}} \cdot \frac{\partial \boldsymbol{A}}{\partial r_j}$$
$$= -e\frac{\partial \phi}{\partial r_j} + e\sum_{j'}\dot{r}_{j'}\frac{\partial A_{j'}}{\partial r_j}. \qquad (12.28\text{a})$$

次に，(12.26) 式の $j$ 成分を $t$ で微分すると，微分の連鎖律も用いて，

$$\frac{d}{dt}\frac{\partial \mathcal{L}}{\partial \dot{r}_j} = m\frac{du_j}{dt} + e\left(\frac{d\boldsymbol{r}}{dt}\cdot\frac{\partial A_j}{\partial \boldsymbol{r}} + \frac{\partial A_j}{\partial t}\right)$$
$$= m\frac{du_j}{dt} + e\sum_{j'}\dot{r}_{j'}\frac{\partial A_j}{\partial r_{j'}} + e\frac{\partial A_j}{\partial t} \qquad (12.28\text{b})$$

と変形できる．ラグランジュ方程式の $j$ 成分は，(12.28b) 式から (12.28a) 式を引くことで，

$$0 = \frac{d}{dt}\frac{\partial \mathcal{L}}{\partial \dot{r}_j} - \frac{\partial \mathcal{L}}{\partial r_j}$$
$$= m\frac{du_j}{dt} + e\left(\frac{\partial \phi}{\partial r_j} + \frac{\partial A_j}{\partial t}\right) + e\sum_{j'}\dot{r}_{j'}\left(\frac{\partial A_j}{\partial r_{j'}} - \frac{\partial A_{j'}}{\partial r_j}\right)$$
$$= m\frac{du_j}{dt} - eE_j - e(\dot{\boldsymbol{r}}\times\boldsymbol{B})_j$$

と得られる．ここで (12.23) 式を用いた．実際，$\boldsymbol{A}$ の $\boldsymbol{r}$ に関する偏微分項の $x$ 成分は，

$$\sum_{j'}\dot{r}_{j'}\left(\frac{\partial A_x}{\partial r_{j'}} - \frac{\partial A_{j'}}{\partial x}\right) = \dot{y}\left(\frac{\partial A_x}{\partial y} - \frac{\partial A_y}{\partial x}\right) + \dot{z}\left(\frac{\partial A_x}{\partial z} - \frac{\partial A_z}{\partial x}\right)$$
$$= -\dot{y}B_z + \dot{z}B_y$$
$$= -(\dot{\boldsymbol{r}}\times\boldsymbol{B})_x$$

と計算でき，$-\dot{\boldsymbol{r}}\times\boldsymbol{B}$ の $x$ 成分となっていることがわかる．$j=y,z$ 成分についても同様である．

(2) (12.1a) 式により定義された運動量は，(12.26) 式のように計算できる．これ

より，ハミルトニアン (12.1b) が，(12.22) 式と (12.19) 式も用いて，

$$\begin{aligned}\mathcal{H} &= \bm{p}\cdot\dot{\bm{r}} - \mathcal{L} \\ &= (\bm{p}-e\bm{A})\cdot\dot{\bm{r}} + mc^2\sqrt{1-\beta^2} + e\phi \end{aligned} \quad (12.29\text{a})$$

と得られる．その $\dot{\bm{r}}$ は，(12.24) 式と (12.26) 式より

$$\begin{aligned}\dot{\bm{r}} &= \bm{u}\sqrt{1-\beta^2} \\ &= \frac{\bm{p}-e\bm{A}}{m}\sqrt{1-\beta^2} \end{aligned} \quad (12.29\text{b})$$

と表せる．(12.29b) 式を (12.29a) 式に代入すると，ハミルトニアンが

$$\mathcal{H} = \frac{(\bm{p}-e\bm{A})^2 + m^2c^2}{m}\sqrt{1-\beta^2} + e\phi \quad (12.29\text{c})$$

へと書き換えられる．一方，(12.29b) 式自身のスカラー積をとって (12.19) 式の関係

$$|\dot{\bm{r}}| = c\beta$$

を用いることで，$1-\beta^2$ が

$$c^2\beta^2 = \frac{(\bm{p}-e\bm{A})^2}{m^2}(1-\beta^2) \quad \longleftrightarrow \quad 1-\beta^2 = \frac{m^2c^2}{m^2c^2+(\bm{p}-e\bm{A})^2} \quad (12.29\text{d})$$

と表せる．(12.29d) 式を (12.29c) 式に代入すると，(12.27) 式が得られる．■

## ❸ 一般相対性理論へ

最後に，相対論的自由粒子の作用 (12.17) に，どのように重力場の効果を取り込むかという道筋を述べる．固有時の無限小変化の式 (12.14) は，

$$\vec{x} \equiv \begin{pmatrix} x_0 \\ x_1 \\ x_2 \\ x_3 \end{pmatrix} \equiv \begin{pmatrix} ct \\ x \\ y \\ z \end{pmatrix}, \quad \underline{\eta} \equiv \begin{pmatrix} -1 & 0 & 0 & 0 \\ 0 & 1 & 0 & 0 \\ 0 & 0 & 1 & 0 \\ 0 & 0 & 0 & 1 \end{pmatrix} \quad (12.30)$$

で定義された 4 元ベクトル $\vec{x}$ と真空の**計量テンソル** $\underline{\eta}$ を用いて，

$$c\,d\tau = \sqrt{-d\vec{x}^{\,\mathrm{T}}\,\underline{\eta}\,d\vec{x}} \quad (12.31)$$

と表せる．ここで，時間座標を 1 座標として含む 4 元ベクトルを $\vec{x}$ と表示し，3 次元空間のベクトル $\bm{r}$ と区別した．また，$^{\mathrm{T}}$ は行列とベクトルの転置を表す[5]．その $\underline{\eta}$ を，時空に依存する計量テンソル

$$\underline{g}(\vec{x}) \equiv \begin{pmatrix} g_{00}(\vec{x}) & g_{01}(\vec{x}) & g_{02}(\vec{x}) & g_{03}(\vec{x}) \\ g_{10}(\vec{x}) & g_{11}(\vec{x}) & g_{12}(\vec{x}) & g_{13}(\vec{x}) \\ g_{20}(\vec{x}) & g_{21}(\vec{x}) & g_{22}(\vec{x}) & g_{23}(\vec{x}) \\ g_{30}(\vec{x}) & g_{31}(\vec{x}) & g_{32}(\vec{x}) & g_{33}(\vec{x}) \end{pmatrix} \tag{12.32}$$

に置き換え，固有時と作用を

$$c\, d\tau = \sqrt{-d\vec{x}^{\mathrm{T}}\, \underline{g}\, d\vec{x}}, \tag{12.33}$$

$$\mathcal{S}[\boldsymbol{r}] = -mc^2 \int_{\tau_0}^{\tau_1} d\tau \tag{12.34}$$

と構成することで，**一般相対性理論**の作用の粒子部分が構成できる．そして，その停留条件から，重力場下での相対論的粒子の運動方程式が得られるのである[6]．(12.31)式から(12.33)式への変更は，自由ミンコフスキー空間での線素を，曲がった空間での線素に置き換えることに対応する．一般相対性理論が，時空の幾何学と評される所以である．

## 演習問題

**12.1** ハミルトン方程式 (12.4) が，次の手順で導出できることを示せ．
   (i) $\mathcal{H}(\boldsymbol{r}, \boldsymbol{p})$ と (12.1b) 式の全微分を書き下す．
   (ii) ラグランジュ方程式 (11.10) と (12.1a) 式を用いる．

**12.2** ハミルトン方程式 (12.4) を用いて，(12.6) 式を導出せよ．

# 演習問題解答

## 第 1 章

**1.1** $m\boldsymbol{a} = \boldsymbol{F}$. ここで,$m$ は物体の質量,$\boldsymbol{a} = \ddot{\boldsymbol{r}}$ は加速度,$\boldsymbol{F}$ は物体に働く力である.

**1.2** $\boldsymbol{F} = (2, -1, 3) + (-1, 4, 2) = (1, 3, 5)$.

**1.3** 加速度 $\boldsymbol{a}(t_1) = (0, 0, -10)$ を,初速度 $\boldsymbol{v}_0 = (5, 0, 0)$ の条件の下で,$t_1 \in [0, t]$ について積分すると,時刻 $t$ における速度 $\boldsymbol{v}(t)$ が,

$$\boldsymbol{v}(t) = \boldsymbol{v}_0 + \int_0^t \boldsymbol{a}(t_1)\,dt_1 = (5, 0, 0) + \int_0^t (0, 0, -10)\,dt_1$$
$$= (5, 0, 0) + (0, 0, -10t) = (5, 0, -10t)$$

と得られる.また,この式で $t \to t_1$ と置き換え,「初期時刻 $t = 0$ での位置が $\boldsymbol{r}_0 = (0, 0, 100)$」の条件の下で,$t_1 \in [0, t]$ について積分すると,時刻 $t$ における位置 $\boldsymbol{r}(t)$ が,以下のように求まる.

$$\boldsymbol{r}(t) = \boldsymbol{r}_0 + \int_0^t \boldsymbol{v}(t_1)\,dt_1 = (0, 0, 100) + \int_0^t (5, 0, -10t_1)\,dt_1$$
$$= (0, 0, 100) + (5t, 0, -5t^2) = (5t, 0, -5t^2 + 100).$$

**1.4** まず,物体を三つの長方形に分割し,それらの重心を求めたのが,下図における三角形の頂点(黒丸)である.それら三つの重心を質点系と見なし,重心を求めると,三角形の中心の点(青丸)が得られる.それが全体の重心である.

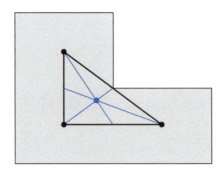

## 第 2 章

**2.1** (1) $\boldsymbol{a} \times \boldsymbol{b} = (1 \cdot 0 - 0 \cdot 2, 0 \cdot 1 - 2 \cdot 0, 2 \cdot 2 - 1 \cdot 1) = (0, 0, 3)$.

(2) $\boldsymbol{a} \times \boldsymbol{b} = (1 \cdot 4 - 2 \cdot (-5), 2 \cdot 6 - 3 \cdot 4, 3 \cdot (-5) - 1 \cdot 6) = (14, 0, -21)$.

**2.2** (1)

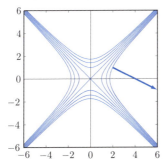

(2) $\nabla f(x, y) = \left( \dfrac{\partial (x^2 - y^2)}{\partial x}, \dfrac{\partial (x^2 - y^2)}{\partial y} \right) = (2x, -2y)$.

(3) $\nabla f(2, 1) = (4, -2)$. 図の矢印で示したベクトル．点 $(2, 1)$ を通る等高線 $f(x, y) = 3$ に垂直である．

**2.3** (2.15) 式に $t_0 = 0$, $t_1 = 2\pi$, $x(t) = a(t - \sin t)$, $y(t) = a(1 - \cos t)$, $z(t) = 0$ を代入すると，求める長さが次のように計算できる．

$$\int_0^{2\pi} \sqrt{a^2(1 - \cos t)^2 + a^2 \sin^2 t}\, dt = a \int_0^{2\pi} \sqrt{2 - 2\cos t}\, dt$$
$$= 2a \int_0^{2\pi} \sin \frac{t}{2}\, dt = 4a \left[ -\cos \frac{t}{2} \right]_0^{2\pi}$$
$$= 8a.$$

**2.4** (1)

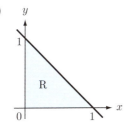

(2) $S = \dfrac{1}{2} \times 1 \times 1 = \dfrac{1}{2}$.

(3) 以下のように計算できる．

$$S = \int_0^1 dy \int_0^{1-y} dx = \int_0^1 dy \left[x\right]_{x=0}^{1-y} = \int_0^1 dy\,(1-y) = \left[y - \frac{1}{2}y^2\right]_0^1 = \frac{1}{2}.$$

(4) 以下のように計算できる．

$$I \equiv \int_R dxdy\,f(x,y) = \int_0^1 dy \int_0^{1-y} dx\,(x+y)$$

まず $y$ を決めて（定数と見なして）$x$ について定積分

$$= \int_0^1 dy \left[\frac{(x+y)^2}{2}\right]_{x=0}^{1-y} = \int_0^1 dy\,\frac{1-y^2}{2} = \frac{1}{2}\left[y - \frac{y^3}{3}\right]_0^1 = \frac{1}{2}\frac{2}{3} = \frac{1}{3}.$$

**2.5** (1) $\bm{r} = (R(z)\cos\theta, R(z)\sin\theta, z),\ 0 \le \theta < 2\pi$.

(2) $\frac{\partial \bm{r}}{\partial \theta} = (-R(z)\sin\theta, R(z)\cos\theta, 0)$ と $\frac{\partial \bm{r}}{\partial z} = (R'(z)\cos\theta, R'(z)\sin\theta, 1)$ とのベクトル積は，

$$\frac{\partial \bm{r}}{\partial \theta} \times \frac{\partial \bm{r}}{\partial z} = (R(z)\cos\theta, R(z)\sin\theta, -R(z)R'(z))$$

と計算できる．従って，側面の面積素が次のように得られる．

$$dS = \left|\frac{\partial \bm{r}}{\partial \theta} \times \frac{\partial \bm{r}}{\partial z}\right| d\theta\,dz = R(z)\sqrt{1 + \{R'(z)\}^2}\,d\theta\,dz$$
$$= a\left(1 - \frac{z}{z_0}\right)\sqrt{1 + \frac{a^2}{z_0^2}}\,d\theta\,dz.$$

(3) 求める側面の面積は，(2) で求めた $dS$ を $0 \le \theta < 2\pi$ および $0 \le z \le z_0$ について積分することにより，次のように得られる．

$$S = \int_0^{2\pi} d\theta \int_0^{z_0} dz\,a\left(1 - \frac{z}{z_0}\right)\sqrt{1 + \frac{a^2}{z_0^2}} \qquad \color{blue}{z = z_0 t}$$
$$= 2\pi a z_0 \sqrt{1 + \frac{a^2}{z_0^2}} \int_0^1 dt\,(1-t) = \pi a \sqrt{a^2 + z_0^2}.$$

**2.6** 円錐内の点 $\bm{r}$ は，

$$\bm{r} = (\rho\cos\varphi, \rho\sin\varphi, z), \qquad 0 \le \rho \le R(z),\quad 0 \le \varphi < 2\pi,\quad 0 \le z \le z_0$$

と表せる．ただし，$R(z) \equiv a\left(1 - \frac{z}{z_0}\right)$ である．$z$ が一定の平面における面積素 $dS$ は，

$$dS = \left|\frac{\partial \boldsymbol{r}}{\partial \rho} \times \frac{\partial \boldsymbol{r}}{\partial \varphi}\right| d\rho\, d\varphi = \left|\begin{pmatrix}\cos\varphi \\ \sin\varphi \\ 0\end{pmatrix} \times \begin{pmatrix}-\rho\sin\varphi \\ \rho\cos\varphi \\ 0\end{pmatrix}\right| d\rho\, d\varphi = \left|\begin{pmatrix}0 \\ 0 \\ \rho\end{pmatrix}\right| d\rho\, d\varphi$$

$$= \rho\, d\rho\, d\varphi$$

と計算できる．ただしベクトルを縦表示した．体積素 $d^3r$ は，「$z=$ 一定」平面の面積素 $dS$ に，それに垂直方向の無限小変位 $dz$ をかけた式 $d^3r = \rho\, d\rho\, d\varphi\, dz$ となる．これを，円錐全体について積分することで，体積 $V$ が以下のように得られる．

$$\begin{aligned}V &= \int_0^{z_0} dz \int_0^{R(z)} d\rho\, \rho \int_0^{2\pi} d\varphi = \int_0^{z_0} dz\, \frac{1}{2}\{R(z)\}^2\, 2\pi \\ &= \pi a^2 \int_0^{z_0} dz \left(1 - \frac{z}{z_0}\right)^2 \qquad z = z_0 t \\ &= \pi a^2 z_0 \int_0^1 (1-t)^2\, dt = \frac{1}{3}\pi a^2 z_0.\end{aligned}$$

# 第 3 章

**3.1** (3.12) 式より，$z$ 方向の位置と速さの式は，ボールを放す時刻を $t_0 = 0$，重力加速度を $g = 10\,\mathrm{m/s^2}$ として，

$$z(t) = 100 - \frac{g}{2}t^2 \simeq 100 - 5t^2, \qquad v_z(t) = -gt \simeq -10t$$

と表せる．ボールが地上に落ちる時刻 $t_1$ は，条件 $0 = z(t_1) = 100 - 5t_1^2$ より，

$$t_1 = 2\sqrt{5} \simeq 4.5\,\mathrm{s}$$

と求まる．また，そのときの速度は

$$v_z(t_1) \simeq -10 \times 4.5 = -45\,\mathrm{m/s}$$

である．ここでの $-45$ の負符号は，鉛直下向きの速度であることを表している．

**3.2** 初速度は，

$$v_0 = \frac{150 \times 10^3}{60 \times 60} = \frac{150}{3.6} \simeq 41.7\,\mathrm{m/s}.$$

飛距離の最大値は，(3.15b) 式に $\theta = \frac{\pi}{4}$ と $g \simeq 10\,\mathrm{m/s^2}$ を代入して，

$$x(t_2) \simeq \frac{41.7^2}{10} \approx 1.74 \times 10^2 \approx 170\,\mathrm{m}.$$

**3.3** (1) 垂直方向の力の釣り合いは，垂直抗力を $N$ として，$N = mg$ である．一方，水平方向の摩擦力 $F_\mathrm{f}$ は，$F_\mathrm{f} = -\mu' N = -\mu' mg$ と表せる．これより，水平方向の運動方程式が，$ma = -\mu' mg$ と得られる．この式に，$a = \frac{dv}{dt}$ を代入して，両辺を $m$ で割ると，
$$\frac{dv}{dt} = -\mu' g.$$
(2) 上の式を $v(0) = v_0$ の初期条件で積分すると，
$$v(t) = v_0 - \mu' gt$$
となる．この式より，停止するまでの時間が，
$$\frac{v_0}{\mu' g}$$
と得られる．

**3.4** (1) まず，板 1 と板 2 が同じ加速度 $a$ で引っ張られているとすると，それぞれの運動方程式は，板 1 が板 2 に及ぼす摩擦力を $F_\mathrm{f}$ として，
$$m_1 a = F - F_\mathrm{f}, \tag{A.1a}$$
$$m_2 a = F_\mathrm{f} \tag{A.1b}$$
と書き下せる．ここで，板 1 に板 2 からの反作用の力 $-F_\mathrm{f}$ が働くことは，板 1 と板 2 の合成体に対して働く外力が $F$ であることから結論づけられる．次に，板 2 に働く垂直方向の力の釣り合いは，垂直抗力を $N_2$ として，
$$N_2 = m_2 g \tag{A.1c}$$
と表せる．最後に，板 2 が板 1 の上で滑らないための条件は，次式である．
$$F_\mathrm{f} \leq \mu N_2. \tag{A.1d}$$

(A.1a) 式と (A.1b) 式を辺々加えると，$a = \frac{F}{m_1 + m_2}$ が得られ，これを (A.1b) 式に代入することで，摩擦力が
$$F_\mathrm{f} = \frac{m_2 F}{m_1 + m_2}$$
と表せる．この式と (A.1c) 式を (A.1d) 式に代入すると，求める条件式が，
$$F \leq \mu(m_1 + m_2)g$$
と得られる．

(2) まず，板 1 と板 2 の運動方程式は，
$$m_1 a_1 = F - F_\text{f}, \tag{A.1e}$$
$$m_2 a_2 = F_\text{f} \tag{A.1f}$$

へと変更される．板 1 と板 2 に逆方向の摩擦力 $F_\text{f}$ が働くことは，板 1 と板 2 の合成体に対して働く外力が $F$ であることから結論づけられる．次に，板 2 に働く垂直方向の力の釣り合いは，垂直抗力を $N_2$ として，(A.1c) 式のように表せる．最後に，摩擦力 $F_\text{f}$ は，動摩擦係数 $\mu'$ を用いて，$F_\text{f} = \mu' N_2$ と表せる．この式に (A.1c) 式を代入して $N_2$ を消去し，その表式を (A.1e) 式と (A.1f) 式に用いると，加速度 $a_1$ と $a_2$ が次のように得られる．

$$a_1 = \frac{F - \mu' m_2 g}{m_1}, \qquad a_2 = \mu' g.$$

(3) (2) の結果に，滑り始める条件 $F > \mu(m_1 + m_2)g$，および，摩擦係数に関する不等式 $\mu > \mu'$ を加えると，$a_1 - a_2$ が，

$$a_1 - a_2 = \frac{F - \mu'(m_1 + m_2)g}{m_1} > \frac{(\mu - \mu')(m_1 + m_2)g}{m_1} > 0$$

と書き換えられる．すなわち，$a_1 > a_2$ が成立することがわかる．

**3.5** ボールを投げ上げる位置と時刻を $\boldsymbol{r}_0 = \boldsymbol{0}$ および $t_0 = 0$ と選ぶ．すると，その後の時刻 $t > 0$ における空中のボールの位置ベクトルは，$xyz$ 座標系で次のように表せる．

$$\boldsymbol{r} = \boldsymbol{v}_0 t - \frac{g}{2} t^2 \boldsymbol{e}_z = \left( v_0 t \cos(\theta + \alpha), 0, v_0 t \sin(\theta + \alpha) - \frac{g}{2} t^2 \right).$$

斜面に落ちる時刻 $t_2$ は，条件 $\frac{z(t_2)}{x(t_2)} = \tan \alpha$，すなわち，$z(t_2) \cos \alpha = x(t_2) \sin \alpha$ により決まる．この式を，次のように変形する．

$$\begin{aligned}
0 &= z(t_2) \cos \alpha - x(t_2) \sin \alpha \\
&= \left\{ v_0 t_2 \sin(\theta + \alpha) - \frac{g}{2} t_2^2 \right\} \cos \alpha - v_0 t_2 \cos(\theta + \alpha) \sin \alpha \\
&= t_2 \left[ v_0 \{ \sin(\theta + \alpha) \cos \alpha - \cos(\theta + \alpha) \sin \alpha \} - \frac{g}{2} t_2 \cos \alpha \right] \\
&= t_2 \left( v_0 \sin \theta - \frac{g}{2} t_2 \cos \alpha \right).
\end{aligned}$$

これより，$t_2$ が次のように求まる．

$$t_2 = \frac{2 v_0 \sin \theta}{g \cos \alpha}.$$

斜面に沿った飛距離は $\frac{x(t_2)}{\cos\alpha}$ であり，次のように変形できる．

$$\frac{x(t_2)}{\cos\alpha} = \frac{v_0 t_2 \cos(\theta+\alpha)}{\cos\alpha} = \frac{2v_0^2 \cos(\theta+\alpha)\sin\theta}{g\cos^2\alpha} = v_0^2 \frac{\sin(2\theta+\alpha)-\sin\alpha}{g\cos^2\alpha}.$$

これより，飛距離が最大となるのは，$2\theta+\alpha=\frac{\pi}{2}$，すなわち

$$\theta = \frac{\pi}{4} - \frac{\alpha}{2}$$

のときである．

**3.6** (1) $m\dfrac{dv}{dt} = mg - cv^2$.

(2) 右辺の力が $v=v_\infty$ でゼロとなる条件 $mg - cv_\infty^2 = 0$ より，$v_\infty$ が

$$v_\infty = \sqrt{\frac{mg}{c}}$$

と得られる．

(3) $v_\infty$ を用いて (1) の運動方程式を書き換えると，$\frac{dv}{dt} = \frac{c}{m}(v_\infty^2 - v^2)$．この両辺に $\frac{dt}{v_\infty^2 - v^2}$ をかけ，

$$\frac{1}{v_\infty^2 - v^2}dv = \frac{c}{m}dt \quad \longleftrightarrow \quad \left(\frac{1}{v_\infty - v} + \frac{1}{v_\infty + v}\right)dv = 2v_\infty \frac{c}{m}dt$$

と表す．$v < v_\infty$ を考慮して，この式を $t \in [0, t_1]$ で積分すると，

$$\int_0^{v(t_1)} \left(\frac{1}{v_\infty - v} + \frac{1}{v_\infty + v}\right)dv = 2\sqrt{\frac{cg}{m}} \int_0^{t_1} dt,$$

すなわち，

$$\left[-\ln(v_\infty - v) + \ln(v_\infty + v)\right]_{v=0}^{v(t_1)} = \frac{1}{\tau}t_1, \quad \frac{1}{\tau} \equiv 2\sqrt{\frac{cg}{m}}$$

となる．これより，

$$\ln\frac{v_\infty + v(t_1)}{v_\infty - v(t_1)} = \frac{t_1}{\tau}$$

が得られ，さらに $t_1 \to t$ と置き換えて両辺を $e$ の肩に乗せ，

$$\frac{v_\infty + v(t)}{v_\infty - v(t)} = e^{\frac{t}{\tau}} \quad \longleftrightarrow \quad v_\infty + v(t) = \{v_\infty - v(t)\}e^{\frac{t}{\tau}}$$

$$\longleftrightarrow \quad \{v_\infty + v(t)\}e^{-\frac{t}{\tau}} = v_\infty - v(t)$$

と変形する．すると，最終的に $v(t)$ が，

$$v(t) = v_\infty \frac{1 - e^{-\frac{t}{\tau}}}{1 + e^{-\frac{t}{\tau}}}$$

と得られる．

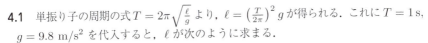

## 第 4 章

**4.1** 単振り子の周期の式 $T = 2\pi\sqrt{\frac{\ell}{g}}$ より，$\ell = \left(\frac{T}{2\pi}\right)^2 g$ が得られる．これに $T = 1$ s，$g = 9.8$ m/s$^2$ を代入すると，$\ell$ が次のように求まる．

$$\ell = \frac{9.8}{(2\pi)^2} = 0.25 \, \text{m}.$$

**4.2** (1) 鉛直方向の力の釣り合いの式 $mg - kx_0 = 0$ より，$x_0 = \frac{mg}{k}$．

(2) $m\dfrac{d^2 x}{dt^2} = mg - kx$．

(3) (2) の方程式は

$$m\frac{d^2 x}{dt^2} = -k\left(x - \frac{mg}{k}\right) = -k(x - x_0)$$

と書き換えられる．ここで，$x = x_0 + \overline{x}$ と置いて上の方程式に代入すると，$x_0$ が定数であることから，

$$m\frac{d^2 \overline{x}}{dt^2} = -k\overline{x}$$

が得られる．この微分方程式は，すでに扱っており，初期条件 $\overline{x}(0) = A$ と $\dot{\overline{x}}(0) = 0$ を満たす解が，$\overline{x}(t) = A\cos\omega t, \omega \equiv \sqrt{\frac{k}{m}}$ と得られている．この式を $x = x_0 + \overline{x}$ に代入すると，$x(t)$ が

$$x(t) = x_0 + A\cos\omega t$$

と求まる．この表式から，重力は，振動の原点を $x_0$ だけずらすのみであることがわかる．周期は次のように得られる．

$$T = \frac{2\pi}{\omega} = 2\pi\sqrt{\frac{m}{k}}.$$

**4.3** 指数関数の等式 $e^{x_1 + x_2} = e^{x_1} e^{x_2}$ で，$x_j = i\theta_j$ $(j = 1, 2)$ と置くと，

$$e^{i(\theta_1 + \theta_2)} = e^{i\theta_1} e^{i\theta_2}$$

となる．さらに，両辺をオイラーの公式 $e^{i\theta} = \cos\theta + i\sin\theta$ で書き換えた後，右辺を次のように変形する．

$$\cos(\theta_1 + \theta_2) + i\sin(\theta_1 + \theta_2) = (\cos\theta_1 + i\sin\theta_1)(\cos\theta_2 + i\sin\theta_2)$$

$$= \cos\theta_1\cos\theta_2 + i^2\sin\theta_1\sin\theta_2 + i(\sin\theta_1\cos\theta_2 + \cos\theta_1\sin\theta_2)$$
$$= \cos\theta_1\cos\theta_2 - \sin\theta_1\sin\theta_2 + i(\sin\theta_1\cos\theta_2 + \cos\theta_1\sin\theta_2).$$

最後に，両辺の実部と虚部をそれぞれ等号で結ぶと，加法定理

$$\cos(\theta_1+\theta_2) = \cos\theta_1\cos\theta_2 - \sin\theta_1\sin\theta_2,$$
$$\sin(\theta_1+\theta_2) = \sin\theta_1\cos\theta_2 + \cos\theta_1\sin\theta_2$$

が得られる．

**4.4** (1) $x(t)=Ae^{\lambda t}$ と置いて方程式に代入すると，$(\lambda^2+2\lambda+2)x=0$ が得られる．これより，$\lambda=-1\pm i$. 従って，基本解が $e^{(-1\pm i)t}$ と求まる．オイラーの公式 $e^{\pm it}=\cos t\pm i\sin t$ を用いると，二つの基本解は，

$$e^{-t}\cos t, \qquad e^{-t}\sin t$$

とも表せる．

(2) $x(t)=A_1e^{-t}\cos t + A_2e^{-t}\sin t = e^{-t}(A_1\cos t + A_2\sin t)$. ただし，$A_1$ と $A_2$ は任意の積分定数．

(3) 導関数は

$$\dot{x}(t) = -e^{-t}(A_1\cos t + A_2\sin t) + e^{-t}(-A_1\sin t + A_2\cos t).$$

従って，初期条件 $x(0)=1, \dot{x}(0)=0$ が，それぞれ

$$A_1=1, \qquad -A_1+A_2=0$$

と表せる．これらを解くと，$A_1=A_2=1$. 求める解は，

$$x(t) = e^{-t}(\cos t + \sin t) = \sqrt{2}\,e^{-t}\cos\left(t-\frac{\pi}{4}\right).$$

**4.5** $x(t)=\mathrm{Re}\left(Ce^{i\omega t}\right)$ と置いて左辺に代入すると，

$$\widehat{L}x = \widehat{L}\left\{\mathrm{Re}\left(Ce^{i\omega t}\right)\right\} = \mathrm{Re}\left(C\widehat{L}e^{i\omega t}\right) = \mathrm{Re}\left[C\{(i\omega)^2+2i\omega+2\}e^{i\omega t}\right]$$

が得られる．一方，右辺は

$$\cos\omega t = \mathrm{Re}\left(e^{i\omega t}\right)$$

と表せる．左辺 − 右辺 $=0$ より，

$$\mathrm{Re}\left[\left\{C(-\omega^2+2i\omega+2)-1\right\}e^{i\omega t}\right]=0.$$

# 第 5 章の解答

この式から,複素定数 $C$ が

$$C = \frac{1}{2-\omega^2+2i\omega} = \frac{2-\omega^2-2i\omega}{(2-\omega^2)^2+4\omega^2} = A\,e^{i\theta_0} \tag{A.2}$$

と求まる.ただし,実定数 $A$ と $\theta_0$ は,次式で定義されている.

$$A = \frac{1}{\sqrt{(2-\omega^2)^2+4\omega^2}}, \qquad \theta_0 = \arctan\frac{-2\omega}{2-\omega^2}.$$

(A.2) 式を $x(t) = \mathrm{Re}\left(C\,e^{i\omega t}\right)$ に代入すると,特解が次のように得られる.

$$\begin{aligned}
x(t) &= \mathrm{Re}\left\{A\,e^{i(\omega t+\theta_0)}\right\} = A\,\mathrm{Re}\left\{e^{i(\omega t+\theta_0)}\right\} = A\cos(\omega t+\theta_0) \\
&= \frac{\cos(\omega t+\theta_0)}{\sqrt{(2-\omega^2)^2+4\omega^2}} = \frac{(2-\omega^2)\cos\omega t + 2\omega\sin\omega t}{(2-\omega^2)^2+4\omega^2}.
\end{aligned} \tag{A.3}$$

## 第 5 章

**5.1** (1) 初速度は,$v_0 = 150\,\mathrm{km/h} = \frac{1.5\times 10^5}{3.6\times 10^3}\,\mathrm{m/s} = 41.7\,\mathrm{m/s}$ である.エネルギー保存則 $mgh = \frac{1}{2}mv_0^2$ より,$h = \frac{v_0^2}{2g} = 86.8 \approx 87\,\mathrm{m}$.

(2) $z$ 方向の初速度は,$v_{0z} = v_0\sin\frac{\pi}{4} = \frac{41.7}{\sqrt{2}}\,\mathrm{m/s}$ である.$z$ 方向のエネルギー保存則 $mgh = \frac{1}{2}mv_{0z}^2$ より,$h = \frac{v_{0z}^2}{2g} = \frac{v_0^2}{4g} = 43.4 \approx 43\,\mathrm{m}$.

**5.2** (1) 鉛直方向の力は,$F = mg = 10\times 10 = 100\,\mathrm{N}$.仕事は $\Delta W = 100\times 10 = 1000\,\mathrm{J}$.

(2) 斜面方向の力は,$F = mg\sin\frac{\pi}{6} = 10\times 10\times\frac{1}{2} = 50\,\mathrm{N}$.斜面方向の移動距離 $L\,[\mathrm{m}]$ は,$L = \frac{10}{\sin\frac{\pi}{6}} = 20\,\mathrm{m}$.仕事は $\Delta W = 50\times 20 = 1000\,\mathrm{J}$.

**5.3** (1) $M = \frac{gr^2}{G} = \frac{9.81\times(6.37\times 10^6)^2}{6.67\times 10^{-11}} = 5.97\times 10^{24}\,\mathrm{kg}$.

(2) $\frac{1}{2}mv_{\mathrm{escape}}^2 - \frac{GmM}{r} = 0$ より,

$$\begin{aligned}
v_{\mathrm{escape}} &= \sqrt{\frac{2GM}{r}} = \sqrt{\frac{2\times 6.67\times 10^{-11}\times 5.97\times 10^{24}}{6.37\times 10^6}} \\
&= 1.12\times 10^4\,\mathrm{m/s}.
\end{aligned}$$

**5.4** 万有引力の法則より,

$$g_{\mathrm{m}} = \frac{GM_{\mathrm{m}}}{r_{\mathrm{m}}^2} = \frac{6.67\times 10^{-11}\times 7.35\times 10^{22}}{(1.74\times 10^6)^2} \approx 1.62\,\mathrm{m/s^2}.$$

地球上の重力の約 $\frac{1}{6}$ の大きさである.

**5.5**
$$\nabla f = \frac{\partial f(r)}{\partial \boldsymbol{r}} = \frac{\partial r}{\partial \boldsymbol{r}}\frac{df(r)}{dr} = \frac{\partial (x^2+y^2+z^2)^{\frac{1}{2}}}{\partial \boldsymbol{r}} \times \frac{-n}{r^{n+1}}$$
$$= \frac{\frac{1}{2}\cdot 2\boldsymbol{r}}{(x^2+y^2+z^2)^{\frac{1}{2}}} \times \frac{-n}{r^{n+1}} = -n\frac{\boldsymbol{r}}{r^{n+2}}.$$

**5.6** $\boldsymbol{F}(\boldsymbol{r}) \equiv (x, y)$.

(1) (a) $\boldsymbol{r} = (t, t)$, $d\boldsymbol{r} = (dt, dt)$, $\boldsymbol{F}(\boldsymbol{r}) = (t, t)$ より, $\boldsymbol{F}(\boldsymbol{r}) \cdot d\boldsymbol{r} = 2t\,dt$. ゆえに,
$$\int_C \boldsymbol{F} \cdot d\boldsymbol{r} = \int_0^1 2t\,dt = 1.$$

(b) $\boldsymbol{r} = (t, t^2)$, $d\boldsymbol{r} = (dt, 2t\,dt)$, $\boldsymbol{F}(\boldsymbol{r}) = (t, t^2)$ より, $\boldsymbol{F} \cdot d\boldsymbol{r} = (t + 2t^3)\,dt$. ゆえに,
$$\int_C \boldsymbol{F} \cdot d\boldsymbol{r} = \int_0^1 (t + 2t^3)\,dt = 1.$$

(c) $\boldsymbol{r} = (\cos\theta, 1+\sin\theta)$, $d\boldsymbol{r} = (-\sin\theta\,d\theta, \cos\theta\,d\theta)$, $\boldsymbol{F}(\boldsymbol{r}) = (\cos\theta, 1+\sin\theta)$ より, $\boldsymbol{F} \cdot d\boldsymbol{r} = \cos\theta\,d\theta$. ゆえに,
$$\int_C \boldsymbol{F} \cdot d\boldsymbol{r} = \int_{-\frac{\pi}{2}}^0 \cos\theta\,d\theta = \Big[\sin\theta\Big]_{-\frac{\pi}{2}}^0 = 1.$$

【$d\boldsymbol{r}$ のより詳しい導出】
$$d\boldsymbol{r} = (\boldsymbol{r} + d\boldsymbol{r}) - \boldsymbol{r}$$
$$= (\cos(\theta + d\theta) - \cos\theta, \{1 + \sin(\theta + d\theta)\} - (1 + \sin\theta))$$
$$= (\cos(\theta + d\theta) - \cos\theta, \sin(\theta + d\theta) - \sin\theta)$$

$d\theta$ が無限小のとき $f(\theta + d\theta) - f(\theta) = f'(\theta)\,d\theta$ が成立

$$= (-\sin\theta\,d\theta, \cos\theta\,d\theta).$$

(2) $\dfrac{\partial F_x}{\partial y} = \dfrac{\partial x}{\partial y} = 0$, $\dfrac{\partial F_y}{\partial x} = \dfrac{\partial y}{\partial x} = 0$ より, $\dfrac{\partial F_x}{\partial y} = \dfrac{\partial F_y}{\partial x}$.

(3) 原点 $(0,0)$ を基準点にとり, そこから $(x,y)$ まで適当な経路に沿って積分すれば良い. 積分経路として直線を選ぶと, 経路上の点は, パラメータ $t_1 \in [0,1]$ を用いて $\boldsymbol{r}_1 = (xt_1, yt_1)$ と表せる. その微小変化は, $d\boldsymbol{r}_1 = (x\,dt_1, y\,dt_1)$ である. また, $\boldsymbol{F}(\boldsymbol{r}_1) = (xt_1, yt_1)$ より, $\boldsymbol{F}(\boldsymbol{r}_1) \cdot d\boldsymbol{r}_1 = (x^2 + y^2)t_1\,dt_1$. ゆえに,
$$U(x, y) = -\int_C \boldsymbol{F}(\boldsymbol{r}_1) \cdot d\boldsymbol{r}_1 = -(x^2 + y^2)\int_0^1 t_1\,dt_1 = -\frac{1}{2}(x^2 + y^2).$$

(4) $-U(1,1) + U(0,0) = 1 - 0 = 1.$

**5.7** (5.37) 式に $v$ をかけると，

$$m\frac{dv}{dt}v = -mgv - bv^2 \quad \longleftrightarrow \quad \frac{d}{dt}\left(\frac{1}{2}mv^2 + mgz\right) + bv^2 = 0$$

と表せる．左辺の括弧内は重力場の力学的エネルギーであるから，左辺第一項は単位時間あたりの力学的エネルギーの変化量で，負の値を持つ．それと第二項を足したものがゼロに等しいので，第二項は単位時間に発生する熱量 $\dot{Q}$ と解釈できる．すなわち，次式を得る．

$$\dot{Q} = bv^2.$$

このように，摩擦のある場合の運動方程式からは，単位時間に発生する熱量の表式も得られる．

# 第 6 章

**6.1** (1) 最高点の高さを $h$ とする．まず，衝突直後の振り子の質点の速さ $v_{1f}$ は，運動量保存則

$$mv_{0f} + mv_{1f} = mv_0$$

と完全弾性衝突の式（すなわちエネルギー保存則）

$$v_{0f} - v_{1f} = -v_0$$

より，$v_{1f} = v_0$ と求まる．次に，衝突後のエネルギー保存則 $\frac{1}{2}mv_{1f}^2 = mgh$ に上の結果を代入すると，最高点の高さが次のように求まる．

$$h = \frac{v_0^2}{2g}.$$

(2) 最高点の高さを $h$ とする．まず，衝突直後の振り子の質点の速さ $v_{1f}$ は，運動量保存則

$$mv_{0f} + mv_{1f} = mv_0$$

と完全非弾性衝突の式

$$v_{0f} - v_{1f} = 0$$

より，$v_{1f} = \frac{v_0}{2}$ と求まる．次に，衝突後のエネルギー保存則 $\frac{1}{2}(2m)v_{1f}^2 = (2m)gh$ に上の結果を代入すると，最高点の高さが次のように求まる．

$$h = \frac{v_0^2}{8g}.$$

**6.2** (1) ボート乗り場を原点に選ぶと，ボートの重心はボートの中心，すなわち，$3 + \frac{4}{2} = 5$ m の位置．少年とボートの複合体の重心 $x$ は，

$$x = \frac{30 \times 3 + 100 \times (3+2)}{30 + 100} = \frac{59}{13} = 4.54 \,\text{m}$$

の位置．これは，ボートの最後端から $1.54 \approx 1.5$ m の位置．

(2) 少年とボートの複合体に対する運動方程式は $130 \times \frac{d^2x}{dt^2} = F$，ここで，$F$ は少年とボートの複合体に働く外力．しかし，少年がボートの上を静かに動くとき，少年とボートの間には作用反作用の法則が成立し，複合体に働く外力は $0$ である．従って，少年の移動前後で，複合体の重心は変化しない．この事実を，少年が最前端に移ったときのボートの最後端とボート乗り場の距離を $d$ として，数式で表現すると，

$$4.54 = \frac{30 \times (d+4) + 100 \times (d+2)}{30 + 100} = d + \frac{32}{13} = d + 2.46$$

となる．この式より，$d = 2.08 \approx 2.1$ m．

# 第 7 章

**7.1** (1) $\omega = \dfrac{v_0}{r_0}$．

(2) 小球に働く力は中心力である．従って，角運動量は保存するから，$r_0 m v_0 = r_1 m v_1$ が成立．これより，$v_1 = \dfrac{r_0}{r_1} v_0$．

(3) 小球にした仕事 $\Delta W$ は，終状態と始状態の運動エネルギー差に等しい．これより，$\Delta W$ が次のように求まる．

$$\Delta W = \frac{1}{2} m v_1^2 - \frac{1}{2} m v_0^2 = \frac{1}{2} m v_0^2 \left( \frac{r_0^2}{r_1^2} - 1 \right).$$

**7.2** (1) 中心力 $\boldsymbol{F} = -k\boldsymbol{r}$ が作用する運動では，力のモーメント $\boldsymbol{N} \equiv \boldsymbol{r} \times \boldsymbol{F}$ がゼロとなり，角運動量 $\boldsymbol{L}$ が保存する．また，ベクトル積の一般的性質より，位置ベクトル $\boldsymbol{r}$ は角運動量 $\boldsymbol{L} = \boldsymbol{r} \times \boldsymbol{p}$ に垂直である．さらに，幾何学的考察より，$\boldsymbol{r}$ を含む $\boldsymbol{L}$ に垂直な平面はただ一つに決まることがわかる．従って，$\boldsymbol{L}$ が定ベクトルとなる運動では，物体の軌跡 $\boldsymbol{r}(t)$ がその平面内に留まり続ける，と結論づけられる．

(2) $xy$ 平面内での運動方程式は，

$$m\ddot{x} = -kx, \qquad m\ddot{y} = -ky$$

と成分表示できる．これらは，すでに考察した単振動の方程式 (4.4) で，その一般

解は，定数 $\omega \equiv \sqrt{\frac{k}{m}}$ を用いて (4.7) 式のように，すなわち，
$$x = A\cos(\omega t + \theta_0), \qquad y = B\cos(\omega t + \theta_1)$$
と得られる．ただし，$A > 0$, $\theta_0$, $B > 0$, $\theta_1$ は積分定数である．この運動は，$x \in [-A, A]$, $y \in [-B, B]$ の有限領域に留まる．

(3) 対応する $x$ 方向の解は，$x(0) = a, \dot{x}(0) = 0$ を満たす．すなわち，
$$\begin{cases} A\cos\theta_0 = a, \\ -A\omega\sin\theta_0 = 0 \end{cases} \longleftrightarrow \begin{cases} A = a, \\ \theta_0 = 0 \end{cases}$$
が成り立つ．また，時刻 $t = 0$ において $y$ 座標が $0$ であることから，
$$0 = B\cos\theta_1 \qquad \longleftrightarrow \qquad \theta_1 = \pm\frac{\pi}{2}$$
と $\theta_1$ が求まる．すなわち，時刻 $t$ における物体の $xy$ 座標が，
$$x = a\cos\omega t, \qquad y = \mp B\sin\omega t$$
と得られる．この運動の軌跡は，長径が $a$ で短径が $B$ の楕円で，その特殊な場合である $B = 0$ のときには直線となる．

(4) 問題文の条件より $B = b$ である．角運動量は保存するので，任意の時刻で評価すれば良い．その時刻を $t = 0$ に選ぶと，位置ベクトルの表式 $\boldsymbol{r}(t) = (a\cos\omega t, \mp b\sin\omega t, 0)$ より，$t = 0$ での位置と速度が，それぞれ $\boldsymbol{r}(0) = (a, 0, 0)$ および $\dot{\boldsymbol{r}}(0) = (0, \mp b\omega, 0)$ と求まる．これより，$\boldsymbol{L} = \boldsymbol{r} \times \boldsymbol{p} = (0, 0, \mp mab\omega)$ の大きさが，$L = mab\omega = ab\sqrt{mk}$ と得られる．

(5) $T = \dfrac{2\pi}{\omega} = 2\pi\sqrt{\dfrac{m}{k}}$.

# 第 8 章

**8.1** 加速している．$a = g\tan\theta$.

**8.2** $66 \times \dfrac{g + \frac{1}{2}g}{g} = 99\,\mathrm{kg}$.

**8.3** (1) $(x, y)$ についての運動方程式は，$\Omega_\mathrm{s} \equiv \Omega\sin\theta$ を用いて，次のように表せる．
$$\frac{d^2 x}{dt^2} = -\omega^2 x + 2\Omega_\mathrm{s}\frac{dy}{dt}, \tag{A.4a}$$
$$\frac{d^2 y}{dt^2} = -\omega^2 y - 2\Omega_\mathrm{s}\frac{dx}{dt}. \tag{A.4b}$$

(2) (A.4a) 式に，(A.4b) 式に $\pm i$ をかけたものを加えると，$u_\sigma \equiv x+i\sigma y\,(\sigma=\pm)$ についての方程式が，次のように得られる．

$$\frac{d^2 u_\sigma}{dt^2} + 2i\sigma\Omega_{\rm s}\frac{du_\sigma}{dt} + \omega^2 u_\sigma = 0 \quad (\text{複号同順}). \tag{A.5}$$

(3) $u_\sigma(t) = A_\sigma e^{\lambda_\sigma t}$ と置いて (A.5) 式に代入すると，$\lambda_\sigma^2 + 2i\sigma\Omega_{\rm s}\lambda_\sigma + \omega^2 = 0$ を得る．これより，$\lambda_\sigma$ が次のように求まる．

$$\lambda_\sigma = -i\sigma\Omega_{\rm s} \pm i\sqrt{\omega^2 + \Omega_{\rm s}^2} \quad \omega \gg \Omega_{\rm s}$$
$$\approx -i\sigma\Omega_{\rm s} \pm i\omega.$$

従って，基本解として $e^{-i\sigma\Omega_{\rm s}t+i\omega t}$ と $e^{-i\sigma\Omega_{\rm s}t-i\omega t}$ の組，あるいは，$e^{-i\sigma\Omega_{\rm s}t}\cos\omega t$ と $e^{-i\sigma\Omega_{\rm s}t}\sin\omega t$ の組が得られる．後者を用いると，一般解が次のように書き下せる．

$$u_\sigma(t) = e^{-i\sigma\Omega_{\rm s}t}(A_\sigma \cos\omega t + B_\sigma \sin\omega t). \tag{A.6}$$

(4) 与えられた初期条件を $u_\sigma$ で表すと，$u_+(0) = u_-(0) = x(0) = A$ および $\dot{u}_+(0) = \dot{u}_-(0) = \dot{x}(0) = 0$，すなわち，

$$A_+ = A_- = A, \qquad B_+\omega - i\Omega_{\rm s}A = B_-\omega + i\Omega_{\rm s}A = 0.$$

これより，$A_\sigma = A, B_\sigma = i\sigma\frac{\Omega_{\rm s}}{\omega}A \approx 0$ が得られる．最後の近似では，$e^{-i\sigma\Omega_{\rm s}t}$ の時間微分項を無視した．従って，解 $u_\sigma(t)$ が $u_\sigma(t) = Ae^{-i\sigma\Omega_{\rm s}t}\cos\omega t$ と表せる．これより，$x(t) = \frac{1}{2}\{u_+(t) + u_-(t)\}$ と $y(t) = \frac{1}{2i}\{u_+(t) - u_-(t)\}$ が，

$$x(t) = A\cos\Omega_{\rm s}t\cos\omega t, \qquad y(t) = -A\sin\Omega_{\rm s}t\cos\omega t \tag{A.7}$$

と得られる．すなわち，緯度が $\theta$ における単振り子の振動面は，角振動数 $\Omega_{\rm s} \equiv \Omega\sin\theta$ でゆっくりと回転する．

# 第 9 章

**9.1** (1) 与式を $t \in [0, T]$ について積分すると，

$$\int_0^T \frac{dS}{dt}\,dt = \frac{L}{2m}\int_0^T dt$$

となる．左辺は，一周期 $T$ の間に惑星の軌跡が作った楕円の面積 $S$ に等しい．一方，右辺の積分値は，周期 $T$ に他ならない．従って，$S = \frac{L}{2m}T$ が成立する．これより，$T = \frac{2mS}{L}$．

(2) $T^2 = \dfrac{(2m)^2}{L^2} S^2 = \dfrac{(2m)^2}{L^2} \pi^2 a^2 b^2 = \dfrac{4\pi^2 m^2 r_0}{L^2} a^3 = \dfrac{4\pi^2}{GM} a^3$.

(3) 第三法則の比例係数は恒星の質量のみに依存する．これより金星の公転周期が，地球の公転周期を用いて，次のように求まる．

$$T_{金星} = \left(\dfrac{a_{金星}}{a_{地球}}\right)^{\frac{3}{2}} T_{地球} = 0.72^{1.5} T_{地球} = 0.61 \text{ 年}.$$

(4) $\dfrac{a}{b} = \dfrac{1}{\sqrt{1-\varepsilon^2}}$. 地球については，$\dfrac{a}{b} = \dfrac{1}{\sqrt{1-0.081^2}} \approx 1.0$，ハレー彗星については $\dfrac{a}{b} = \dfrac{1}{\sqrt{1-0.97^2}} \approx 4.1$ である．

**9.2** (1) 条件 $-k\boldsymbol{r} = -\boldsymbol{\nabla} U(\boldsymbol{r})$ を満たすポテンシャル $U(\boldsymbol{r})$ は，容易に $U(\boldsymbol{r}) = \frac{1}{2}k r^2$ と書き下せる．ただし，$r^2 \equiv \boldsymbol{r} \cdot \boldsymbol{r}$ である．これに運動エネルギーを加えると，エネルギー $E$ が次のように求まる．

$$E = \dfrac{1}{2} m \dot{\boldsymbol{r}}^2 + \dfrac{1}{2} k \boldsymbol{r}^2. \tag{A.8a}$$

(2) ポテンシャルエネルギー $U(\boldsymbol{r})$ に遠心力ポテンシャルを加えると，有効ポテンシャルが

$$U_{\text{eff}}(r) = \dfrac{1}{2} k r^2 + \dfrac{L^2}{2m r^2} \tag{A.8b}$$

と得られる．ここで，$r^2 \equiv \boldsymbol{r}^2 = x^2 + y^2$ である．

(3) 条件 $\frac{1}{2} k r_0^2 = \dfrac{L^2}{2m r_0^2}$ より，

$$r_0 = \left(\dfrac{L^2}{mk}\right)^{\frac{1}{4}}$$

が得られる．この $r_0$ を用いて $r = r_0 \tilde{r}$ と変数変換すると，(9.7) 式が

$$E = \dfrac{L^2}{2m r_0^2} \left\{ \dfrac{1}{\tilde{r}^4} \left(\dfrac{d\tilde{r}}{d\theta}\right)^2 + \tilde{r}^2 + \dfrac{1}{\tilde{r}^2} \right\}$$

と表せる．これと $E = k r_0^2 \tilde{E} = \dfrac{L^2}{m r_0^2} \tilde{E}$ の関係より，$\dfrac{d\tilde{r}}{d\theta}$ が，次のように得られる ($\sigma = \pm 1$)．

$$\dfrac{d\tilde{r}}{d\theta} = \sigma \tilde{r}^2 \sqrt{2\tilde{E} - \tilde{r}^2 - \tilde{r}^{-2}} \quad \longleftrightarrow \quad \dfrac{d\tilde{r}}{\tilde{r}^2 \sqrt{2\tilde{E} - \tilde{r}^2 - \tilde{r}^{-2}}} = \sigma \, d\theta. \tag{A.8c}$$

(4) $\tilde{r} = u^{-\frac{1}{2}}$ より $d\tilde{r} = -\frac{1}{2} u^{-\frac{3}{2}} du$，すなわち，

$$\dfrac{d\tilde{r}}{\tilde{r}^2} = -\dfrac{du}{2 u^{\frac{1}{2}}}$$

となる．これを (A.8c) 式に代入すると，

$$\frac{-du}{2\sqrt{2\widetilde{E}u-1-u^2}} = \sigma\,d\theta \qquad \longleftrightarrow \qquad \frac{-du}{\sqrt{\widetilde{E}^2-1-(u-\widetilde{E})^2}} = 2\sigma\,d\theta. \tag{A.8d}$$

さらに，

$$u - \widetilde{E} = \sqrt{\widetilde{E}^2-1}\cos\phi, \qquad \phi \in [0,\pi] \tag{A.8e}$$

と変数変換する．ただし，$\phi$ の定義域は，$u-1$ が正負いずれの値もとり得ることを考慮して選んだ．(A.8e) 式とその無限小変化の式 $du = -\sqrt{\widetilde{E}^2-1}\sin\phi\,d\phi$ を (A.8d) 式に代入すると，微分方程式が，

$$\frac{\sqrt{\widetilde{E}^2-1}\sin\phi}{\sqrt{\widetilde{E}^2-1}\sin\phi}d\phi = 2\sigma\,d\theta \qquad \longleftrightarrow \qquad \phi = 2\sigma(\theta-\theta_0)$$

と積分できる．これを (A.8e) 式に代入すると，$\widetilde{r}^2 = u^{-1}$ が，次のように得られる．

$$\widetilde{r}^2 = \frac{1}{\widetilde{E}+\sqrt{\widetilde{E}^2-1}\cos 2(\theta-\theta_0)}$$
$$= \frac{1}{\left(\widetilde{E}+\sqrt{\widetilde{E}^2-1}\right)\cos^2(\theta-\theta_0) + \left(\widetilde{E}-\sqrt{\widetilde{E}^2-1}\right)\sin^2(\theta-\theta_0)}.$$

座標系を $\theta_0 = 0$ となるように選び，$(\widetilde{x},\widetilde{y}) \equiv (\widetilde{r}\cos\theta,\widetilde{r}\sin\theta)$ を用いて軌跡を表すと，

$$\left(\widetilde{E}+\sqrt{\widetilde{E}^2-1}\right)\widetilde{x}^2 + \left(\widetilde{E}-\sqrt{\widetilde{E}^2-1}\right)\widetilde{y}^2 = 1,$$

すなわち，$(\widetilde{x},\widetilde{y}) = \left(\frac{x}{r_0},\frac{y}{r_0}\right)$ も考慮して，次式が得られる．

$$\frac{x^2}{\left(\widetilde{E}-\sqrt{\widetilde{E}^2-1}\right)r_0^2} + \frac{y^2}{\left(\widetilde{E}+\sqrt{\widetilde{E}^2-1}\right)r_0^2} = 1. \tag{A.8f}$$

これは，長径 $a \equiv \sqrt{\widetilde{E}+\sqrt{\widetilde{E}^2-1}}\,r_0$，短径 $b \equiv \sqrt{\widetilde{E}-\sqrt{\widetilde{E}^2-1}}\,r_0$ の楕円で，$\widetilde{E}=1$ の場合が円，$\widetilde{E}\to +\infty$ で直線となる．

(5) 楕円の面積 $S$ は，長径 $a$ と短径 $b$ の積に $\pi$ をかけることで，

$$S = \pi ab = \pi\sqrt{\widetilde{E}+\sqrt{\widetilde{E}^2-1}}\,r_0\sqrt{\widetilde{E}-\sqrt{\widetilde{E}^2-1}}\,r_0 = \pi r_0^2 = \pi\frac{L}{\sqrt{mk}}$$

と求まる．一方，(7.9) 式より，面積速度 $\dot{S}$ が角運動量 $L$ を用いて $\dot{S} = \frac{L}{2m}$ と表せる．従って，周期 $T$ が

$$T = \frac{S}{\dot{S}} = 2\pi\sqrt{\frac{m}{k}}$$

と得られ，軌跡によらず一定の値を持つことがわかる．

(6) 円軌道における速さ $v$ は，半径 $r$ と角振動数 $\omega \equiv \sqrt{\frac{k}{m}}$ を用いて，$v = r\omega$ と表せる．この大きさの初速度を，原点から質点への直線と $z$ 軸の両方に垂直となる方向に与えれば良い．

## 第 10 章

**10.1** 重心を通り円柱側面に平行な直線を $z$ 軸に選ぶと，円柱内の点は (10.14) 式のように表せ，そのパラメータは，

$$\rho \in [0, a], \qquad \theta \in [0, 2\pi], \qquad z \in \left[-\frac{\ell}{2}, \frac{\ell}{2}\right] \tag{A.9}$$

の範囲を動く．ここで，重心を通り $z$ 軸に垂直な回転軸が原点を通るように，$z$ の定義域を (10.15) 式から変更した．その回転軸を $x$ 軸に選ぶと，$r_\perp$ は

$$r_\perp = \sqrt{y^2 + z^2} = \sqrt{\rho^2 \sin^2\theta + z^2}$$

と表せる．この表式と体積素 (10.16b) および円柱の体積 $V = \pi a^2 \ell$ を (10.8) 式に代入し，(A.9) 式の範囲について積分すると，慣性モーメントが次のように求まる．

$$\begin{aligned}
I_G^{c2} &= \frac{M}{V}\int_V r_\perp^2 \, d^3r = \frac{M}{\pi a^2 \ell}\int_0^{2\pi} d\theta \int_{-\frac{\ell}{2}}^{\frac{\ell}{2}} dz \int_0^a d\rho\, \rho\, (\rho^2 \sin^2\theta + z^2) \\
&= \frac{M}{\pi a^2 \ell}\int_0^{2\pi} d\theta \int_{-\frac{\ell}{2}}^{\frac{\ell}{2}} dz \left(\frac{a^4}{4}\sin^2\theta + \frac{a^2}{2}z^2\right) \qquad {\color{blue} z\in\left[0,\frac{\ell}{2}\right]\text{ の寄与を 2 倍}} \\
&= \frac{M}{\pi a^2 \ell}\int_0^{2\pi} d\theta\, 2\left\{\frac{a^4}{4}\frac{\ell}{2}\sin^2\theta + \frac{a^2}{2}\frac{\left(\frac{\ell}{2}\right)^3}{3}\right\} \qquad {\color{blue} \sin^2\theta = \frac{1-\cos 2\theta}{2}} \\
&= \frac{1}{12}M(3a^2 + \ell^2).
\end{aligned}$$

**10.2** (1) 直方体が傾かない状態での鉛直方向と水平方向の力の釣り合いの式は，直方体に床面（ground）から働く垂直抗力 $F_g$ と摩擦力 $F_f$ を用いて，

$$Mg = F_g, \tag{A.10a}$$

$$F = F_f \tag{A.10b}$$

と書き下せる．一方，左下の角を支点とする力のモーメントの釣り合いの式は，直方体が床面を離れる直前の状態において，

$$Fb = Mg\frac{a}{2} \tag{A.10c}$$

と表せる．ここで，(7.19) 式より，重力のモーメントは，直方体の重心に働くと見なせることを用いた．最後に，直方体が静止状態にあるときの摩擦力は，不等式

$$F_\mathrm{f} \leq \mu F_\mathrm{g} \tag{A.10d}$$

を満たす．(A.10b) 式と (A.10c) 式より，$F_\mathrm{f} = Mg\frac{a}{2b}$ が得られる．これと (A.10a) 式を (A.10d) 式に代入すると，静止摩擦係数に関する条件

$$\frac{a}{2b} \leq \mu$$

が得られる．

(2) 傾き角が $\theta$ のときの力のモーメントの釣り合いの式は，反時計回りを正として，対角線の長さ $\ell \equiv \sqrt{a^2 + b^2}$ と角 $\theta_0 \equiv \arctan\frac{a}{b}$ を用いて，

$$F\ell\cos(\theta_0 - \theta) - Mg\frac{\ell}{2}\sin(\theta_0 - \theta) = 0 \tag{A.10e}$$

と表せ，$\theta = 0$ のとき (A.10c) 式に帰着する．$\theta$ が $\theta_0$ のとき，(A.10e) 式の第二項はゼロとなり，モーメントの釣り合いの式が成り立たない．これより，$\theta_\mathrm{c}$ が，

$$\theta_\mathrm{c} = \theta_0 = \arctan\frac{a}{b}$$

と得られる．また，$\theta < \theta_\mathrm{c}$ の場合に釣り合いを保つための力 $F$ の大きさが，(A.10e) 式より

$$F = \frac{Mg}{2}\tan(\theta_\mathrm{c} - \theta)$$

と求まる．

**10.3** まず，ニュートンの運動方程式は，鉛直下向きを正として，ヨーヨーの加速度 $a$ を用いて，

$$Ma = Mg - T \tag{A.11a}$$

と表せる．次に，回転の運動方程式は，反時計回りを正とする回転軸の回転角 $\theta$ [rad] を用いて，

$$I\ddot{\theta} = R_0 T \tag{A.11b}$$

と書き下せる．最後に，$\theta$ と $a$ の間には，落下距離 $x = R_0\theta$ を時間について 2 階微分した関係

$$a = R_0\ddot{\theta} \tag{A.11c}$$

が成立する．

(A.11b) 式より $T = \frac{I}{R_0}\ddot{\theta}$ が得られ，これに (A.11c) 式からの関係 $\ddot{\theta} = \frac{a}{R_0}$ を代入すると，張力 $T$ が加速度 $a$ を用いて

$$T = \frac{I}{R_0^2}a \tag{A.11d}$$

と表せる．これを (A.11a) 式に用いて $a$ を求め，その結果を (A.11d) 式に代入することで，加速度 $a$ と張力 $T$ が，最終的に次のように得られる．

$$a = \frac{g}{1+\frac{I}{MR_0^2}}, \qquad T = \frac{Ig}{R_0^2\left(1+\frac{I}{MR_0^2}\right)}.$$

このように，慣性モーメント $I$ が同じでも，$R_0$ を小さくすることで，落下の加速度を小さくできることがわかる．

**10.4** 剛体球の重心を原点とする座標系を考え，その $x$ 座標を水平面に平行で右向きを正に，$z$ 軸を鉛直上向きに選ぶ．すると，剛体球を突く点 $\boldsymbol{r}$ と運動量 $\boldsymbol{p}$ が，$\boldsymbol{r} = (-\sqrt{a^2-(h-a)^2}, 0, h-a)$ および $\boldsymbol{p} = (p, 0, 0)$ と表せる．従って，剛体球に与えられた重心まわりの角運動量 $\boldsymbol{L} = \boldsymbol{r} \times \boldsymbol{p}$ が，

$$\boldsymbol{L} = (0, (h-a)p, 0)$$

と求まる．その後，剛体球は回転を伴う並進運動を始める．その運動における重心の角運動量はゼロで，重心まわりの自転角運動量

$$I_G\boldsymbol{\omega}$$

のみが有限となる．(7.20) 式より，それが剛体球の持つ重心まわりの全角運動量に等しい．角運動量保存則より，上の二式を等号で結ぶと，角振動数 $\omega \equiv |\boldsymbol{\omega}|$ が，

$$\omega = \frac{(h-a)p}{I_G} = \frac{5(h-a)p}{2Ma^2}$$

と得られる．剛体球が滑らずに回転するためには，$\frac{p}{M} = \omega a$，すなわち，

$$\frac{p}{M} = \frac{5(h-a)p}{2Ma}$$

が成り立つ必要がある．これより，求める $h$ が次のように求まる．

$$h = \frac{7}{5}a.$$

**10.5** (1) 平行軸の定理 (10.11) より，$I = I_G + a^2 M = \frac{7}{5}Ma^2$．
(2) 段の角を支点に選んだとき，衝突直前の重心の位置 $\boldsymbol{R}$，運動量 $\boldsymbol{p}_o$，軌道角運動量 $\boldsymbol{L}_o = \boldsymbol{R} \times \boldsymbol{p}_o$ は，

$$\boldsymbol{R} = (-\sqrt{a^2 - (a-h)^2}, 0, a-h),$$
$$\boldsymbol{p}_o = (Mv_0, 0, 0),$$
$$\boldsymbol{L}_o = (0, (a-h)Mv_0, 0)$$

と表せる．一方，剛体球のスピン（自転）角運動量 $\boldsymbol{L}_s$ は，右方向に進む球の回転が時計回りで角振動数 $\omega = \frac{v_0}{a}$ を持つことから，

$$\boldsymbol{L}_s = \left(0, I_G \frac{v_0}{a}, 0\right) = \left(0, \frac{2}{5}Mv_0 a, 0\right)$$

と表せる．(7.20) 式より，衝突前の角運動量 $\boldsymbol{L}$ は $\boldsymbol{L}_o$ と $\boldsymbol{L}_s$ の和である．上の二式より，その $\boldsymbol{L}$ は $y$ 成分のみが有限で，大きさは

$$L = (a-h)Mv_0 + \frac{2}{5}Mv_0 a = \left(\frac{7}{5}a - h\right)Mv_0$$

と求まる．角運動量保存則より，これが $I\omega_1$ に等しい．従って，$\omega_1$ が

$$\omega_1 = \frac{1}{I}\left(\frac{7}{5}a - h\right)Mv_0 = \left(1 - \frac{5h}{7a}\right)\frac{v_0}{a}$$

と得られる．これが正でないと，球の駆け上がりは起こらない．すなわち，次の条件が満たされなければならない．

$$h \leq \frac{7}{5}a.$$

(3) 次のように計算できる．

$$\frac{1}{2}Mv_0^2 + \frac{1}{2}I_G\left(\frac{v_0}{a}\right)^2 - \frac{1}{2}I\omega_1^2$$
$$= \frac{1}{2}Mv_0^2 + \frac{1}{5}Mv_0^2 - \frac{7}{10}Ma^2\left(1 - \frac{5h}{7a}\right)^2\left(\frac{v_0}{a}\right)^2$$
$$= \frac{7}{10}M\frac{5h}{7a}\left(2 - \frac{5h}{7a}\right)v_0^2 = \frac{h}{2a}\left(2 - \frac{5h}{7a}\right)Mv_0^2 > 0.$$

従って，この衝突は非弾性衝突である．

(4) 駆け上がり始めた時刻と駆け上がり終えた時刻の間に，力学的エネルギー保存則

$$\frac{1}{2}I\omega_1^2 - Mgh = \frac{1}{2}I\omega_2^2$$

が成立する．これより，駆け上がった直後の角まわりの角振動数 $\omega_2$ が，

$$\omega_2 = \sqrt{\omega_1^2 - \frac{2Mgh}{I}} = \sqrt{\left(1 - \frac{5h}{7a}\right)^2 \frac{v_0^2}{a^2} - \frac{10gh}{7a^2}}$$

と求まる．球が段上に上がるための条件は，根号内が負の値でないことである．これより，次の条件が得られる．

$$v_0 \geq \frac{\sqrt{\frac{10}{7}gh}}{1 - \frac{5h}{7a}}.$$

# 第 11 章

**11.1** ラグランジアンは，運動エネルギーから，(5.2) 式における弾性力のポテンシャルエネルギーと (5.5) 式における重力場の位置エネルギーを引くことで，

$$\mathcal{L}(x,\dot{x}) = \frac{1}{2}m\dot{x}^2 + mgx - \frac{1}{2}kx^2$$

と書き下せる．対応するラグランジュ方程式は，

$$0 = \frac{d}{dt}\frac{\partial \mathcal{L}(x,\dot{x})}{\partial \dot{x}} - \frac{\partial \mathcal{L}(x,\dot{x})}{\partial x} = m\ddot{x} - mg + kx$$

と得られ，演習問題 4.2 (2) の結果を再現する．

**11.2** (1) 並進運動のエネルギーは $\frac{1}{2}M\dot{x}^2$，角振動数 $\frac{\dot{x}}{a}$ を持つ回転運動のエネルギーは $\frac{1}{2}I\left(\frac{\dot{x}}{a}\right)^2$，また，ポテンシャルエネルギーは $-Mgx\sin\theta$ である．以上より，ラグランジアンが，次のように得られる．

$$\mathcal{L}(x,\dot{x}) = \frac{1}{2}M\dot{x}^2 + \frac{1}{2}I\left(\frac{\dot{x}}{a}\right)^2 + Mgx\sin\theta.$$

(2) ラグランジュ方程式は

$$0 = \frac{d}{dt}\frac{\partial \mathcal{L}(x,\dot{x})}{\partial \dot{x}} - \frac{\partial \mathcal{L}(x,\dot{x})}{\partial x} = \left(M + \frac{I}{a^2}\right)\ddot{x} - Mg\sin\theta$$

$$= \left(M + \frac{I}{a^2}\right)(\ddot{x} - g_{\text{eff}}\sin\theta)$$

のように，有効重力 (10.27) を用いて表せる．

(3) (2) の方程式は，与えられた初期条件の下で容易に積分でき，時刻 $t$ の速度と位置として (10.28) 式を得る．

**11.3** (1) (11.6) 式に $\sqrt{2g}$ をかけた式は，左辺と右辺を入れ換えて，次のように変形できる．

$$0 = \sqrt{2g}\left(F_y - \frac{dF_{y'}}{dx}\right) = -\frac{1}{2}\frac{\{1+(y')^2\}^{\frac{1}{2}}}{y^{\frac{3}{2}}} - \frac{d}{dx}\frac{\frac{1}{2}\cdot 2y'}{y^{\frac{1}{2}}\{1+(y')^2\}^{\frac{1}{2}}}$$

$$\frac{d}{dx}\{f(y)g(y')\} = f(y)g(y')\frac{d}{dx}\{\ln f(y) + \ln g(y')\},$$

ただし，$\ln x \equiv \log_e x$ は自然対数

$$= \frac{\{1+(y')^2\}^{\frac{1}{2}}}{y^{\frac{1}{2}}}\left[-\frac{1}{2y} - \frac{y'}{1+(y')^2}\left\{-\frac{1}{2}\frac{y'}{y} + \frac{y''}{y'} - \frac{y'y''}{1+(y')^2}\right\}\right]$$

$$= \frac{\{1+(y')^2\}^{\frac{1}{2}}}{y^{\frac{1}{2}}}\left[-\frac{1}{2y\{1+(y')^2\}} - \frac{y''}{\{1+(y')^2\}^2}\right]$$

$$= \frac{1}{2y^{\frac{1}{2}}\{1+(y')^2\}^{\frac{1}{2}}}\left\{-\frac{1}{y} - \frac{2y''}{1+(y')^2}\right\}.$$

ゆえに，求める方程式が，次のように得られる．

$$\frac{1}{y} + \frac{2y''}{1+(y')^2} = 0. \tag{A.12}$$

(2) (A.12) 式に $y'$ をかけた式は，容易に不定積分でき，

$$\ln y + \ln\{1+(y')^2\} = C \quad \longleftrightarrow \quad y\{1+(y')^2\} = C_1$$

が得られる．ただし，$C$ と $C_1 \equiv e^C > 0$ は定数である．この式は，

$$\frac{dy}{dx} = \sigma\sqrt{\frac{C_1}{y} - 1} \quad \longleftrightarrow \quad \frac{dx}{dy} = \sigma\sqrt{\frac{y}{C_1 - y}}$$

へと書き換えられる．ただし，$\sigma = \pm 1$ である．さらに，両端点で $y = 0$ となることを考慮して変数変換

$$y = \frac{C_1}{2}(1-\cos\theta), \quad \theta \in [0, 2\pi] \tag{A.13a}$$

を行い，$dy = \frac{C_1}{2}\sin\theta\, d\theta$ を用いることで，

$$\frac{1}{\frac{C_1}{2}\sin\theta}\frac{dx}{d\theta} = \sigma\sqrt{\frac{1-\cos\theta}{1+\cos\theta}} \quad \longleftrightarrow \quad \frac{dx}{d\theta} = \sigma\sigma'\frac{C_1}{2}(1-\cos\theta)$$

## 第 11 章の解答

と表せる．ただし，$\sin\theta = \sigma'\sqrt{1-\cos^2\theta}$ ($\sigma' = \pm 1$) と書き換えた．この微分方程式は，容易に

$$x = \sigma\sigma'\frac{C_1}{2}(\theta - \sin\theta) + C_2 \tag{A.13b}$$

と不定積分できる．さらに，(A.13) 式で，初期条件「$x=0, x_A$ で $y=0$」すなわち「$\theta = 0, 2\pi$ でそれぞれ $x = 0, x_A$」を考慮すると，積分定数が $C_2 = 0$ および $\sigma\sigma' C_1 = \frac{x_A}{\pi}$ と決定でき，(11.7) 式を得る．

(3) 最速降下曲線に沿ってかかる時間の表式は，次のように得られる．

$$\begin{aligned}
T &= \frac{1}{\sqrt{2g}}\int_{x_0}^{x_1}\frac{\sqrt{1+(y')^2}}{\sqrt{y}}\,dx \\
&= \frac{1}{\sqrt{2g}}\int_0^{2\pi}\sqrt{\{1+(y')^2\}y}\,d\theta \\
&= \sqrt{\frac{x_A}{4\pi g}}\int_0^{2\pi}\sqrt{\frac{(1-\cos\theta)^2+\sin^2\theta}{1-\cos\theta}}\,d\theta \\
&= \sqrt{\frac{2\pi x_A}{g}}.
\end{aligned}$$

$$dx = \frac{x_A}{2\pi}(1-\cos\theta)\,d\theta = y\,d\theta$$

$$y' = \frac{dy}{d\theta}\frac{d\theta}{dx} = \frac{\sin\theta}{1-\cos\theta}$$

これに $x_A = 400\,\text{km} = 4.0\times 10^5\,\text{m}$ と $g = 9.8\,\text{m/s}^2$ を代入すると，かかる時間が $T = 5.06\times 10^2\,\text{s}$，すなわち，8.4 分と求まる．

**11.4** $\frac{\partial\mathcal{L}}{\partial\dot{\boldsymbol{r}}}$ は，(5.6) 式を用いて，容易に

$$\frac{\partial\mathcal{L}}{\partial\dot{\boldsymbol{r}}} = m(\dot{\boldsymbol{r}} + \boldsymbol{\omega}\times\boldsymbol{r}) \tag{A.14a}$$

と計算できる．一方，$\frac{\partial\mathcal{L}}{\partial\boldsymbol{r}}$ は，(2.4) 式を用いて

$$\begin{aligned}
(\dot{\boldsymbol{r}} + \boldsymbol{\omega}\times\boldsymbol{r})^2 &= (\boldsymbol{\omega}\times\boldsymbol{r})\cdot(\boldsymbol{\omega}\times\boldsymbol{r}) + 2(\boldsymbol{\omega}\times\boldsymbol{r})\cdot\dot{\boldsymbol{r}} + \dot{\boldsymbol{r}}\cdot\dot{\boldsymbol{r}} \\
&= \{(\boldsymbol{\omega}\times\boldsymbol{r})\times\boldsymbol{\omega}\}\cdot\boldsymbol{r} + 2(\dot{\boldsymbol{r}}\times\boldsymbol{\omega})\cdot\boldsymbol{r} + \dot{\boldsymbol{r}}^2
\end{aligned}$$

と書き換えることにより，

$$\begin{aligned}
\frac{\partial\mathcal{L}}{\partial\boldsymbol{r}} &= m\{(\boldsymbol{\omega}\times\boldsymbol{r})\times\boldsymbol{\omega} + \dot{\boldsymbol{r}}\times\boldsymbol{\omega}\} - \frac{\partial U}{\partial\boldsymbol{r}} \\
&= -m\{\boldsymbol{\omega}\times(\boldsymbol{\omega}\times\boldsymbol{r}) + \boldsymbol{\omega}\times\dot{\boldsymbol{r}}\} - \frac{\partial U}{\partial\boldsymbol{r}}
\end{aligned} \tag{A.14b}$$

と求まる．ここで，$\{(\boldsymbol{\omega}\times\boldsymbol{r})\times\boldsymbol{\omega}\}\cdot\boldsymbol{r}$ の $\boldsymbol{r}$ 微分に関しては，同じ寄与が 2 回現れることを用いた．(A.14) 式をラグランジュ方程式に代入すると，

$$\boldsymbol{0} = \frac{d}{dt}\frac{\partial\mathcal{L}}{\partial\dot{\boldsymbol{r}}} - \frac{\partial\mathcal{L}}{\partial\boldsymbol{r}} = m(\ddot{\boldsymbol{r}} + \dot{\boldsymbol{\omega}}\times\boldsymbol{r} + \boldsymbol{\omega}\times\dot{\boldsymbol{r}}) + m\{\boldsymbol{\omega}\times(\boldsymbol{\omega}\times\boldsymbol{r}) + \boldsymbol{\omega}\times\dot{\boldsymbol{r}}\} + \frac{\partial U}{\partial\boldsymbol{r}}$$

$$= m\{\ddot{r} + \dot{\omega} \times r + 2\omega \times \dot{r} + \omega \times (\omega \times r)\} + \frac{\partial U}{\partial r}$$

が得られる．すなわち，運動方程式が，力 $F \equiv -\frac{\partial U}{\partial r}$ を用いて，

$$m\ddot{r} = F - m\omega \times (\omega \times r) - 2m\omega \times \dot{r} - m\dot{\omega} \times r$$

と表せる．この方程式は，$\ddot{r} \equiv a'$ および $\dot{r} \equiv v'$ と解釈することで，(8.11) 式と一致する．

## 第 12 章

**12.1** 関数 $\mathcal{H}(r, p)$ の全微分は，形式的に

$$d\mathcal{H}(r, p) = \frac{\partial \mathcal{H}(r, p)}{\partial r} \cdot dr + \frac{\partial \mathcal{H}(r, p)}{\partial p} \cdot dp \tag{A.15a}$$

と表せる．一方，(12.1b) 式の全微分は，(11.10) 式と (12.1a) 式を用いて次のように書き換えられる．

$$\begin{aligned}
d\mathcal{H}(r, p) &= p \cdot d\dot{r} + \dot{r} \cdot dp - \frac{\partial \mathcal{L}(r, \dot{r})}{\partial r} \cdot dr - \frac{\partial \mathcal{L}(r, \dot{r})}{\partial \dot{r}} \cdot d\dot{r} \\
&= \left\{ p - \frac{\partial \mathcal{L}(r, \dot{r})}{\partial \dot{r}} \right\} \cdot d\dot{r} + \dot{r} \cdot dp - \frac{\partial \mathcal{L}(r, \dot{r})}{\partial r} \cdot dr
\end{aligned}$$

(12.1a) 式より第一項はゼロ．

(11.10) 式と (12.1a) 式より $\frac{\partial \mathcal{L}(r, \dot{r})}{\partial r} = \frac{d}{dt}\frac{\partial \mathcal{L}(r, \dot{r})}{\partial \dot{r}} = \frac{dp}{dt}$

$$= \dot{r} \cdot dp - \dot{p} \cdot dr. \tag{A.15b}$$

(A.15a) 式と (A.15b) 式の右辺を等号で結び，$dr$ と $dp$ が独立であることを考慮すると，(12.4) 式の成立が結論づけられる．

**12.2** $\Phi(r, p, t)$ の全微分は，

$$d\Phi(r, p, t) = \frac{\partial \Phi(r, p, t)}{\partial r} \cdot dr + \frac{\partial \Phi(r, p, t)}{\partial p} \cdot dp + \frac{\partial \Phi(r, p, t)}{\partial t} dt$$

と表せる．この式を $dt$ で割ると，

$$\frac{d\Phi(r, p, t)}{dt} = \frac{\partial \Phi(r, p, t)}{\partial r} \cdot \frac{dr}{dt} + \frac{\partial \Phi(r, p, t)}{\partial p} \cdot \frac{dp}{dt} + \frac{\partial \Phi(r, p, t)}{\partial t}$$

となる．この式に (12.4) 式を代入すると，(12.6) 式を得る．

# 参考文献

[1] アインシュタイン,『相対性理論』(内山龍雄 訳・解説), 岩波書店, 1988 年.

[2] 北 孝文,『寺子屋式 電磁気学講義』, 数理工学社, 2024 年.

[3] ウィキペディア, 摩擦.

[4] ウィキペディア, 粘度.

[5] 齋藤 正彦,『線型代数入門』, 東京大学出版会, 1966 年.

[6] 内山 龍雄,『一般相対性理論』, 裳華房, 1978 年.

# 索　引

● あ行 ●

アインシュタインの相対性原理　20
位置　4
1次元運動　4
1階微分　5
1階微分方程式　51
一般解　61
一般化運動量　189, 198
一般相対性理論　201
渦巻き　92
渦密度ベクトル　92
運動　4
運動エネルギー　76, 78
運動の第一法則　21
運動の第二法則　13
運動の第三法則　22
運動量　100, 189
運動量保存則　21, 100, 194
エネルギー　76, 78, 83, 190
エネルギー保存則　76, 78, 83, 84, 192, 194
遠心力　128, 133, 134
円錐振り子　181
オイラーの公式　62
オイラー方程式　174
オイラー–ラグランジュ方程式　175
オイラー力　133
重さ　3

● か行 ●

外積　24
回転　92
回転座標系　131
回転の運動方程式　113
外力　107
角運動量　3, 113, 121
角運動量保存則　117, 195
角振動数　11, 55, 58
角速度　130
過減衰　69
加速度　9, 13

ガリレイの相対性原理　20
ガリレイ不変性　20, 196
ガリレイ変換　19
換算質量　107
慣性抵抗　47
慣性の法則　21
慣性モーメント　156
慣性モーメントテンソル　161
慣性力　128, 129
完全弾性衝突　103
緩和時間　50
軌道角運動量　124
基本解　61
球座標　32
共振　71, 74
強制振動　71
極座標　119
キログラム　3
クーロンポテンシャル　150
グリーンの定理　92
クロネッカーのデルタ　160
計量テンソル　200
ケプラーの第一法則　147
ケプラーの第二法則　118, 147
ケプラーの第三法則　147
原子時計　1
現象論的パラメータ　104
減衰振動　69
光速　2
光速度不変の原理　2, 196
剛体　16, 121
勾配　26, 28, 83
合力　12
国際単位系　1
固有時　197
コリオリ力　128, 133, 135, 138, 177, 182

● さ行 ●

サイクロイド曲線　37, 174
歳差運動　167
最小作用の原理　177

# 索　引

最速降下曲線　171
座標系　1
作用　175
作用反作用の法則　22, 90
散乱問題　148
時間　1
仕事　23, 80, 81
磁束密度　198
実験　13
質点　15
質量　3, 13
質量中心　15, 122
重心　15, 86, 122
重心系　109
重心座標　107
終端速度　50
重力　38
重力加速度　38
ジュール　76
衝突径数　109
正面衝突　103
初期位相　11
初期条件　11, 41
垂直抗力　44
スカラー積　23
ストークスの定理　94
ストークスの法則　47
スピン角運動量　124
静止エネルギー　198
静止座標系　19
静止摩擦係数　45
静止摩擦力　45
正準方程式　190
接ベクトル　33
線形演算子　60
線形結合　61
全散乱断面積　110, 111
全質量　107
線積分　30, 31, 80, 82
線素　30, 197
全微分　28
相対座標　107
相対性理論　1, 196
速度　5

● た行 ●

体積積分　17, 35
体積素　35
多変数関数　26
単振動　57, 59
弾性力　55
単振り子　57
力　12, 13
力の合成則　12
力のモーメント　24, 113, 121
中心力　141
中心力場　117
定数係数線形常微分方程式　59, 66
停留作用の原理　177
電磁気学　1
電磁ポテンシャル　198
電場　198
等時性　57
等速円運動　11
等速直線運動　21
動摩擦係数　45
動摩擦力　45
特異点　27
特解　72

● な行 ●

内積　23
長さ　2
ナブラ　28
2階微分　9
2階微分方程式　39
ニュートン　13
ニュートンの運動方程式　13
ネーターの定理　193
粘性抵抗　47
粘度　47

● は行 ●

場　82
バネ定数　54
ハミルトニアン　189
ハミルトンの原理　177
ハミルトン方程式　190
速さ　8
汎関数　171
反発係数　104

索　引

万有引力　117
万有引力定数　86
万有引力の法則　86
万有引力ポテンシャル　89
非斉次項　72
非弾性衝突　104
微分　5
微分散乱断面積　111, 148
微分方程式　39
秒　1
フーコーの振り子　138, 182, 183
フェルマーの原理　177
フックの法則　54
プランク定数　3
平行軸の定理　157
ベクトル　4
ベクトル積　24
ベクトル面積素　33
偏微分　26
変分法　171
ポアソン括弧式　192
保存力　83, 141
ポテンシャル　83
ポテンシャルエネルギー　76, 78, 83

● ま行 ●

マクスウェル方程式　20, 21, 196
摩擦力　21, 45
ミンコフスキー空間　197
無次元化　143
メートル　2
面積素　33
面積速度一定の法則　118
面積　32, 33

● や行 ●

有効ポテンシャル　141

● ら行 ●

ラグランジアン　175
ラグランジュ方程式　175
ラザフォード散乱　150
ラザフォード散乱断面積　150
離心率　140
臨界減衰　69
ルジャンドル変換　189
ローレンツ不変性　20, 196
ローレンツ変換　20, 196
ローレンツ力　198

### 著者略歴

## 北　孝文
きた　たかふみ

1985年　東京大学大学院工学系研究科物理工学専攻
　　　　博士課程中退　工学博士
現　在　北海道大学大学院理学研究院教授
専門分野　物性理論・統計力学
主要著書
「寺子屋式 電磁気学講義」（数理工学社，2024 年）
「ここがポイント！ 理解しよう 熱・統計力学」
　　（数理工学社，2023 年）
「演習しよう 熱・統計力学」（数理工学社，2018 年）
「統計力学から理解する 超伝導理論」（サイエンス社，2013 年）
　（英訳：*Statistical Mechanics of Superconductivity*,
　Springer, Tokyo, 2015）
「統計力学から理解する 超伝導理論［第 2 版］」
　（サイエンス社，2021 年）

ライブラリ 寺子屋式物理学講義＝1
寺子屋式 力学講義
——基本数式の読み方を伝授——

2025 年 3 月 25 日ⓒ　　　　　　　　初 版 発 行

著　者　北　　孝　文　　　発行者　田島伸彦
　　　　　　　　　　　　　印刷者　小宮山恒敏

【発行】　　　　　　　株式会社　数理工学社
〒 151–0051　東京都渋谷区千駄ヶ谷 1 丁目 3 番 25 号
編集☎（03）5474–8661（代）　サイエンスビル

【発売】　　　　　　　株式会社　サイエンス社
〒 151–0051　東京都渋谷区千駄ヶ谷 1 丁目 3 番 25 号
営業☎（03）5474–8500（代）　振替 00170-7-2387
FAX☎（03）5474–8900

印刷・製本　小宮山印刷工業（株）
≪検印省略≫

サイエンス社・数理工学社の
ホームページのご案内
https://www.saiensu.co.jp
ご意見・ご要望は
suuri@saiensu.co.jp まで。

本書の内容を無断で複写複製することは，著作者および
出版者の権利を侵害することがありますので，その場合
にはあらかじめ小社あて許諾をお求め下さい。

ISBN978-4-86481-122-4

PRINTED IN JAPAN

━━━ ライブラリ 物理の演習しよう ━━━

## 演習しよう 力学
これでマスター！ 学期末・大学院入試問題
鈴木監修　松永・須田共著　2色刷・A5・本体2200円

## 演習しよう 電磁気学
これでマスター！ 学期末・大学院入試問題
鈴木監修　羽部・榎本共著　2色刷・A5・本体2200円

## 演習しよう 量子力学
これでマスター！ 学期末・大学院入試問題
鈴木・大谷共著　2色刷・A5・本体2450円

## 演習しよう 熱・統計力学
これでマスター！ 学期末・大学院入試問題
鈴木監修　北著　2色刷・A5・本体2000円

## 演習しよう 物理数学
これでマスター！ 学期末・大学院入試問題
鈴木監修　引原著　2色刷・A5・本体2400円

## 演習しよう 振動・波動
これでマスター！ 学期末・大学院入試問題
鈴木監修　引原著　2色刷・A5・本体1800円

＊表示価格は全て税抜きです．

━━━ 発行・数理工学社／発売・サイエンス社 ━━━